▶ 信使号探测器（引自NASA）

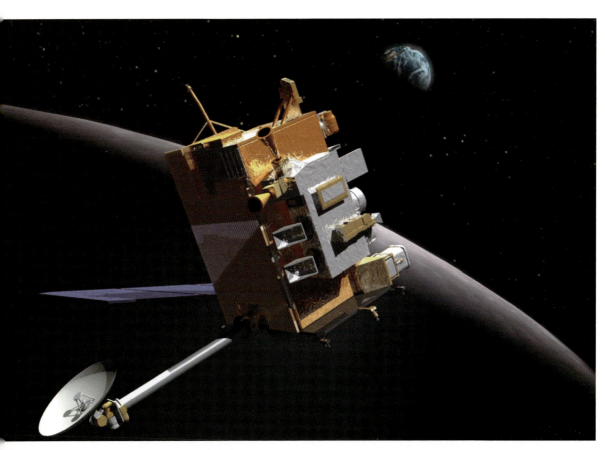

◀ 月球勘测轨道飞行器（引自NASA）

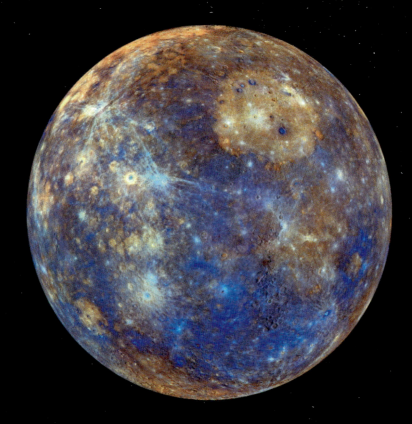

水星与月球的假彩色合成图(引自NASA)

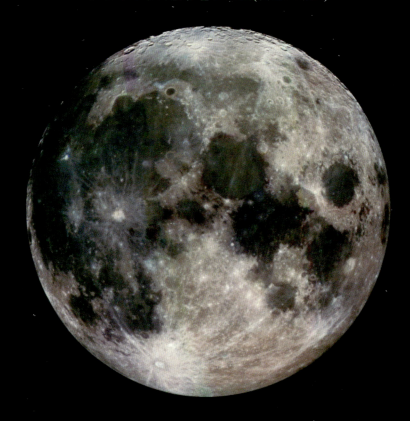

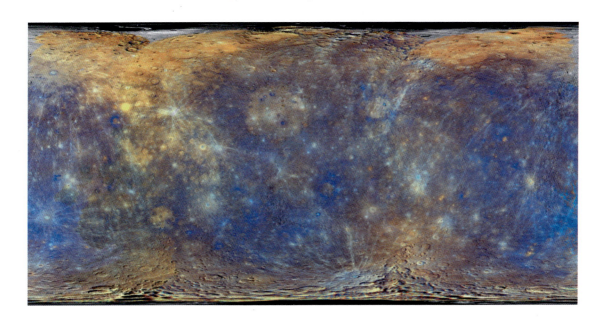

信使号获取的水星全球多波段彩色影像镶嵌图(图2-1,引自NASA)

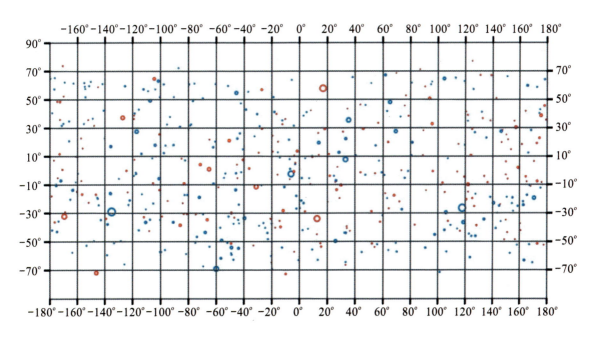

水星表面具有明亮溅射纹的撞击坑(红圈)和暗淡溅射纹的撞击坑(蓝圈)分布(图3-10)

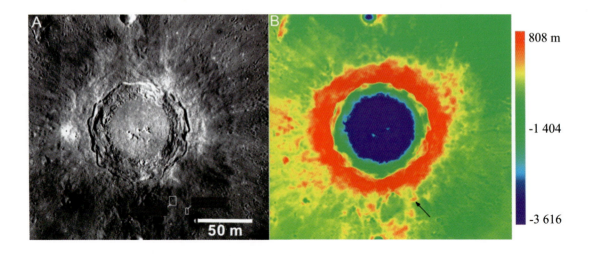

月球哥白尼撞击坑及其数字高程模型(图4-1)

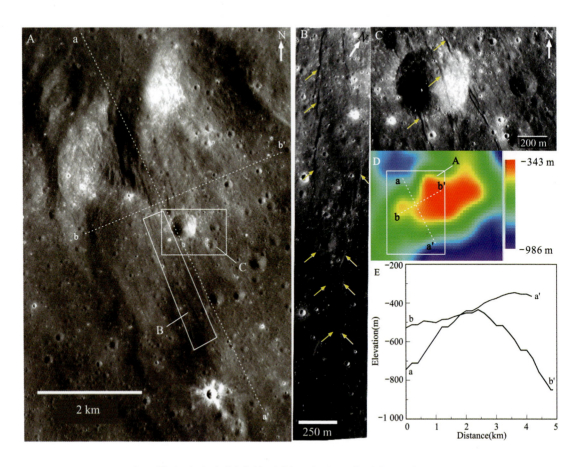

哥白尼撞击坑南东侧连续溅射毯上的一套地堑系统(图4-2)

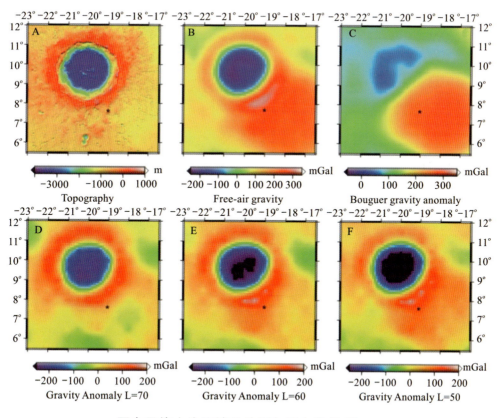

哥白尼撞击坑区域的地形与重力异常(图4-6)

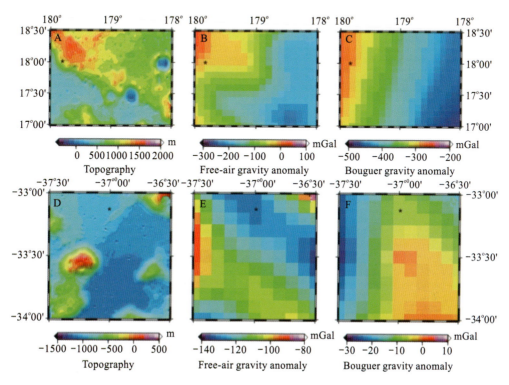

月球表面Virtanen地堑(上排)和Vitello地堑(下排)所在位置的地形、自由空气与布格重力场(图4-7)

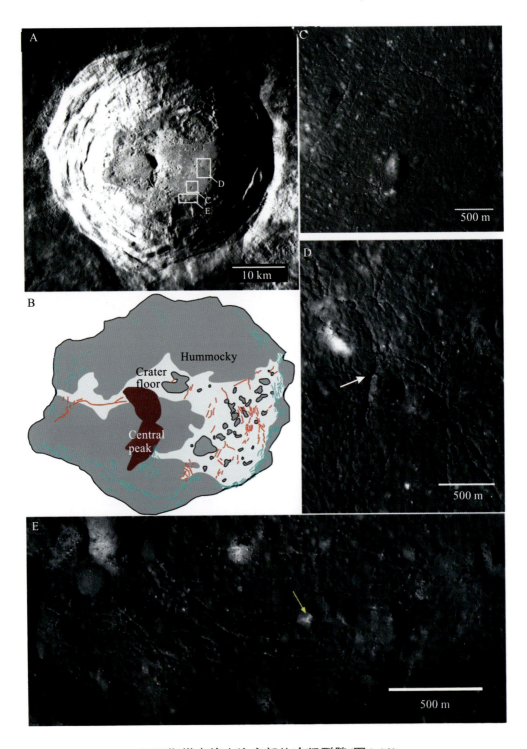

阿里斯塔克撞击坑底部的冷凝裂隙(图4-10)

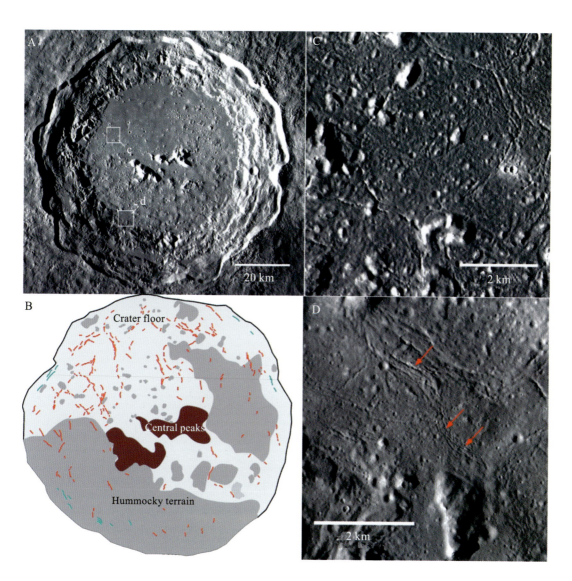

月球哥白尼撞击坑底部的撞击熔融内发育的冷凝裂隙(图4-11)

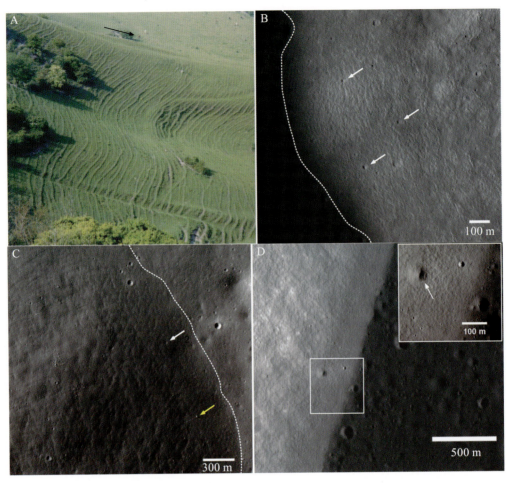

月球表面的月壤蠕移和地球上的土壤蠕移形成的波痕状地貌(图4-16)

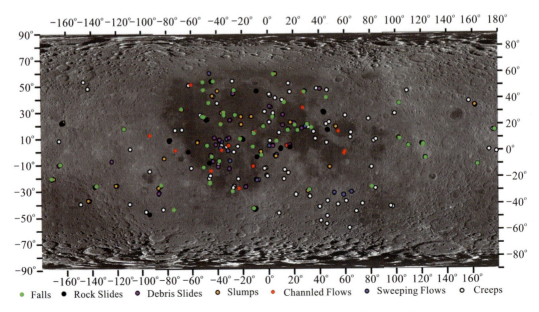

月球上的块体运动的种类和本书研究的例子的分布(图4-17)

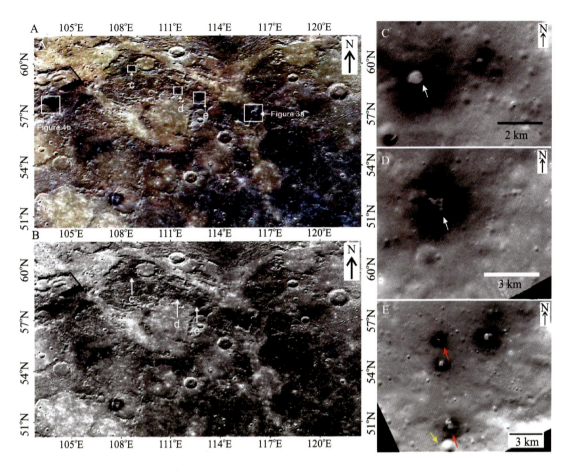

水星卡路里盆地北西侧的几个暗斑(图5-30)

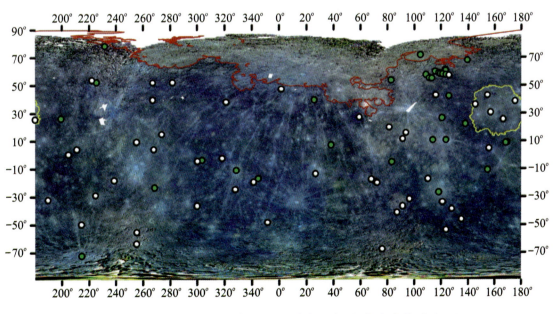

水星全球的暗斑分布。白点为可能的暗斑,绿点为确定的暗斑(图5-31)

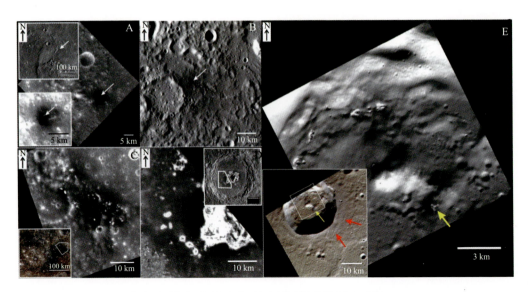

暗斑出现在水星表面的各种地质单元上(图5-32)

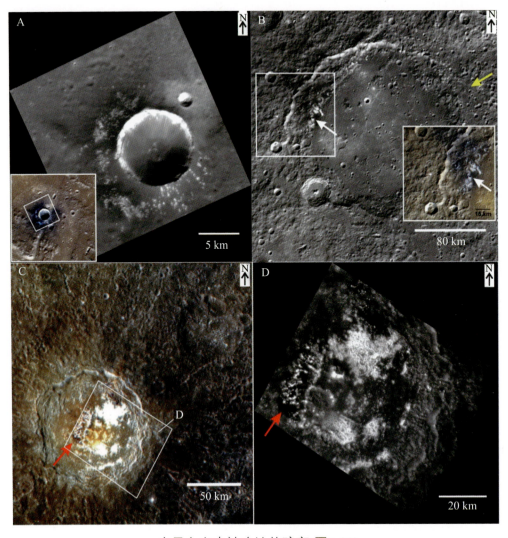

水星上尚未被确认的暗斑(图5-33)

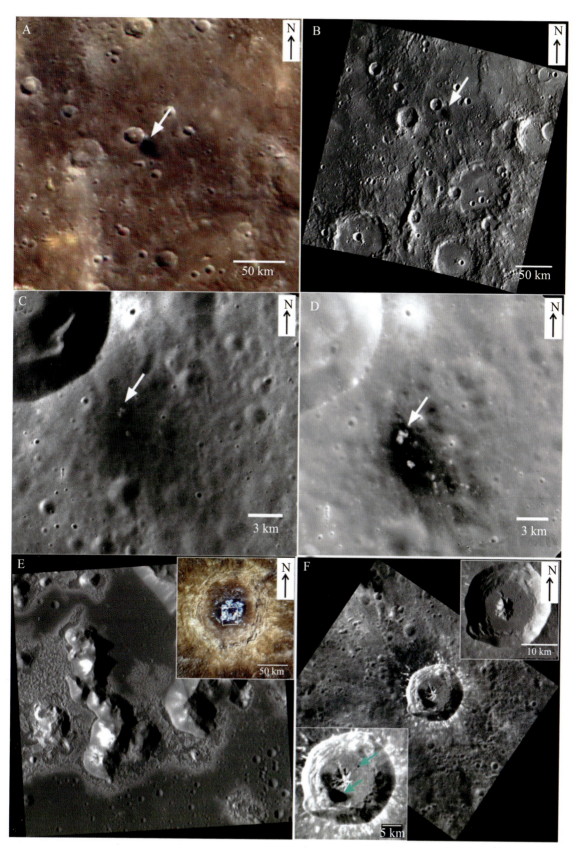

太阳入射角和影像数据的分辨率是识别暗斑内的白晕凹陷的关键(图5-35)

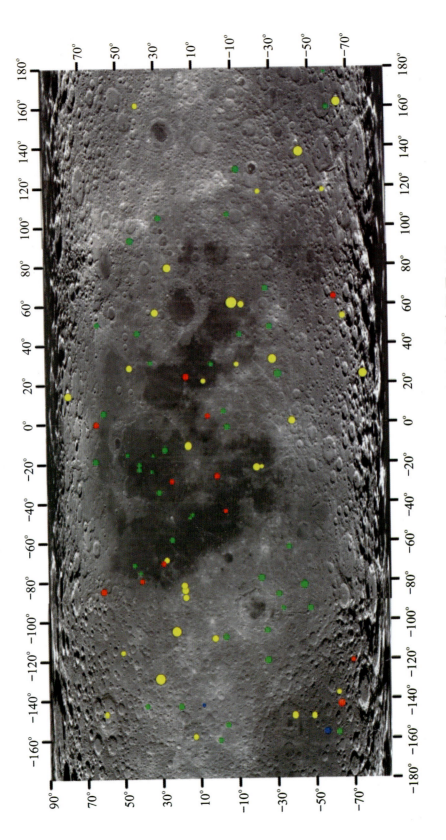

月球表面具有中央峰凹陷的撞击坑的全球分布图(图6-21)

"构造地质学的理论方法与实践"丛书　曾佐勋　主编

国家留学基金委资助项目(2010641041)
美国宇航局资助项目(NAS5-97271)
美国宇航局资助项目(NASW-00002)　　资助
华中构造力学研究中心
中国地质大学(武汉)行星地质研究所

月球表面哥白尼纪与水星表面柯伊伯纪地质活动对比研究

肖智勇　曾佐勋　Robert G. Strom　著

中国地质大学出版社

图书在版编目(CIP)数据

月球表面哥白尼纪与水星表面柯伊伯纪地质活动对比研究/肖智勇,曾佐勋,(美)施特罗姆(Strom,R.G.)著.—武汉:中国地质大学出版社,2014.3
ISBN 978-7-5625-2571-4

Ⅰ.①月…
Ⅱ.①肖…②曾…③施…
Ⅲ.①哥白尼纪-月球表面-地质-研究②水星-表面-地质-研究
Ⅳ.①P184.8②P185.15

中国版本图书馆CIP数据核字(2014)第046256号

月球表面哥白尼纪与水星表面 柯伊伯纪地质活动对比研究	肖智勇　曾佐勋　Robert G. Strom	著

责任编辑:段连秀	策划编辑:段连秀	责任校对:张咏梅
出版发行:中国地质大学出版社(武汉市洪山区鲁磨路388号)		邮政编码:430074
电　　话:(027)67883511	传真:67883580	E—mail:cbb@cug.edu.cn
经　　销:全国新华书店		http://www.cugp.cug.edu.cn
开本:787毫米×1 092毫米 1/16	字数:440千字　印张:15　彩图:12	
版次:2014年3月第1版	印次:2014年3月第1次印刷	
印刷:武汉教文印刷厂	印数:1—1 000册	
ISBN 978-7-5625-2571-4		定价:98.00元

如有印装质量问题请与印刷厂联系调换

《构造地质学的理论方法与实践》丛书序言

随着科学技术的发展,构造地质学正在逐步朝着解析构造学和定量化构造研究方向发展。解析构造学要求加强力学的研究,将构造几何学、运动学、流变学和动力学有机结合起来进行综合研究;定量化构造研究则要求运用先进技术,不断改进和完善定量化研究手段和方法,以加深对构造过程和构造形成机制的认识。为了促进这两方面的研究,中国地质大学(武汉)与华中科技大学联合成立了"华中构造力学研究中心"。我校"华中构造力学研究中心"的同志们正按此方向进行不懈的努力,做出了一些初步成绩。《构造地质学的理论方法与实践》丛书,部分地反映了这方面的一些探索与实践。

《构造地质学的理论方法与实践》丛书目前先奉献给读者四本专著:《陕甘川邻接区复合造山带与成矿》、《香肠构造与流变学》、《构造地质学软件包——StructKit 的设计与开发》、《信阳市燃气混气站断裂活动性和场地稳定性研究》。在这些成果中,既有造山带理论研究,也有构造变形与岩石流变学研究;既有在贵金属成矿预测和石油地质方面的应用研究,也有在工程场地稳定性应用方面的研究;还有计算机在构造地质应用方面的研究。

《陕甘川邻接区复合造山带与成矿》一书,根据作者在该区的实践,将滑脱构造和挤出构造有机结合起来,将造山带二维挤出推广到三维挤出,建立了陕甘川邻接区复合造山带三维滑脱挤出构造新模式,将造山带构造几何学、运动学、流变学、年代学和动力学研究紧密结合起来,并结合地球物理、地球化学、遥感地质、计算力学等多种手段和方法,采用地理信息系统综合分析,建立了该区复合造山带与成矿的关系,探索了成矿规律和成矿条件,进行了成矿远景区预测。提出的新模式、新概念、新理论和新方法对造山带与成矿的理论和实践具有重要意义。

《香肠构造与流变学》一书,重点介绍了作者们在香肠构造和岩石流变学方面的研究进展,特别是作者应用香肠构造定量反演岩石流变参数(包括应力指数和黏度比)方面的成果。利用构造变形反演岩石流变参数的定量方法主要有应变折射流变计、能干层褶皱流变计和香肠构造流变计。《香肠构造与流变学》一书中重点研究的香肠构造流变计方法是目前国际上常用的这三种方法之一,是作者们的开创性成果。作者们在国内首次(国际上第二次)发现了骨节状石香肠构造,并对复合石香肠构造进行了专题研究。在模型流变参数测定、透射电镜的应用以及在香肠构造控矿作用等方面,都有作者们自己的探索。

《构造地质学软件包——StrucKit 的设计与开发》一书,介绍了作者们编制的包含地质构造数据投图、有限应变测量、断裂和岩层几何参数测定、岩石流变参数测量等方面的 12 项功能的构造地质学软件包 StrucKit 以及构造面曲率分析软件 SurCurv 和液压模拟实验仪数据自动采集系统。这些软件反映了作者们在应用计算机进行构造地质学定量研究方面的一些成果和探索,对于构造地质学的定量化教学和有关科研和教学人员使用,是非常有益的。

《信阳市燃气混气站断裂活动性和场地稳定性研究》一书中,作者们以地球系统科学理论为指导,应用构造地质学、岩石学、地层学、新构造学、地貌学及第四纪地质学、计算力学、年代学、地球物理学、地震地质学、工程测量学、遥感地质学、工程地质学等多学科的理论与方法,对信阳市燃气混气站断裂活动性和场地稳定性进行了综合研究和评价,在多学科知识、方法的整合和技术的有效应用方面有显著的进展,为工程场地稳定性评价积累了有益的经验。

对"华中构造力学研究中心"的目标而言,这些成果虽然还是初步的,但反映了作者们朝着解析构造学和定量构造学方面做出的探索和实践。今后我们将沿着这两方面不断努力,期望有更多的新成果奉献给读者。

华中构造力学研究中心荣誉主任

2002 年 10 月

序

华中构造力学研究中心荣誉主任(前华中构造力学研究中心副主任)杨巍然教授在《构造地质学的理论方法与实践》丛书序言中指出：随着科学技术的发展，构造地质学正在逐步朝着解析构造学和定量化构造研究方向发展。解析构造学要求加强力学的研究，将构造几何学、运动学、流变学和动力学有机结合起来进行综合研究；定量化构造研究则要求运用先进技术，不断改进和完善定量化研究手段和方法，以加深对构造过程和构造形成机制的认识。

这些年来，华中构造力学研究中心的师生们正是朝着这样的目标在不断前进。主要表现在以下几个方面：

(1)积极探索利用天然构造变形恢复岩石古流变参数的方法，即构造流变计，正在逐步形成天然岩石流变学研究的新方向，与高温高压实验岩石流变学形成互补。

(2)积极探索构造微分几何学方法，并应用于褶皱分析和油气田的裂缝预测。

(3)探索和应用岩石有限应变测量和涡度计算在小构造成因机制方面的应用研究，特别是在不同石香肠构造形成机制的研究方面取得系列成果。

(4)将MAPGIS技术和影像云纹法应用与缝合线的分析，取得三维缝合线研究的新进展。

(5)将有限元数值模拟技术应用于不同尺度构造研究；应用于成矿预测、工程场地稳定性和区域稳定性分析；应用于油气田断层封堵性、裂缝预测和油气成藏有利部位预测；应用于行星构造研究和地震研究等。

(6)探索构造物理模拟实验技术方法并应用于理论构造学和应用构造学研究。

(7) 积极配合国家 985 平台建设,综合利用次声波、卫星热红外技术、宽频地震仪、地应力测量、地球排气、地倾斜等监测资料进行地震前兆信息分析,探索地震成因机制,服务于地震监测与预测。

(8) 开展月球、火星、金星和水星构造研究。

《月球表面哥白尼纪与水星表面柯伊伯纪地质活动对比研究》一书,是第 8 方面研究的代表性成果。本书的研究工作和出版得到国家留学基金委建设高水平大学公派研究生项目(No. 2010641041)和美国宇航局 MErcury Surface, Space ENviroment, GEochemistry, and Ranging (MESSENGER;信使号)项目资助;编号 NAS5-97271 (Johns Hopkins University Applied Physics Laboratory) 和 NASW-00002 (Carnegie Institution of Washington)。

地球是太阳系的第三颗行星。对于水星和月球表面地质活动的研究将有助于对地球地质过程的理解。在月球和行星构造几何学研究的基础上,下一步将加强其运动学和动力学研究。构造与力学的结合不是一件轻而易举的事情,然而这又是大势所趋。"华中构造力学研究中心"正在朝着自己的目标不懈努力,相信将会有更多的新成果奉献给读者。

华中构造力学研究中心主任
《构造地质学的理论方法与实践》丛书主编 曾佐勋
2013 年 12 月

前 言

天体表面的地质过程按照驱动力的来源可分为两类：内生型地质活动与外生型地质活动。内生型地质活动是在天体内部的热驱动下发生的地质活动，如表面岩浆活动和板块构造；外生型地质活动是在天体外部的作用力下形成的地质活动，如陨石撞击、潮汐作用以及重力驱动的坡面块体运动。不同天体表面的相同地质过程均遵从同一物理规律。但是，由于不同天体的物理、化学环境不同，地质过程受其所发生的介质的影响而呈现不同的形貌和尺度特征。例如，类地行星和月球表面的陨石撞击作用发生在岩石类的物质上，而土星与木星的冰卫星表面的陨石撞击则发生在水冰和/或甲烷冰与岩石的混合物上；故类地行星和月球上形成的撞击坑的形态和大小与冰卫星上的不尽相同。因此，类比不同天体上的地质过程，有助于对比并逐步隔离不同外部因素的影响（如地质过程所发生的介质、表面重力、大气等），全面了解其物理规律。

过去 50 多年密集的行星与深空探测计划极大地增进了人类对内、外太阳系天体表面地质演化的认识。其中，对内太阳系行星（也即水星、金星、地球和火星）和月球的探测最为深入（尤其是地球、火星和月球），获取的数据最全面。每个内太阳系行星与月球都具有其独特的地质演化过程，是类比行星学研究不可舍弃的部分。在内太阳系中，金星和地球表面的内生型地质活动一直持续到地质历史的近期，古老的地质活动形成的表面地质单元迅速被后续的地质活动改造、覆盖，因而其形态难以完整保存。例如，地球表面不断被板块与岩浆活动改造；金星在大约 400 Ma 前曾经历了全球溢流型岩浆活动的改造。火星表面记录了从其早期演化至今的大部分地质事件，且火星表面丰富的地质活动类型（如河流侵蚀、风蚀地貌、撞击过程等）与地球极为相似。但是，挥发分（如大气和水）对表面地质活动（如天体撞击、板块与岩浆活动）的影响很大。而火星上的挥发分在其不同地质历史时期对表面地质活动的影响的程度不同。隔离挥发分对地质活动的影响有助于全面了解该地质过程的物理规律。

月球和水星具有类似其他类地行星的圈层结构,二者大小相当,表面地质单元的形态极为相似。但是,月球、水星以及其他类地行星具有截然不同的地质演化历史。热演化模拟和以往研究均认为自~800 Ma以来,水星和月球表面没有或缺乏活跃的内生型地质活动。近年来成功入轨的水星信使号计划(MErcury Surface, Space ENviroment, GEochemistry, and Ranging;MESSENGER)和月球勘测轨道飞行器(Lunar Reconnaissance Orbiter;LRO)返回了大量高质量的科学数据。作者利用这些数据在水星和月球表面发现了一些年龄小于800 Ma的内生型和外生型地质单元。这些年轻的地质单元对揭示月球和水星的热演化历史具有极其重要的意义。另外,水星和月球表面保存了自早期圈层分异之后的大部分地质历史。由于没有类似火星和地球的大气层或丰富的壳层挥发分,月球与水星表面的地质单元,尤其是保存完好的年轻的地质单元为类比研究挥发分对地质过程的影响提供了极佳的窗口。

以形成于水星和月球表面最晚的地层时代内的地质单元为研究对象,本书从构造运动、岩浆活动、撞击作用、壳层挥发分活动以及重力牵引的坡面块体运动五个方面,研究水星和月球表面的地质活跃程度,及其对水星和月球热演化和表面地质演化的指示意义,探讨这些地质现象对行星表面地质过程的基本物理规律的启示。

本书的内容组织如下:

第一章介绍月球表面的地质演化史以及月面年轻的地质活动的研究意义。首先介绍月球的概况、月面的基本地质单元和内部结构;然后综合前人研究资料介绍月面地层年代的划分和地质演化史;最后提出月球表面年轻地质单元的发现和研究意义。

第二章介绍水星表面的地质演化史以及水星表面年轻的地质活动的研究意义。首先介绍水星的概况、水星表面的基本地质单元和内部结构;然后综合前人研究资料介绍水星表面的地层年代划分和地质演化史;最后提出水星表面年轻地质单元的发现和研究意义。

第三章介绍基本研究思路(具体研究方法在具体地质现象中详述),以及研究工作中使用的影像、高程、反照率光谱和重力场数据及其处理方法。鉴于"年轻的地质活动"突出了识别地层年龄的重要性,接着讨论了行星表面(包括月球和水星)的定年方法及其使用中的注意事项;最后使用撞击坑统计技术厘定水星表面自曼苏尔纪以来的地层年代的绝对起止时间。

第四章介绍月球表面哥白尼纪的地质活动。其中包括哥白尼纪的构造与岩浆活动，哥白尼纪的撞击熔融内形成的冷凝裂隙，以及月表的坡面块体运动。

第五章介绍水星表面哥白尼纪的地质活动。其中包括柯伊伯纪的表面岩浆活动，柯伊伯纪的表面构造活动，柯伊伯纪的壳层挥发分形成的白晕凹陷和暗斑，以及柯伊伯纪的撞击熔融内的冷凝裂隙。由于目前水星表面影像数据的分辨率相对较低，尚不足以系统研究水星表面的坡面块体运动。

第六章讨论月球与水星表面年轻地质活动的对比及其对行星表面地质过程的指示意义。首先对比柯伊伯纪的水星与哥白尼纪的月球的相对活跃程度；对比水星和月球上的年轻撞击坑的溅射物的形态与尺度，并以此探讨了撞击过程的挖掘阶段的主控因素；对比水星柯伊伯纪和月球哥白尼纪的撞击熔融内发育的冷凝裂隙，分析冷凝裂隙的演化史，探讨了热辐射在行星表面的岩浆冷凝过程中的作用。最后探讨水星和月球撞击坑内的中央凹陷的成因。

第七章总结本书研究的主要结论；归纳有待于进一步完善和解决的问题；并展望未来我国和世界水星和月球探测计划的科学目标。

肖智勇　曾佐勋

2013 年 12 月

摘 要

月球和水星是内太阳系天体中大小相近、表面形态相似的两个天体。由于二者的基本物理特征相似(如均无大气,均具有硅酸质壳层),前人常类比月球和水星上的相似地质过程,以更彻底地了解其基本物理规律。

厘定月球表面地质单元的地层年代具有岩石样品年龄作为约束,最年轻的月球地层年代是哥白尼纪,起始于~800 Ma前的哥白尼撞击事件。月球上具有明亮溅射纹的撞击坑大多形成于哥白尼纪。相比之下,水星表面地质单元的地层年代是引用月球地层年代的分类原则建立的。由于没有水星样品作为约束,每个水星地层的绝对起止时间存在极大的不确定性。柯伊伯纪被认为是水星表面最年轻的地层年代,以水星表面的柯伊伯撞击坑命名。柯伊伯纪与月球上的哥白尼纪相对应,前人一般认为柯伊伯纪起始于~800 Ma。水星上具有溅射纹的撞击坑形成于该时期。以往对月球与水星地质演化历史的研究认为:自大约800 Ma以来,水星和月球表面的内生型地质活动已基本停止,外来天体的撞击作用是水星和月球表面最主要的地质过程。

近年来成功入轨的月球勘测轨道飞行器(Lunar Reconnaissance Orbiter;LRO)和水星信使号飞船(MErcury Surface, Space ENviroment, GEochemistry, and Ranging;MESSENGER)获取了价值巨大的探测数据,极大地增进了行星地质学界对这两个天体的认识。更重要的是,通过对比月球与水星以及其他天体上的相似地质过程,对了解太阳系天体表面地质演化的规律提供了极为重要的窗口。利用以往探测器(尤其是LRO和MESSENGER)获取的影像、光谱、重力场和激光高度计数据,本书在月球和水星表面发现了非常年轻的地质活动。其中,有些发现改变了前人对月球和水星热演化史和地质演化史的认识,例如水星表面柯伊伯纪的爆发型火山活动、水星壳层挥发分活动、月球全球发育的哥白尼纪坡面块体运动等;有些发现则加深了对天体表面(包括地球)的地质过程的基本规律的认识,例如通过类比月球哥白尼纪和水星柯伊伯纪的撞击熔融内发育的冷凝裂隙,为研究天体表面柱状节理的成因机制提供了另一扇窗口。

总体而言,本书以水星柯伊伯纪和月球哥白尼纪的各种表面地质活动为研究对象,分别分析了其地质过程及指示意义。本书的具体研究内容及结论包括:

(1)更新了水星曼苏尔纪以来的地层年代的起止时间。首先统计了水星全球具有溅射纹的撞击坑以及中低纬度的形态学第一类撞击坑(包括具有溅射纹的撞击坑)。在验证数据库的完整性之后,利用撞击坑统计技术,避开相关干扰因素,采用最新获取的水星撞击坑产生方程和年代方程,计算了水星形态学第一类撞击坑坑群所代表的绝对模式年龄,大约为 1.26 Ga,这些撞击坑形成于曼苏尔纪;水星上所有具有溅射纹的撞击坑的绝对模式年龄大约为 159 Ma,其中具有明亮溅射纹的撞击坑的绝对模式年龄大约为 40—60 Ma。因此,可将水星柯伊伯纪的起始时间划在~159 Ma 前。

(2)本书在月球哥白尼撞击坑南东侧的连续溅射毯上发现一处由数十条小型地堑组成的复杂地堑系统,并以此为出发点研究了月球表面的年轻构造与岩浆活动的可能性。这些地堑从地层切割的角度证实,尽管月球在哥白尼纪处于全球收缩的挤压背景下,月球表面依然可形成伸展构造。这套地堑系统的独特之处在于,其位于一个局部的地形隆起上,周围未见明显的与之相关的挤压构造,且该区域具有巨大的自由空气与布格重力异常。通过分析这些地堑的形态和几何特征,本书分析了形成其拉伸应力的可能来源,重点讨论了最近提出的月球哥白尼纪浅层岩浆侵入的假说。岩浆侵入的理论模型计算和类比研究证明:这套地堑系统不太可能是由于浅层岩浆侵入造成局部地势隆起而形成的。由于月球持续全球收缩,隐伏逆冲断层活动以及月震更可能是形成这些地堑的原因。

(3)利用 LRO 获取的高分辨率影像数据,本书发现月球全球正在发生大量形式多样的块体运动。虽然月球表面缺乏流水或大气,这些块体运动的形貌与地球上的极其相似,有些具有低黏度的流动特征。基于 300 多个月球表面块体运动的样例,建立了每个样例的形貌、尺度、所在地质单元的坡度和年龄的数据库。分析结果发现坡面块体运动是改造月球表面局部地貌的重要地质过程。块体运动通过削高补低,最终夷平月面的地势差。块体运动与撞击作用是决定月面区域尺度上的月壤厚度的最重要因素,对区域的撞击坑密度存在一定的影响。酒海纪和前酒海纪的地貌代表了月球表面地貌演化的最终阶段,只有月壤蠕移在其中形成。

(4)在水星上发现了几处曼苏尔纪的小范围表面岩浆事件形成的平原。这些平原物质覆盖了周围形态学第一类撞击坑的溅射物,表明水星表面的岩浆活动至少持续到了 1.26 Ga。另外,水星上有多处柯伊伯纪的爆发型火山口,其产生的火成碎屑沉积物覆盖了附近具有溅射纹的撞击坑。表明水星幔部的熔融物在柯伊伯纪依然具有极高的挥发分含量,且水星内部的热活跃程度和壳层厚度尚不足以阻碍表面火山活动的形成。这些发现与以往对水星演化的认识截然不同。另外,水星上大部分的爆发型火山活动形成的火山口和火成碎屑沉积物的反照率比水星的全球平均反照率高,在紫外到近红外波段的反照率光谱曲线斜率相对较陡。与之相反,一些柯伊伯纪的火成碎屑沉积物和火山口的反照率比水星的平均反照率低,表明这些柯伊伯纪的火成碎屑沉积物的物质成分或物理性质不同。这对了解水星内部物质的成分演化具有重要的指示意义。

(5)前人一般认为水星自晚期大轰击结束后,也即大约 3.8 Ga 左右,表面的挤压构造单元不再形成。本书在水星表面发现了一些切割形态学第一类撞击坑、长达数十千米的叶片状悬崖,有些大型叶片状悬崖也可能切割具有溅射纹的柯伊伯纪的撞击坑。另外,在水星表面发现了一些较小的叶片状悬崖切割柯伊伯纪的小型撞击坑,表明水星全球收缩在柯伊伯纪依然存在。对比水星上大型平原物质和大型叶片状悬崖的相对年龄,可发现由于水星持续全球收缩导致壳层增厚,阻碍了水星幔部的熔融物大量上涌,水星表面的大范围岩浆事件在大约 1.26—3.8 Ga 之间停止。

(6)在水星上发现了大量与壳层挥发分活动有关的地貌单元:白晕凹陷和暗斑。本书分析了其形貌、大小、全球分布特征、光谱特征、地层年龄、可能的物质成分以及可能的成因机制。白晕凹陷与暗斑发育在除高反照率平坦平原物质之外的所有地貌上。白晕凹陷是形态不规则的、无隆起边缘的、较浅的凹陷,周缘常由高反照率的晕状物质环绕,其反照率大于水星溅射纹的反照率。高分辨率影像数据揭示这些晕状物质上是由高反照率的小型凹陷连接形成的。内部和周围反照率均比背景地质单元高的白晕凹陷可能依然处于活跃状态,而较老的白晕凹陷则不具有高的反照率。暗斑是围绕白晕凹陷发育的薄层状低反照率物质,其反照率是目前水星上最低的。每个暗斑中心都发育有白晕凹陷,相反,并非每个水星白晕凹陷周围都有暗斑。暗斑可能是富含挥发分的物质以 100 m/s 左右的速度喷出在脱气作用形成的。与此同时,挥发分的出口形成一个原始的白晕凹陷,后凹陷逐渐、缓慢地侧向和垂向生长出现白晕。白晕凹陷也是壳层内富含挥发分的物质不断散失而生长扩张的,但其生长速度远小于暗斑的形成速度。暗斑物质极不稳定,其存活时间小于水星表面撞击溅射纹的存活时间,因而所有观察到的水星暗斑可能都形成于柯伊伯纪。形成暗斑与白晕凹陷的挥发分物质都富硫,造成二者反照率的差异可能是其物质成分和/或颗粒物理性质不同。

(7)月球哥白尼纪和水星柯伊伯纪的撞击坑在坑底形成了大量新鲜的撞击熔融。这些撞击熔融是通过热辐射方式冷却的,冷凝过程中形成的拉张应力造成岩石破裂形成冷凝裂隙。通过分析月球和水星撞击熔融中的冷凝裂隙的形态、大小和组合样式,本书发现撞击熔融的深度、固体碎屑物在撞击熔融中的含量以及撞击熔融冷凝过程中的垂直沉降量控制了裂隙的发育。将月球和水星上的冷凝裂隙与火星和地球上的柱状节理相比,可发现热辐射造成的冷凝速率可能不足以形成柱状节理,热对流和/或热传导是形成柱状节理的主要散热方式,挥发分可能在所有天体表面的柱状节理的形成过程中必不可少。

(8)月球和水星上的平均撞击速度和表面重力加速度不同。对比月球和水星上的撞击坑,可分析撞击过程中的主控因素。本书测量并对比了水星和月球上一些形态学第一类复杂撞击坑的外部沉积物(包括连续溅射沉积物和连续二次撞击坑相)的形态与大小,研究了撞击挖掘阶段的主控因素。与前人的研究结果相似,本书证实重力是复杂撞击坑形成过程的挖掘阶段的一个主控因素。另外,本书发现撞击速度在撞击挖掘过程中也起到不可忽视的作用。不同于典型的月球二次撞击坑,有些水星撞击坑形成了大量分布相对离散的圆形二次撞击坑。分析其原因表明,水星局部区域和层位的物质具有独特的物性,影响了撞击挖掘过程中的溅射角度。该物质特性很可能与水星壳层内部富含挥发分的低反照率物质有关。

(9)在太阳系天体表面,撞击坑内的中央凹陷一般归因于被撞击体中的水冰等挥发分对撞击过程的影响。由于月球和水星的壳层内相对缺乏挥发分,前人一般认为水星和月球撞击坑中不存在中央凹陷。本书在一些月球撞击坑和水星撞击坑内(包括哥白尼纪和柯伊伯纪的撞击坑)发现了中央凹陷。通过建立其形态、大小、年龄和分布位置的数据库,本书对比了水星和月球与其他天体上的撞击坑内的中央凹陷,并提出形成月球和水星撞击坑的中央凹陷不需要挥发分,而与撞击过程自身有关。

关键词:月球地质;水星地质;天体撞击;岩浆活动;构造运动

目 录

第一章 月球地质演化史及月表哥白尼纪地质活动的研究意义 …………………… (1)
- §1.1 月球概述 …………………………………………………………………… (1)
- §1.2 月球表面的地质单元 ……………………………………………………… (1)
  - 1.2.1 月球表面的岩石类型 ……………………………………………… (2)
  - 1.2.2 月球表面的地质作用与地貌单元 ………………………………… (3)
- §1.3 月球的内部结构 …………………………………………………………… (9)
- §1.4 月球表面的地质活动演化史:内部热演化-撞击作用-构造活动-岩浆活动的综合作用 ……………………………………………………………………………… (12)
- §1.5 月面哥白尼纪地质活动的研究意义 ……………………………………… (20)

第二章 水星表面地质演化史及年轻地质活动的研究意义 …………………… (21)
- §2.1 水星概述 …………………………………………………………………… (21)
- §2.2 水星表面的主要地质单元 ………………………………………………… (22)
- §2.3 水星的内部结构 …………………………………………………………… (33)
- §2.4 水星表面的地质活动演化史 ……………………………………………… (35)
- §2.5 水星表面柯伊伯纪的地质活动的研究意义 ……………………………… (38)

第三章 研究方法与数据 …………………………………………………………… (40)
- §3.1 研究思路 …………………………………………………………………… (40)
- §3.2 研究数据及其处理方法 …………………………………………………… (40)
  - 3.2.1 研究数据 ……………………………………………………………… (40)
  - 3.2.2 数据处理、分析方法 ………………………………………………… (42)
- §3.3 行星表面地质单元的定年方法 …………………………………………… (42)
  - 3.3.1 简介 …………………………………………………………………… (42)
  - 3.3.2 撞击坑大小-频率统计技术 ………………………………………… (45)
  - 3.3.3 撞击坑统计技术的局限性与影响因素 …………………………… (49)

3.3.4 本节小结 ··· (57)

§3.4 水星曼苏尔纪以来的地层年代 ·· (58)

3.4.1 介绍 ··· (58)

3.4.2 方法与数据 ·· (59)

3.4.3 水星表面形态学第一类和柯伊伯纪撞击坑的绝对模式年龄 ·························· (63)

第四章 月球哥白尼纪的表面地质活动 ·· (68)

§4.1 哥白尼纪的构造与岩浆活动 ·· (68)

4.1.1 引言 ··· (68)

4.1.2 研究数据 ·· (69)

4.1.3 哥白尼撞击坑南东侧溅射毯上的地堑 ·· (70)

4.1.4 哥白尼撞击坑南东侧溅射毯上的地堑的张应力来源 ····································· (72)

4.1.5 哥白尼纪浅层岩浆侵入的可能性 ··· (74)

4.1.6 本节小结 ·· (77)

§4.2 哥白尼纪的撞击熔融内形成的冷凝裂隙 ··· (78)

4.2.1 引言 ··· (78)

4.2.2 研究方法与基础数据 ·· (80)

4.2.3 撞击熔融内的冷凝裂隙的形貌特征 ··· (80)

§4.3 月表坡面块体运动 ·· (85)

4.3.1 序言 ··· (85)

4.3.2 月球坡面块体运动的形貌与分类 ··· (85)

4.3.3 月表块体运动的年龄 ·· (93)

4.3.4 坡度与块体运动 ··· (94)

4.3.5 月表块体运动的触发机制 ··· (95)

4.3.6 月表块体运动与表面侵蚀速率 ··· (96)

4.3.7 本节小结 ·· (96)

第五章 水星柯伊伯纪的表面地质活动 ·· (97)

§5.1 柯伊伯纪的表面岩浆活动 ·· (97)

5.1.1 引言 ··· (97)

5.1.2 柯伊伯纪的岩浆活动 ··· (97)

5.1.3 讨论与结论 ··· (102)

§5.2 柯伊伯纪的表面构造活动 ·· (102)

5.2.1 引言 ··· (102)

目 录

　　5.2.2　柯伊伯纪的挤压构造 ·· (103)

　　5.2.3　柯伊伯纪的伸展构造 ·· (105)

　　5.2.4　讨论与结论 ··· (105)

§5.3　水星壳层的挥发分活动1：白晕凹陷 ·· (106)

　　5.3.1　前言 ··· (106)

　　5.3.2　白晕凹陷的地质背景 ·· (107)

　　5.3.3　白晕凹陷的分布特征 ·· (113)

　　5.3.4　成因机制 ·· (114)

　　5.3.5　光谱特征 ·· (118)

　　5.3.6　本节小结 ·· (123)

§5.4　水星壳层的挥发分活动2：暗斑 ·· (123)

　　5.4.1　前言 ··· (123)

　　5.4.2　暗斑的形态 ·· (124)

　　5.4.3　暗斑的分布特征 ··· (125)

　　5.4.4　暗斑的反照率特征 ·· (128)

　　5.4.5　暗斑与白晕凹陷的关系 ·· (129)

　　5.4.6　暗晕的年龄 ·· (130)

　　5.4.7　暗晕的可能物质成分 ·· (132)

　　5.4.8　暗晕的可能成因机制 ·· (133)

　　5.4.9　本节小结 ·· (136)

§5.5　柯伊伯纪撞击熔融内的冷凝裂隙 ··· (136)

　　5.5.1　方法与数据 ·· (136)

　　5.5.2　水星撞击熔融物内的冷凝裂隙的形貌特征 ·· (137)

第六章　月球与水星表面年轻地质活动的对比及其对行星表面地质过程的指示意义
··· (141)

§6.1　柯伊伯纪的水星与哥白尼纪的月球的相对活跃程度 ······································ (141)

§6.2　月球与水星年轻撞击坑的对比及其对撞击挖掘过程中的主控因素的指示意义
··· (142)

　　6.2.1　引言 ··· (142)

　　6.2.2　研究目标、方法和数据 ·· (144)

　　6.2.3　对比月球和水星表面年轻撞击坑的连续溅射沉积物与连续二次撞击坑相的

　　　　　大小 ··· (146)

    6.2.4   对比月球和水星撞击坑的二次撞击坑 ··· (149)

    6.2.5   重力域的撞击尺度方程 ··· (154)

    6.2.6   重力在撞击挖掘阶段中的作用 ··· (156)

    6.2.7   撞击速度在撞击挖掘阶段中的作用 ·· (158)

    6.2.8   撞击体的物质特性在撞击挖掘阶段中的作用 ································ (159)

    6.2.9   分析中的不足之处 ··· (161)

    6.2.10 本节小结 ·· (161)

§6.3 水星柯伊伯纪与月球哥白尼纪撞击熔融内的冷凝裂隙的演化及其指示意义

         ·· (162)

    6.3.1   月球与水星上的冷凝裂隙的形貌对比 ·· (162)

    6.3.2   造成月球与水星表面冷凝裂隙的形貌差异的因素 ························· (163)

    6.3.3   月球和水星表面热辐射作用的效率 ··· (168)

    6.3.4   月球与水星上的冷凝裂隙 vs 地球和火星上的柱状节理 ················ (169)

    6.3.5   本节小结 ·· (172)

§6.4 水星与月球表面具有中央凹陷的撞击坑及其指示意义 ·························· (172)

    6.4.1   引言 ·· (172)

    6.4.2   水星上具有中央凹陷的撞击坑的形态、大小与分布 ····················· (173)

    6.4.3   月球上具有中央凹陷的撞击坑的形态、大小与分布 ····················· (176)

    6.4.4   对比不同天体上具有中央凹陷的撞击坑 ······································· (183)

    6.4.5   水星与月球撞击坑内的中央凹陷的成因及其指示意义 ·················· (184)

    6.4.6   本节小结 ·· (185)

第七章   结论与展望 ··· (186)

§7.1 结   论 ··· (186)

§7.2 存在的问题与下一步工作计划 ··· (187)

§7.3 对未来水星和月球探测计划的科学目标的建议 ······························· (188)

参考文献 ·· (190)

ABSTRACT ·· (217)

后记 ·· (222)

第一章 月球地质演化史及月表哥白尼纪地质活动的研究意义

§1.1 月球概述

月球是地球唯一的天然卫星,直径约为 3 474 km。月球的体积大约是地球体积的 2%,质量约为地球的 1.2%。月球表面的重力加速度大约是 1.62 m/s²,表面积是地球的 1/10,大约等于中国国土面积的四倍。月球围绕地球公转一周的时间是 27.3 个地球日。月球与地球目前处于潮汐锁定的稳定状态,因此月球始终只有固定的一面朝向地球。地球-月球-太阳三者之间的相对轨道位置决定了地球上观察到的月相变化,变化周期为 29.5 个地球日。

月球表面没有大气,接近真空,空间粒子的密度大约是 $10^5-10^7/cm^3$,也即大约 10^4 kg 的挥发分物质构成了月球的"大气圈",因而粒子之间相互碰撞的可能性很小。这些挥发分粒子主要包括 He、Ar、Na、K 和 Rn,其来源包括太阳风、月球内部元素衰变释放的挥发分,以及微陨石撞击作用(Stern,1999)。

相比地球和火星,月壳物质缺乏挥发分(Heiken et al,1991)。阿波罗计划返回的月球岩石样品仅含有少量的水(Epstein and Taylor,1970,1971;Epstein et al,1972;Friedman et al,1970)。大部分学者认为月球岩石样品未发生过水化反应(Anand,2010)。因此,在阿波罗计划之后,学术界普遍认为月球上的含水量应该小于 $1×10^{-6}$ (Heiken et al,1991;Papike et al,1998)。20 世纪 90 年代中期,美国宇航局发射的两个月球轨道飞行器,克莱门汀号(Clementine)与月球勘探者号(Lunar Prospector),证实月球两极的永久阴暗区内存在着水冰(Feldman et al,1998,2000;Nozette et al,1996,1997)。最新的遥感研究表明,几乎整个月球,至少是最上层的几微米和毫米,在月球某一历史时期都是含一定水的。这些水要么以 OH⁻,要么以 H_2O 分子吸附在月壤颗粒上(Clark,2009;Pieters et al,2009;Sunshine et al,2009)。最近,在月球南极的 Cabeus 撞击坑内发现了 OH⁻ 和 H_2O 分子(Colaprete,2010)。有关月球水的来源问题依然存在争论。

§1.2 月球表面的地质单元

满月时,在地球上裸眼可以看到月球表面暗色与亮色的相间单元(图 1-1)。1609 年,伽利略通过望远镜发现月面暗色的区域相对平坦,亮色的区域较为粗糙。自 17 世纪以来,月面亮色的区域被称为高地(terrae,uplands,或 highlands 等名)。月球高地主要由斜长岩和富斜长石的镁套岩石(plagioclase - rich magnesian - suite rocks)组成的;暗色的区域称为月海(mare),主要成分是玄武岩和火成碎屑沉积物(Heiken et al,1991)。月海覆盖月球表面 16% 的区域,月球高地占据~84% 的区域。在月球的正面,也即月球始终面向地球的那一面,月海

图 1-1 LRO 上搭载的 Lunar Reconnaissance Orbiter Camera Wide-angle camera (LROC WAC)获取的月球全球影像图(选自 http://lroc.sese.asu.edu/)

占据了 30%的区域,而在月球背面月海仅占 2%的区域。

1.2.1 月球表面的岩石类型

通过分析美国阿波罗计划和苏联月神计划采集的月球样品,月球表面的物质可按其结构和成分大致分为以下四类:新鲜的高地物质、新鲜的玄武质火山岩、复矿碎屑岩(包括撞击熔融的岩石、热变质的麻粒岩石等)和月壤(Jaumann et al,2012)。另外,月球历史上的各类撞击事件(包括小行星、彗星和其他空间颗粒)向月壳中共注入了大约 $0.5×10^{20}$ kg 的外来撞击体的物质(Chyba,1991)(月球的质量为 $7.35×10^{22}$ kg)。

新鲜的高地物质 按照月球岩石全岩的 Na/(Ca+Na)与 Mg/(Mg+Fe)的摩尔比关系,新鲜的高地物质可分为两类:铁斜长岩(Ferroan anorthosites;FAN),年龄在 4.29—4.56 Ga 之间;镁套岩石(Magnesium-suite rock;Mg/Fe 值较高),覆盖在 FAN 上,年龄为 4.18—4.46 Ga(Shearer et al,2006)。镁套岩石可能在月球从岩浆洋到后续连续的岩浆活动的过渡时期内形成,发生于岩浆洋形成之后的 30—200 Ma(Solomon and Longhi,1977;Longhi,1980;Shearer and Newsom,2000)。

新鲜的玄武质火山岩 与月球高地岩石相比,月海玄武岩富含 FeO 和 TiO_2,缺少 Al_2O_3,且 CaO/Al_2O_3 较大(Neal et al,1992)。月球早期分异形成的月幔发生部分熔融,熔融物通过表面岩浆事件形成月海玄武岩。月海玄武岩富含橄榄石和辉石(特别是单斜辉石),缺乏斜长石。按照岩石学、矿物学和地球化学特征,月海玄武岩可分为不同类型(Neal et al,1992;Papike et al,1998)。例如 Taylor and Longi(1991)按照 TiO_2 的含量将月海玄武岩划分为极低钛(<1.5 wt% TiO_2)、低钛($1.5-6$ wt% TiO_2)和高钛(>9 wt% TiO_2)三个子类。早期的研究认为低钛玄武岩的年龄一般要比高钛玄武岩的小。但是,后来月球演化模型计算以及实际观测发现受月幔熔融深度的影响,有些月海岩浆活动最初的钛含量比较高,后来慢慢变小(Pieters et al,1980;Taylor,1982;Cohen et al,2000;Terada et al,2007)。另外,月海玄武岩的铁钛含量与其表面的撞击坑密度之间没有绝对的对应关系(Hiesinger et al,2000)。由此可知高铁钛和低铁钛的月海玄武岩可以同时形成。

复矿碎屑岩 是月面物质在单次和多次撞击作用下形成的碎屑胶结物。其中混有来自不同层位、岩性和地点的岩石碎屑。单块撞击碎屑岩内包含了不同大小和化学成分的岩屑(Stöffler et al,1980)。

月壤 通常是指月球表面细粒的未固结的颗粒物质。大多月壤颗粒的粒径小于 1 cm,一般为 ~60—80 μm。月壤主要由玄武质或斜长石质的颗粒组成,其中还包含矿物碎片、原始结晶岩石的碎屑、撞击碎屑、玻璃和粘结物(McKay et al,1991)。Bart et al(2011)的研究发现月海内的月壤厚度仅有数米,而高地上的月壤厚度则接近 10 m。撞击作用是月壤形成的最主要原因:较大的撞击体挖掘基岩中未被破坏的岩石,形成不均一的堆积物;较小的撞击体不断地翻转、破碎和碾磨表面的物质,并形成细粒的月壤颗粒。严格地讲,月壤可以分为月壤(regolith)和超月壤(megaregolith)。月球上的晚期大轰击事件(Late Heavy Bombardment;见第 3.3.2 小节)使月壳上部数百米到千米级的物质发生破碎,形成全球的撞击碎屑层,称之为超月壤。在 ~3.8 Ga 之后,月球上的小撞击坑占主导,这些撞击事件在月球表面形成了一层松散、细粒、分选性较差的覆盖物,称之为月壤(regolith)。

1.2.2 月球表面的地质作用与地貌单元

总体而言,改变月表形貌的地质过程主要有三种:撞击作用、岩浆活动与构造活动。撞击作用是月球地质历史上最重要的地质过程,岩浆活动次之,构造活动对月表的改造作用最小。其他表面地质活动,如空间风化和重力引起的坡面块体运动(mass wasting),对改变月表整体地貌的作用相对较小,但对局部地貌的影响很大(第 4.3 节)。

撞击作用 月球表面不断地受小行星、彗星和空间颗粒的撞击。单个撞击体(impactor,projectile)从微米级的空间粒子到直径数千米的小行星,质量相差 35 个数量级(Jaumann et al,2012)。月球撞击体的速度可达 15—20 km/s,单次撞击事件的能量从千分之一尔格(erg)到 10^{32} erg 不等(cf. Jaumann et al,2012)。相比之下,地球上一年内所有地质活动产生的总能量大约为 $10^{26}-10^{27}$ erg(Lammlein et al. 1974)。月球表面的撞击坑从形成在矿物颗粒表面的微米级的撞击坑至直径为 2 600 km 的南极艾肯撞击盆地(South Pole-Aitken Basin)不等(图 1-2)。

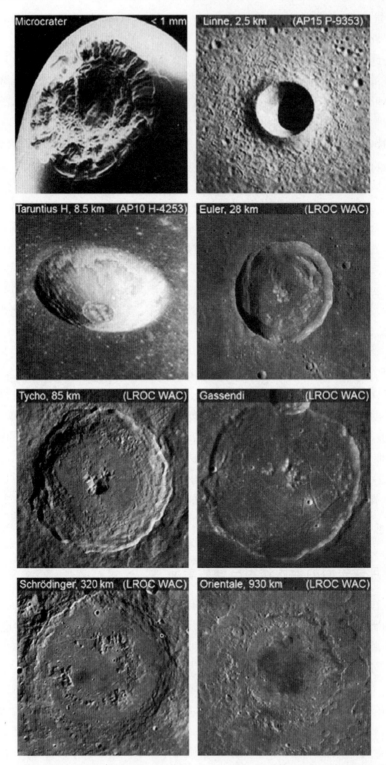

图1-2 月球上不同尺度的撞击坑/盆地(Jaumann et al, 2012)。最小的撞击坑是在月球岩石样品上发现的微米级的撞击坑。Linne 和 Taruntius H 撞击坑属于简单的碗形撞击坑。Euler, Tycho 和 Gassendi 撞击坑代表了月球上典型的复杂撞击坑。Schrödinger 和 Orientale 属于多环撞击盆地

月球表面的撞击坑的形态取决于三个因素：撞击体的能量、被撞击体的物质特性、撞击坑形成后受侵蚀和改造的程度（Pike，1980；Melosh，1989）。月球上直径小于~15 km 的撞击坑被称为简单撞击坑（如图 1-2 中的 Taruntius 撞击坑）。保存完好的简单撞击坑具有抛物线形或碗形的剖面形态（Melosh，1989），坑缘至坑底的深度与其坑缘的直径比大约为 0.12—0.2。简单撞击坑坑缘的高度（与周围的背景地质单元相比）大约是坑缘直径的 4%。在简单撞击坑的形成过程中，从坑壁滑塌的破裂的岩石填充于简单撞击坑的底部，形成透镜体（Melosh，1989）。

随着撞击能量的增加，撞击坑的直径也随之增加，形态越趋复杂（图 1-2）。当撞击坑的直径超过月球上简单-复杂撞击坑的过渡直径时（simple-to-complex transition diameter；15—25 km），撞击坑出现坑壁阶地、平坦坑底和中央峰，撞击坑内部和外部被大量的熔融物覆盖。此类撞击坑称为复杂撞击坑。月球上典型的复杂撞击坑如图 1-2 中 Euler、Tycho 和 Gassendi 撞击坑。当撞击坑的直径大于 140 km 时，撞击坑内的中央峰逐渐变化为中央峰环（Melosh，2010），如图 1-2 所示的 Schrödinger 撞击坑。直径大于 300 km 的撞击坑称为撞击盆地（Hartmann and Wood，1971；Wilhelms et al，1987；Spudis，1993）。撞击盆地的底部出现双环或多环的中央峰，如图 1-2 所示的东海盆地。月球上的中央峰环盆地和多环盆地代表了月球表面最古老的撞击构造，大部分撞击盆地形成于~3.8 Ga 以前。月球上直径大于 300 km 的撞击盆地可能有数十个到上百个（Frey and Romine，2011；Frey et al，2012）。随着撞击坑直径增大，撞击坑的深度-直径比却在变小。当撞击坑的直径从 20 km 增加到 400 km 时，撞击坑的深度仅从 3 km 增加到 6 km（Melosh，2010）。

岩浆活动　岩浆活动形成的月表地貌主要包括熔岩流、蜿蜒月溪、月海穹窿、火山锥、火成碎屑沉积物和原始月海（Cryptomaria）。

月球表面的玄武岩大部分充填于月球正面的大型撞击盆地内，月海玄武岩的总体积占月壳体积的 1%（Head，1976；Wilhelms et al，1987；Head and Wilson，1992）。月海玄武岩大多是由低黏度的溢流型玄武岩流形成的（Hörz et al，1991）。每条玄武岩流的厚度达数十米，运移距离达数千千米。例如雨海（Mare Imbrium）内最年轻的玄武岩流在坡度为 1:1000 的地形上可运移 400—1200 km（图 1-3A）。形成的熔岩流的前锋面高达 10—63 m，平均高度为~35 m（Gifford and El Baz，1978）。Hadley 月溪的壁上出露了近 60 m 厚的月海玄武岩流（图 1-3B），其中可识别至少三条不同期次的玄武岩流（Howard et al，1973）。阿波罗 11、12 和 15 号采集的月海玄武岩的样品表明单条玄武岩流的厚度不超过 8—10 m（Brett，1975）。

蜿蜒月溪是岩浆涌出时对月球表面的机械和热侵蚀作用形成的线性凹陷（Williams et al，2001；Huritz et al，2012）（图 1-4A）。大多月溪起源于月海盆地的边缘，终止于盆地的中心。月溪的长度从数千米到 300 km 不等，宽度一般为数十米到 3 km，月溪的平均深度为~100 m（Schubert et al，1970）。Apollo 15 号着陆在 Hadley 月溪旁（图 1-3B），并证实月溪不是在水流或火成碎屑沉积物的冲蚀作用下形成的。月溪的形成表明月球上的玄武岩岩浆具有较高的熔融温度、较低的黏度和较大的喷发速率（Huritz et al，2012）。

月海穹窿是岩浆活动形成的宽缓、近圆形的穹窿（图 1-4B）。当黏度较高的岩浆向上侵位时形成壳层浅部的岩盖，岩浆继续补给造成月面局部隆升，最终形成月海穹窿。另外，当度度较低的岩浆涌出月表并叠加覆盖时，也可形成局部隆起，该地貌单元也可称之为月海穹窿。有些月海穹窿的顶部具有圆形或线性的凹陷。

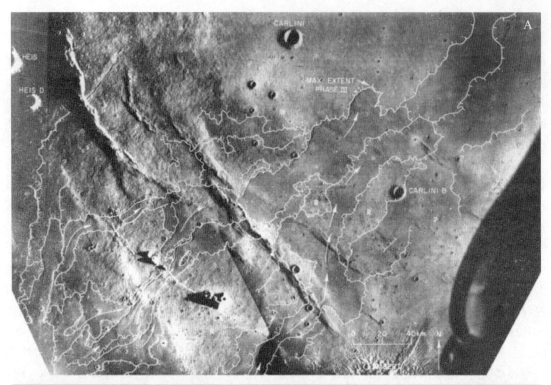

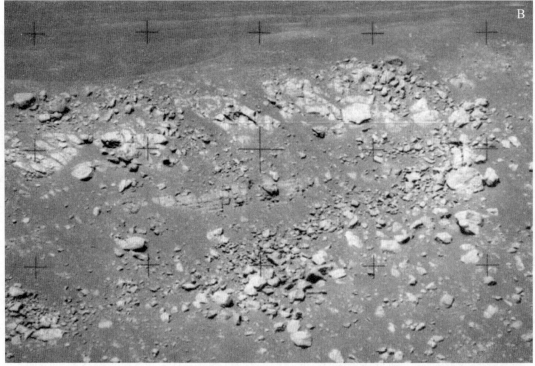

图1-3 月海玄武岩流。(A)雨海上的玄武岩流(Schaber,1973;Schaber et al,1976),其长度超过数百千米。影像数据来自阿波罗15号(数据编号 M-1556)。(B)Hadley月溪壁上出露的玄武岩流(Hiesinger and Head,2006)。影像数据来自阿波罗15号(数据编号 H-12115)

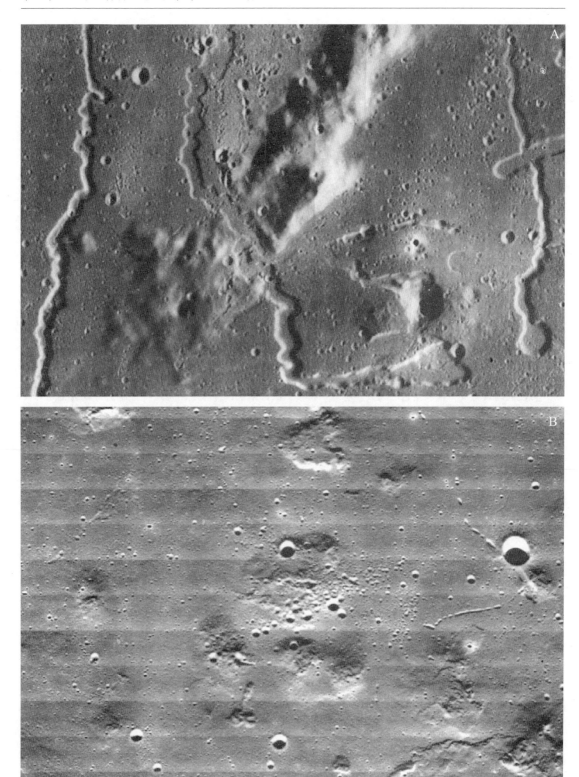

图1-4 (A)月球上的蜿蜒月溪(数据来自LO V 191H1);(B)月球上的火山穹窿(数据来自LO V M-210)
(Hiesinger and Head,2006)

月球上的火山锥大部分都与线性沟谷有关。例如 Alphonsus 撞击坑底部的火山锥(Head and Wilson,1979)(图 1-5)。月球上的火山锥大多是由于富含挥发分的熔岩在月表爆发式喷发时形成的,其周围一般由反照率较低的火成碎屑沉积物环绕(图 1-5)。

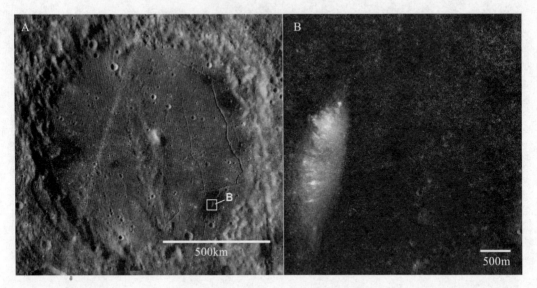

图 1-5 月球 Alphonsus 撞击坑内的火山锥与火成碎屑沉积物。(A)Alphonsus 撞击坑东侧和西侧坑底均发育火山锥和暗色的火成碎屑沉积物。影像数据来自月球勘测轨道飞行器上搭载的宽角相机(LROC WAC)。(B)Alphonsus 撞击坑内一个火山锥顶部的火山口形貌。数据来自月球勘测轨道飞行器上搭载的窄角相机(LROC NAC)

火成碎屑沉积物(Pyroclastic deposits) 是富含挥发分的岩浆在月球表面喷发形成的低反照率物质(图 1-5)。在阿波罗 17 号着陆点附近发现了很多火成碎屑沉积物的玻璃和碎片。返回的月球样品中的橙色玻璃和斑状玻璃珠代表了月球上富含挥发分、黏度较低、富含铁镁质的玄武岩岩浆以夏威夷式的火山喷发形成的产物(Jaumann et al,2012)。阿波罗 15 号返回的绿色玻璃物质也是火成碎屑沉积物。按照出露面积的大小,火成碎屑沉积物可分为区域性火成碎屑沉积物和局部火成碎屑沉积物(Hiesinger and Head,2006)。区域性火成碎屑沉积物一般延展超过 1000 km,常出露于月球高地与邻近月海的交界处(Gaddis et al,1985;Weitz et al,1998)。这些火成碎屑沉积物一般沿着撞击盆地的边缘发育,与大型的裂隙和火山口相连,表明它们是大量、持续的夏威夷式火山喷发的结果。局部的火成碎屑沉积物的分布范围较小(图 1-5)。

原始月海(Cryptomaria) 是指月球表面早期形成的类似月海玄武岩的低反照率物质,但是后续被撞击坑与盆地的溅射物覆盖(Head and Wilson,1992)。如果考虑原始月海的存在,溢出性玄武岩可能覆盖了超过 20% 的月球表面(肉眼可见的月海玄武岩覆盖了表面的~17%)(Head,1976;Antonenko et al,1995)。原始月海的形成时间较早,可能大部分形成于晚期大轰击之前,也即年龄大于~3.8 Ga。近年来,越来越多的原始月海被发现,其规模和物质成分对了解月球早期的火山活动的历史具有重要意义(Giguerre et al,2003;Hawke et al,2005)。

构造活动 月球上的构造形迹可分为伸展和挤压构造两种(图 1-6)。月球表面缺乏大规模的走滑断裂。月面伸展构造包括地堑和陡崖,挤压构造包括皱脊(wrinkle ridges 和

high-relief ridges)和叶片状悬崖(lobate scarps)。皱脊由两条倾向相反的逆冲断层与中间的宽缓褶皱组成。皱脊与地球上的冲起构造具有相似的剖面形态。皱脊在月海玄武岩中发育尤其广泛。月海皱脊的长度一般可达数百千米,宽度可达 10 km(Wilhelms et al,1987)。叶片状悬崖与地球上的逆冲推覆构造的剖面形态相似,在地形剖面上呈不对称的隆起,其中前锋面较陡。形成月球上的构造形迹的主要作用力包括:撞击作用、月海盆地的重力沉降、潮汐力以及月球热演化过程中形成的拉长与挤压作用力。外来天体的撞击作用可在月壳内形成环状和辐射状的张性裂隙,这些裂隙的分布密度和与撞击点的距离(r)成反比,$\sim r^{-1.5}$(Ahrens and Rubin,1993)。撞击形成的断裂可能在后续的地质营力下重新激活。由于月海玄武岩的重力加载作用,在月海盆地周围形成环状或线性的地堑(Solomon and Head,1979,1980;Wilhelms et al,1987)。同时,月海盆地的重力加载在内部则形成环状皱脊(图 1-6)。阿波罗计划搭载的声呐实验发现在月海皱脊以下大约 2 km 的深处,月海玄武岩发生了明显的褶皱和断裂(Hiesinger and Head,2006)。

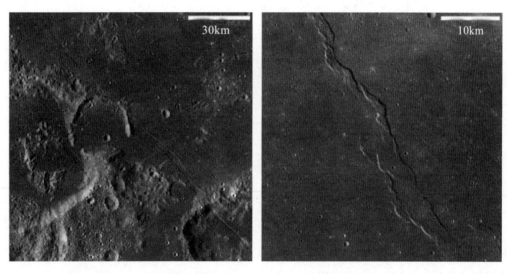

图 1-6 月球上的地堑(A)与月海皱脊(B)。这些地堑与皱脊都是由于月海玄武岩的重力沉降作用形成的(Jaumann et al,2012)

§1.3 月球的内部结构

月球表面由厚数米到数十米的细粒月壤覆盖,月壤以下为撞击溅射的覆盖物和破碎的基岩。一般而言,越老的月面单元上的月壤厚度越大。阿波罗携带的主动月震仪探测了着陆点附近的浅表层的月壳结构,如图 1-7 所示(Heiken et al,1991)。

激光测距发现月球真实的自转轴与其卡西尼位置(也即自转轴倾角的中值)相差 0.26 角秒,表明月球的内部存在部分熔融的圈层(Yoder,1981;Dickey et al,1994;Williams et al,2001)。最近的研究发现月幔的上部为固态,厚度约为 1 220 km;在此之下为厚达 150 km 部分熔融层(Weber et al,2011)。月核的半径为~330 km,其中 90 km 厚的外核处于熔融状态,而固态内核的半径为 240 km(Weber et al,2011)。图 1-8 为月球的内部结构图(Weber et al,2011)。最近的 Gravity Recovery and Interior Laboratory(GRAIL)计划探测发现月壳的

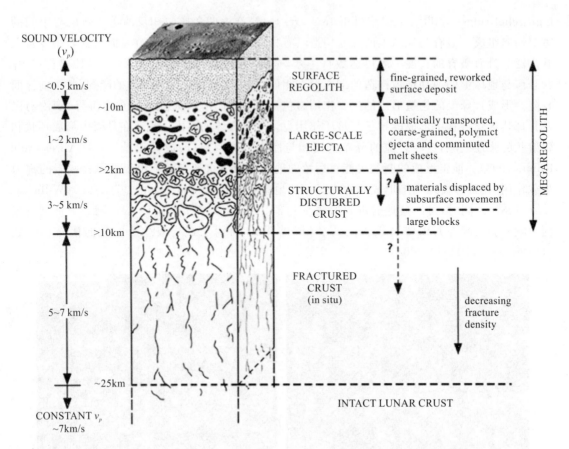

图1-7 月壳浅部的结构模式图,由上至下包括月壤、撞击溅射沉积物和破碎的基岩(Heiken et al,1991)

厚度在0—60 km不等,其平均厚度约为34—43 km(Wieczoreck et al,2013)。月球高地的月壳的平均密度约为2 550 kg/m^3(Wieczoreck et al,2013)(图1-9)。

月球是除地球之外唯一布置了地震仪(准确地讲为月震仪)的天体。阿波罗12、14、15和16号在月球表面建立了四个三方位、长时期的地震仪。这些地震仪共记录了13 000余次月震(Jaumann et al,2012),对这些月震数据的研究持续至今。几乎所有的月震都发生在月球的正面,少数发生在月球背面(图1-10)(Nakamura,2005)。由于月球壳层内没有板块活动,因此,月震的形成机理与地震不同。月震按深度和来源可分为三类:深源月震(>700 km)、浅源月震和陨石撞击形成的月震。深源月震又称为月球上的"月震群",其周期与月球潮汐作用的周期一样。因而,前人一般认为所有的或者大部分的深源月震都是由于潮汐作用触发的(Jaumann et al,2012)。阿波罗计划共探测到7 000余次深源月震,其对应的深度在700—1 100 km(Nakamura,2005)。深源月震又可按照发生位置划分为250个深源月震群(Jaumann et al,2012)。

由于深源月震的层位较深,P波和S波不能反映深度超过1 200 km的圈层结构,因此利用月震数据对月核的解译程度较低。在阿波罗月震仪监测到的1 700余处陨石撞击事件引发的月震中(Jaumann et al,2012),仅有一处的震中距离月震仪足够远。这次探测数据表明月核

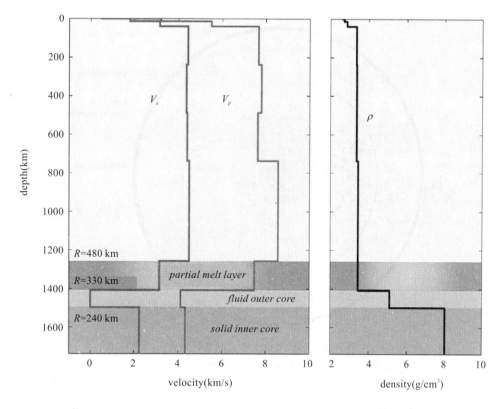

图 1-8　月球内部结构分层、地震波速度、与密度关系(Weber et al,2011)

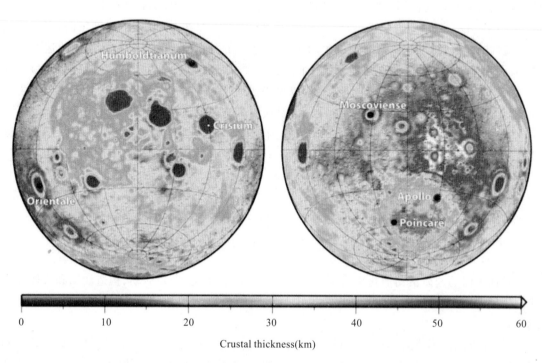

图 1-9　GRAIL 数据反演的月壳厚度图(Wieczoreck et al,2013)

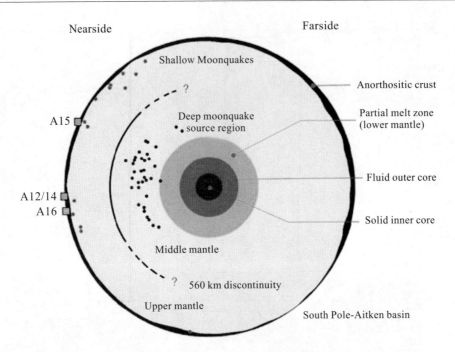

图 1-10 阿波罗月震仪记录的月震位置以及月球内部的结构示意图(Wieczorek et al，2006)。绿点代表阿波罗计划部署的月震仪,黑点代表深源月震发生的位置,蓝点代表浅源月震发生的位置

的半径约为 170—360 km(Nakamura et al，1974)。Weber et al(2011)利用新技术重新处理阿波罗计划获取的月震数据,并证实下月幔存在熔融层,月球的外核为富铁的液态物质,内核为固态(图 1-8)。月球动力学模型计算表明,在月球内部深约 800 km 处的温度很高,因而不能产生脆性断裂,该深度与深源月震发生的深度吻合。在 1 150 km 的深度,月震波的速度急速减小,表明下月幔的部分熔融可能延续至核幔边界处(Nakamura,2005;Weber et al,2011)。

浅源月震比深源月震发生的频率低。在阿波罗计划开展的 8 年内,月球上一共只发生了 28 次浅源月震。浅源月震释放的能量较大,但其形成机制依然不详。浅源月震可能是由于月壳或者大型撞击盆地下的月幔内的热弹性应力释放造成的,也可能是月球浅部的断层活动或表面物质迁移垮塌造成的(Nakamura,1977;Nakamura et al,1979;Binder and Oberst,1985;Shirley,1985;Oberst,1987;Frohlich and Nakamura,2006)。

§1.4 月球表面的地质活动演化史:内部热演化-撞击作用-构造活动-岩浆活动的综合作用

月球表面的地质活动演化史实际上是月球内部的热演化、岩浆活动、构造活动和天体撞击共同作用的历史。月球的地质演化史可大致地归纳为以下四个阶段(Hiesinger and Head,2006):

(1)在太阳系形成后不久,也即~45.6—44.3 亿年前(Elkins-Tanton,2012),原始地球和同一轨道上一个较小的天体相撞。溅射至原始地球轨道的物质快速堆积形成了月球(图 1-11)(Hartmann and Davis,1975;Canup and Esposito,1996;Canup,2004,2012)。

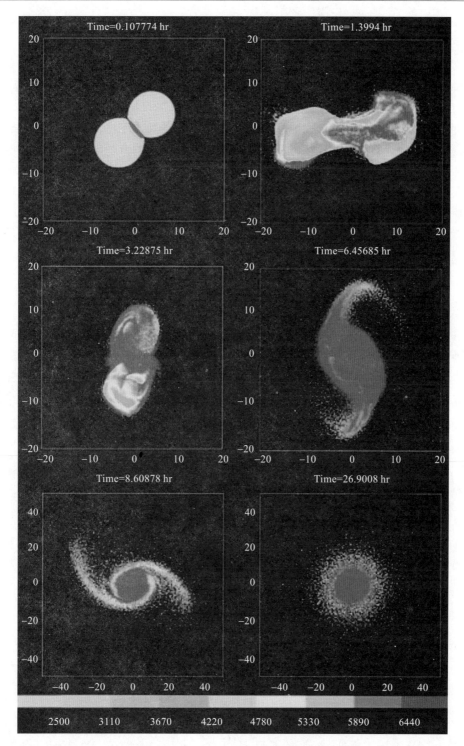

图 1-11 大撞击作用形成月球的数值模拟(Canup,2012)。该模型显示了一个比原始地球略小的撞击体与原始地球相撞,产生的溅射物堆积形成了月球。图中的颜色代表了颗粒的开尔文温度。红色表示温度超过了 6 440 K。在撞击之后,原始地球与撞击体在重力牵引下再次汇合撞击,然后合并,一起快速旋转并向外溅射物质

(2) 由于早期月球内部的放射性元素生热和外来撞击体的动能-热能的转化,月球形成之后的数十个百万年内,表面形成了厚达 60 km 的全球岩浆洋(magma ocean)(Elkins - Tanton, 2012)。岩浆洋的结晶分异导致较轻的斜长石物质上浮形成原始月壳,铁镁质的物质下沉形成超铁镁质的原始月幔。在岩浆洋最后分异的区域形成难熔的富含克里普岩的物质(克里普岩,KREEP,也即富含钾、稀土元素和磷的碱性岩石),该区域可能位于月壳的底部。

(3) 由于密度不稳定,早期形成的月幔中较重的、难熔的物质下沉至核幔交界的层位;而较热的富镁的物质则运移至月幔顶部,该过程造成早期堆积形成的月幔发生反转。与此同时,向上运移的月幔物质在减压作用下发生熔融,熔融物沿着薄弱面向上侵位,形成月球表面古老的玄武岩火山建造(如原始月海)。在固结的月壳达到一定厚度之后,撞击坑与撞击盆地开始在月壳上保存,有些至今可见(图 1 - 12)。

(4) 后续的岩浆活动(如形成月海的月幔部分熔融)、构造活动(如月海与高地上发育的挤压构造)和撞击作用(如形成雨海、东海盆地和第谷撞击坑的撞击事件)不断改造月球表面的地貌,混合不同位置与层位的物质。图 1 - 12 显示了以上描述的演化过程。

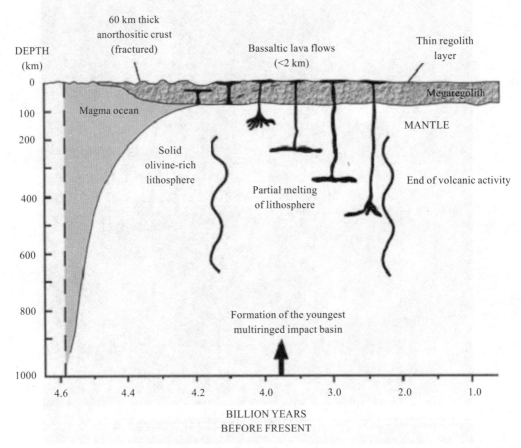

图 1 - 12　月球岩浆洋、月壳和月幔的演化模型(Hiesinger and Head,2006)。该模型反映了月壳和部分月幔的剖面。早期的月球岩浆洋经过分异和结晶形成富含橄榄石的月幔,富含斜长石的月壳上浮。月壳形成的过程伴随着大量的撞击事件,形成月壳浅层的超月壤和月壤。4.3 Ga 左右,月幔重力翻转形成不同的矿物层位。在岩浆洋固结之后,月幔部分熔融形成了铁钛含量不均的月海玄武岩

月球的热演化受外部天体撞击的动能-势能转变、内部的放射性元素衰变生热和月球内部冷凝的共同作用。月球在大约 3.6 Ga 前处于热膨胀阶段,之后处于热收缩状态(Solomon and Head,1980)。热流值是表征行星热状态的最直接的参数。地球岩石圈的热流值与岩石圈的组分、厚度、构造活动程度、地质体年龄、气候以及热液循环有关(Pollack et al,1993)。地球大陆地壳的平均热流值约为 55 mW/m², 大洋地壳的平均热流值约为 67 mW/m²。月球内部可能存在缓慢的热对流,但是,由于月球表面没有板块构造,内部的热主要通过热传导透过月球岩石圈散失在行星空间(Spohn et al,2001)。与地球相比,月球表面的热流值较小,且与月球岩石圈的厚度和成分有关。但总体而言,月球不同地块上的热流值的差异较小。阿波罗 15 和 17 号搭载的热流计分别探测了位于风暴洋边界的两处热流值(图 1-13),分别为 21 mW/m² 和 14 mW/m²(Langseth et al,1972,1976)。然而,模型估算表明月球表面的平均热流值可能远远低于 12 mW/m²(Warren and Rasmussen,1987)。

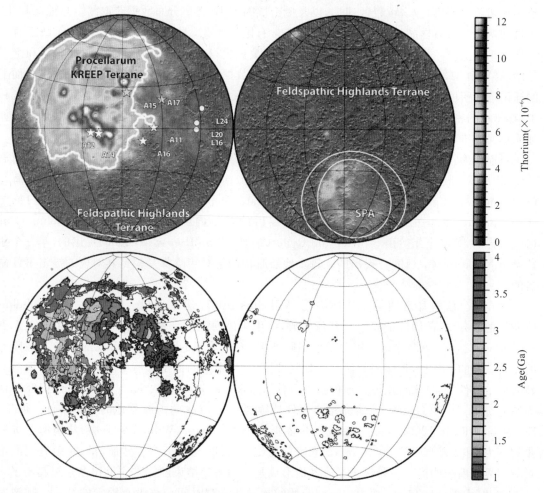

图 1-13 (上图)月球勘探者号获取的月球表面钍元素分布图(Laneuville et al,2013)。白色的线圈代表 4×10^{-6} 的钍元素密度线,与风暴洋克里普岩单元吻合。星形代表了阿波罗着陆点,圆点代表了苏联月神计划(Luna)着陆点。黄色星形代表了阿波罗热流计的测量点。(下图)月球正面的月海玄武岩的年龄(Laneuville et al,2013)。该图显示月海火山活动与月壳的相对高热流值区域是相互对应的

根据月球勘探者号搭载的伽马仪获取的月球表面放射性元素钍(Th)的分布数据,前人将月壳按照其地球化学、地球物理和地质特征划分为不同的单元(图 1-13)(Jolliff et al,2000)。其中,最大的两个单元是风暴洋克里普岩单元(Procellarum KREEP Terrane;PKT)和高地长石单元(Feldspathic Highlands Terrane;FHT)。克里普玄武岩是岩浆洋分异晚期的残余物在重熔或同化作用下形成的(Warren and Wasson,1979),FHT 覆盖了月球表面~60%的区域,主要由古老的斜长质岩石组成。该地形的特征是壳层的 Th 元素的丰度很低,一般小于 3×10^{-6}。FHT 内的玄武岩仅占月海总体积的很小一部分,其年龄在 2.7—3.5 Ga 之间(Morota et al,2011)。这些玄武岩的 TiO_2 含量一般小于 6 wt%(Shearer et al,2006)。与之相比,PKT 上的生热元素 Th 的含量较高。全球 Th 元素的质量平衡模型计算表明:30%的月球生热元素集中在风暴洋克里普岩单元上(Jolliff et al,2000)。

月球表面的地层年代是基于阿波罗和月神计划返回的样品获取的同位素测年数据、区域地层交切关系、月面撞击坑侵蚀速率,以及撞击坑的大小-频率分布数据获取的。与地球相比,从月球返回的岩石样品的数量和空间分布非常有限。因此,大部分的月面地质单元缺乏直接的样品年龄支撑。不过,利用光谱和影像的遥感数据也可识别不同地质体之间的相对和绝对年龄(详见第 3.3 节)。例如,通过高分辨率的影像数据可判别地质体之间的切割关系;月面上的撞击坑的密度一般与其年龄成正比:表面地质单元的年龄越大,受小行星和彗星的撞击越多,撞击坑的密度越大;反之亦然。因而,通过撞击坑的大小-频率分布关系可以获取月球表面地质单元的绝对模式年龄(absolute model ages;详见第 3.3 节)。

目前广为接受的月球地层年代系统将月球的地质历史划分为五个时期(图 1-14):前酒海纪(Pre-Nectarian;>3.92/4.1 Ga),酒海纪(Nectarian;3.92/4.1-3.85/3.91 Ga),雨海纪(Imbrian;3.85/3.91-3.2 Ga),厄拉多塞纪(Eratosthenian;3.2-1.0/0.8 Ga)和哥白尼纪(Copernican;<1.0/0.8 Ga)。每个年代地层后的括号内的第一个年龄由 Wilhelms et al(1987)提出,第二个年龄由 Stöffler and Ryder(2001)和 Stöffler et al(2006)提出的,第三个年龄是由 Neukum et al(1994)提出的。每个地层时代的绝对年龄都是根据其对应的撞击事件命名的。

现在最公认的月球地层年代体系是 Wilhelms(1987)建立的(图 1-14)。在 Wilhelms(1987)的划分中,前酒海纪起始于月球形成,结束于酒海盆地形成之间,时间大约在~4.5 到~3.92 Ga 之间。酒海盆地的年龄是根据阿波罗 16 号采集的酒海盆地形成的撞击熔融碎屑的年龄获取的。不过,近年来的研究认为阿波罗 16 号采集的撞击碎屑可能不是来自于酒海盆地的撞击事件,而是来自雨海盆地的撞击事件(Haskin et al,1998,2003)。Wilhelms(1987)认为酒海纪从~3.92 Ga 的酒海盆地撞击事件持续到~3.8 Ga 的雨海盆地的撞击事件。但是,Stöfler and Ryder(2001)认为雨海盆地可能形成于 3.77 Ga。Wilhelms(1987)将雨海纪进一步划分为早雨海纪(~3.85-3.8 Ga)和晚雨海纪(~3.8-3.2 Ga)。然而,早、晚雨海纪的绝对时间界限尚未明确。一般认为东海盆地形成是早雨海纪结束的标志。厄拉多塞纪起始于~3.2 Ga,终止于~1.0 Ga。而哥白尼纪起始的相对和绝对时间一直没有固定的结论。阿波罗 12 号采集的部分岩石样品可能是哥白尼撞击坑形成的溅射物,其同位素年龄大约为 0.8 Ga。而通过撞击坑的大小-频率累积统计估算的哥白尼撞击坑的绝对模式年龄为~1.1 Ga。本书引用 0.8 Ga 为月球哥白尼纪开始的时间。

按照月球的地层年代顺序,可将月球表面的主要地质事件划分为以下几个阶段(图 1-15):

第一章　月球地质演化史及月表哥白尼纪地质活动的研究意义　　　　　　　　　　　　　· 17 ·

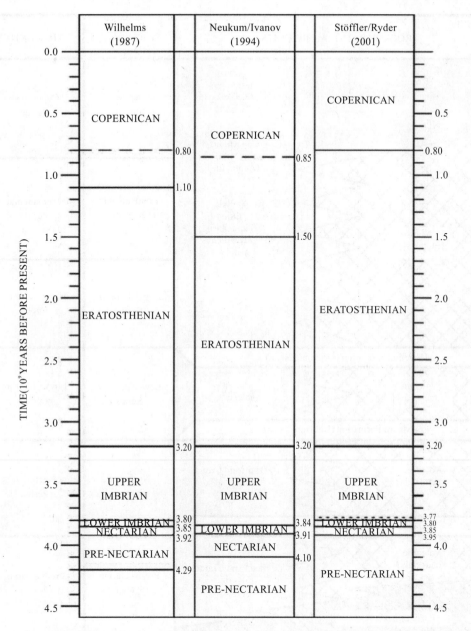

图 1-14　对比 Wilhelms(1987)，Neukum and Ivanov(1994) 和 Stöffler and Ryder (2001)划分的月球地层年代体系。Wilhelms(1987)认为哥白尼撞击坑形成于～0.80 Ga 以前，Neukum and Ivanov(1994)认为哥白尼撞击坑形成于～0.85 Ga 以前（虚线）。Stöffler and Ryder(2001)认为雨海盆地形成于 3.8 Ga 或者 3.77 Ga 以前

前酒海纪的主要地质特征是大量剧烈的撞击事件和月球内部的放射性元素生热使早期堆积形成的月球的外层 60 km 发生熔融，长石质的月壳物质和富含铁镁质的月幔物质在大约 4.4—4.3 Ga 之间从早期岩浆洋中分异出来。在前酒海纪晚期，月球上经历两次不同的形成撞击盆地的撞击潮（impact flux）。首先是早期月球和地球增生时的轨道剩余物继续撞向月球，形成一些最古老的大型撞击盆地，例如南极艾肯盆地（Marchi *et al*, 2012）。这些撞击事件

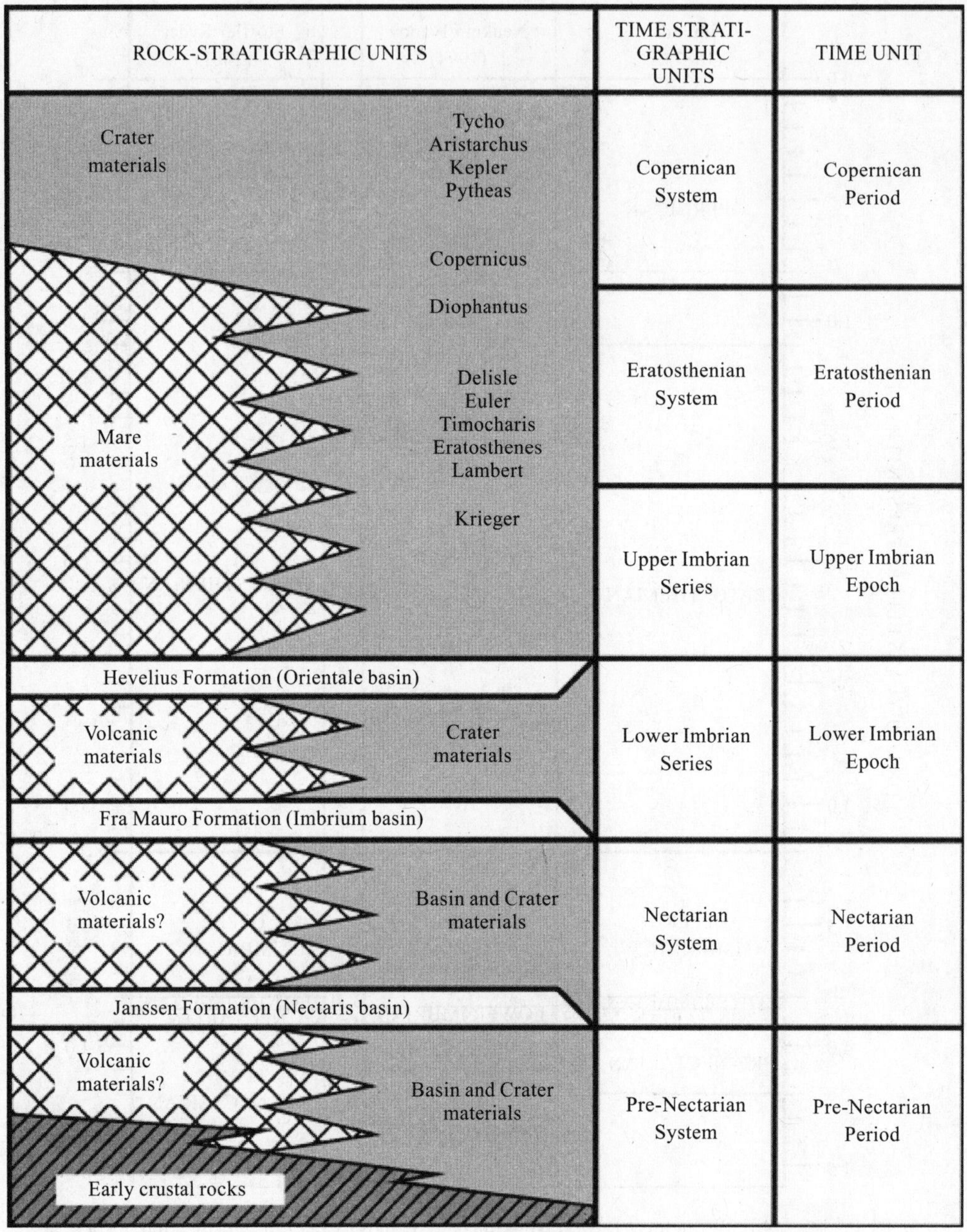

ROCK-STRATIGRAPHIC UNITS		TIME STRATI-GRAPHIC UNITS	TIME UNIT
Crater materials	Tycho Aristarchus Kepler Pytheas	Copernican System	Copernican Period
Mare materials	Copernicus Diophantus Delisle Euler Timocharis Eratosthenes Lambert	Eratosthenian System	Eratosthenian Period
	Krieger	Upper Imbrian Series	Upper Imbrian Epoch
Hevelius Formation (Orientale basin)			
Volcanic materials	Crater materials	Lower Imbrian Series	Lower Imbrian Epoch
Fra Mauro Formation (Imbrium basin)			
Volcanic materials?	Basin and Crater materials	Nectarian System	Nectarian Period
Janssen Formation (Nectaris basin)			
Volcanic materials?	Basin and Crater materials	Pre-Nectarian System	Pre-Nectarian Period
Early crustal rocks			

图 1-15 月球地层年代表和各时期的主要地质事件(Wilhelms 1987)

的特征是撞击体巨大,而撞击速度较低(Marchi et al,2012)。这些撞击盆地的大小-频率分布曲线可能呈不规则的起伏锯齿状(Marchi et al,2012)。在大约 4.1 Ga 时,由于土星与木星的轨道迁移形成共振,造成位于两者中间的主带小行星(Main Belt Asteroids)受轨道共振的扰动而射向内、外太阳系。内太阳系的天体在此期间经历了一次高频率的撞击潮,形成了月球上的大部分撞击盆地。这次撞击潮将月球不同深度和位置的物质相互混合(Tera et al,1974)。该事件被称为晚期大轰击事件(terminal lunar cataclysm 或 late heavy bombardment)。最近的模型计算认为晚期大轰击事件起始于形成酒海盆地的撞击事件(~4.15 Ga),终止于形成东海盆地的撞击事件(~3.75 Ga)(Bottke et al,2012)。

酒海纪时期,持续的晚期大轰击事件继续在月球表面形成大型撞击盆地。其中阿波罗计划采集了澄海与危海盆地的溅射物,并证明这两个盆地形成于酒海纪。月球在酒海纪之前(包括前酒海纪)处于热膨胀状态,有证据表明月球在酒海纪期间发生了表面火山活动,但是其持续时间不详。最近的 GRAIL 数据在月壳深部发现了在酒海纪或前酒海纪形成的大型地堑(Andrews-Hanna et al,2012)。这些伸展构造可能代表了早期内部岩浆上涌形成的张性通道。

早雨海纪时期,晚期大轰击事件依然在持续,月球在这段时间形成了至今保留在月面上的两个显著的撞击盆地:雨海盆地和东海盆地。在早雨海纪,由于月壳和月幔内的放射性元素(主要是 K、U 和 Th)衰变生热,导致 60－500 km 处超基性的月幔物质发生部分熔融,形成表面岩浆事件。月球正面风暴洋克里普岩单元内富集产热元素(Jolliff et al,2000),且月球正面的撞击盆地抹去了部分低密度的上地壳,导致密度更大的玄武岩岩浆能在正面上涌并喷出月表(Wieczorek et al,2001)。因而月球正面的火山活动更活跃(图 1-13)。月面玄武岩岩浆活动形成了撞击盆地内的月海(Hiesinger et al,2000,2003,2011)。月海玄武岩的重力沉降,在早雨海纪形成与月海盆地有关的伸展与挤压构造。

晚雨海纪开始的标志是形成东海盆地的撞击事件,晚期大轰击事件在晚雨海纪逐渐停止。月球正面的月海玄武岩大多形成于晚雨海纪,时间大约在 3.6－3.8 Ga(Hiesinger et al,2000,2003,2011)。月球背面的月海玄武岩也形成于该时期,时间大约在 2.7－3.5 Ga(Morota et al,2011)。另外,风暴洋北部的 Gruithuisen 穹窿的活跃时间在 3.7－3.8 Ga;风暴洋和湿海南部的"红斑(red spots)"火山地貌形成于 3.74－3.56 Ga(Wagner et al,2010);撞击坑大小-频率分布统计表明月球上的 Hansteen Alpha 火山穹窿的形成年龄为 3.74－3.56 Ga,形成于其周围最年轻的月海玄武岩(3.51 Ga)之前(Wagner et al,2010)。Gruithuisen 和 Hansteen Alpha 火山穹窿的年龄表明高硅、高黏度的非月海火山活动(也即非溢流型玄武岩活动)的持续时间较短,大多形成于晚雨海纪(Wagner et al,2002,2010)。在晚雨海纪,月海沉降继续形成大量的月海皱脊。但是,由于月球在 3.6 Ga 之后处于全球热收缩状态,挤压应力过大,因而与月海沉降有关的地堑构造不再形成(Solomon and Head,1980)。

厄拉多塞纪起始于形成厄拉多塞撞击坑(Eratosthenes)的撞击事件。在此期间月海上的火山活动依然在持续发生,撞击坑继续在月面形成并累积。但是,在该时期内月表的撞击频率与岩浆活动的强度大幅减小,月球的地质演化进入衰弱期。月球背面的岩浆活动的结束时间比正面早(Morota et al,2011),可能原因是月球背面的月壳厚度较大,也可能是由于月球背面的月壳缺乏放射性生热元素。湿海北部的 Helmet 高反照率火山平原形成于早雨海纪(~3.94 Ga),结束于厄拉多塞纪(~2.08 Ga)(Bruno et al,1991)。在厄拉多塞纪结束时(~0.8－1.1 Ga),月球表面的火山活动基本停止。实际上,年龄小于 1.5 Ga 的月海单元仅在少数区域内出露(Schultz and Spudis,1983;Hiesinger et al,2000,2003)。与此同时,月海盆地在重力均衡作用下趋于平衡状态,月海沉降作用趋于停止,故与之有关的大型逆冲断层(大型皱脊或叶片状悬崖)不再形成。

哥白尼纪的月球处于地质历史的停滞期。虽然最年轻的月海玄武岩的年龄可能约为~1 Ga(Hiesinger et al,2003,2011)。月球表面的大型内生型地质活动几乎停止。撞击作用主要是小型撞击作用,是哥白尼纪月球表面最主要的地质活动。

§1.5 月面哥白尼纪地质活动的研究意义

以往对月球热演化史和表面地质活动演化史的研究均认为,哥白尼纪的月球表面缺乏内生型构造或岩浆活动。阿波罗计划搭载的月震仪获取的月震数据表明,下月幔和外核依然处于熔融状态(Weber et al,2011),因此月球依然经历着持续冷凝和全球收缩。最近,美国宇航局的月球勘测轨道飞行器上搭载的窄角相机(Narrow Angle Camera;NAC)获取的高分辨影像数据证实,月球上存在大量的哥白尼纪小型伸展和挤压构造,包括小型叶片状悬崖和地堑(Watters et al,2010,2012;Banks et al,2012)。这些构造地貌非常年轻,有些小型叶片状悬崖的年龄可能小于100 Ma,有些小型地堑的年龄可能小于50 Ma(Watters et al,2010,2012)。这些构造形迹大部分是由于月球的持续冷凝收缩形成的,对指示月球早期的热状态和热演化过程具有重要意义(Watters et al,2010,2012)。另外,前人认为有些哥白尼纪的小型地堑可能与月球的持续冷凝收缩无关,这些地堑被认为是近期的岩浆侵入到月球浅表层,造成表面局部地形隆起而形成的伸展构造(Watters et al,2012)。然而,月球的二维和三维热演化模拟表明,现在的月球岩石圈过厚,月幔部分熔融产生的岩浆不能向上运移到达月球表面(Spohn et al,2001)。因而,研究月球哥白尼纪的小型构造形迹的应力来源,以此探究月球表面是否存在浅层的岩浆活动,对了解月球现在热状态和以往的热演化史具有重要的指示意义(第4.1节)。

陨石撞击是月球上最重要的地质过程。撞击过程可粗略分为三个阶段:接触、挖掘与改造(详见第6.2节)。对每个阶段的物理过程的精细研究已越来越深入(Holsapple,1993)。前人一般认为重力是天体表面的复杂撞击坑形成过程中挖掘阶段的主控因素,而撞击速度与被撞击体的物质性质的影响较小(Melosh,1989)。但是,该观点在对比不同行星上的撞击过程时显得并不成立(详见第6.2节)。撞击挖掘阶段的主要地质过程是被撞击体的物质破碎并被抛射出挖掘腔。溅射物在撞击坑外堆积形成溅射毯和二次撞击坑(secondary craters;secondaries)。哥白尼纪的撞击坑是月球表面最年轻的撞击坑,其溅射物与二次撞击坑的保存状态最好。因而,哥白尼纪撞击坑是研究撞击挖掘过程的主控因素的重要对象(详见第6.2节)。

虽然月球表面在哥白尼纪缺乏内生型构造活动,哥白尼纪的撞击作用形成了大量的撞击熔融。在撞击熔融物的冷凝过程中,冷凝裂隙大量发育。与地球上岩浆冷凝的散热方式不同,月球表面的岩浆或撞击熔融物最终主要以热辐射的方式散热。因而,研究月球表面哥白尼纪的撞击熔融内发育的冷凝裂隙直接类比反证了热辐射在地球岩浆冷凝中的贡献(详见第4.2节)。

由于重力作用,月球表面时刻发生着坡面块体运动(mass wasting),如滑坡、碎屑流、坠落等。这些地质过程不断塑造月球表面的地貌,削高补低,直至月面地形平坦。在LRO计划之前,高分辨率的影像数据(米/像素级别)仅覆盖了极少数的月面区域。因而,学界对月球坡面块体运动的规模、样式、年龄和分布特征等问题尚未展开系统研究,坡面块体运动在改造月球表面区域地貌中的作用也不得而知。本书发现哥白尼纪的月表地质单元上存在大量年轻的块体移动,坡面块体运动与局部撞击作用是重塑小尺度上月面形态中最重要的地质过程(第4.3节)。

综上所述,研究月球表面哥白尼纪的地质过程不仅对增进月球地质过程演化的了解具有重要意义,也从类比行星学角度为了解相应地质过程的基本物理规律提供了新视角。本书将就以上讨论的年轻地质活动逐条进行分析(第四章和第六章)。

第二章 水星表面地质演化史及年轻地质活动的研究意义

§2.1 水星概述

水星是太阳系四大类地行星(水星、金星、地球和火星)中距离太阳最近且体积最小的行星。水星比月球稍大,半径约为 2 440 km,其表面积约为地球的 14.7%,相当于中国国土面积的 8 倍。

水星与太阳的平均距离大约是 0.39 AU(约 5.791×10^7 km;AU 为天文单位,1Au 表示地球与太阳之间的距离)。水星的公转轨道的椭圆率是太阳系行星中最大的,约为~0.2。因此,水星在近日点处与太阳的距离为 0.3075 AU,而在远日点处与太阳的距离为 0.4667 AU。在近日点时,站在水星表面看到的太阳是在远日点时看到的 3 倍大。在近日点时,水星的公转轨道速度可达 56.6 km/s;而在远日点时的轨道速度为 38.7 km/s。水星围绕太阳公转的周期是~87.97 个地球日,自转周期是 58.65 个地球日。水星上的一个昼夜周期大约是 176 个地球日。受太阳的潮汐锁定以及核幔交互运动的影响,水星的自转与公转周期比精确的为 2∶3。水星自转轴的倾斜角接近 0°,是太阳系行星中最小的,因此水星上没有类似地球或者火星上四季分明的现象。同时,由于水星垂直的自转轴,在其南极和北极的有些区域(尤其是撞击坑底部)永远受不到阳光的照耀,故成为永久阴暗区。这些阴暗区内沉积了一定量的水冰,形成地基雷达观测到的高反照率区域(Chabot et al,2012,2013)。由于水星的特殊轨道性质,从地球上看,水星从未离开过太阳超过 28°的位置(以太阳为中心,环绕天顶一周为 360°)。因而,在地球上只有在黎明或者傍晚前后的 2 个小时可以观测到水星。即便存在如此短暂和苛刻的观测窗口,由于水星的体积很小,地球上的光学望远镜很难透过地球的大气层观察到水星。另外,由于水星距离太阳很近,表面温度高,空间环境恶劣;且受巨大的太阳引力的影响,一般的深空探测器很难被水星捕获。美国宇航局发射的信使号是人类探测水星的第一颗人造卫星。但是,在信使号计划之前,仅有水手 10 号在 1974 年前后完成了对水星的飞掠,获取了水星表面部分区域的数据。纵观内太阳系行星与月球,人类对水星的认识是最少的(肖龙,2013)。

虽然水星距离太阳最近,但它却不是表面温度最高的类地行星。金星大气的温室效应使其表面温度高达 477℃。然而,水星表面的昼夜温差却是类地行星中最大的,在太阳直射点("日下点")的表面温度最高可达 427℃,足以融化金属锌(熔点为 419℃);而在黑夜半球的表面温度却只有-183℃。相比之下,金星表面最低温度为 447℃,仅比最高温度低 30℃(肖龙,2013)。

水星表面没有类似地球上的稠密空气。但和月球相似,水星具有极其稀薄的"大气"(准确的定义为外逸层;Exosphere)。水星外逸层的原子密度仅为 10^5 个$/cm^3$,因此这些原子之间相互碰撞的几率很小,它们主要和水星表面相互作用。水星表面的压力仅为地球上的千亿分之一。水星外逸层内的主要元素包括氢、氦、氧、钠、钾和钙等挥发分元素。氢和氦可能主要来自于水星磁场捕获的太阳风粒子,有些氦也可能通过水星内部的放射性元素衰变形成。钾和钠的元素丰度在水星的外逸层中变化较大,一般几个小时或者几天之内的连续观察的结果都有很大差别。外逸层中的钾和钠是光化电离效应从水星表面的物质中激发的,有些可能重新返回水星表面,而有些则直接逃逸离出去,随太阳风离开这个星球。计算表明,水星表面的钠原子的损失速率为每秒 1.3×10^{22} 个,也即 $0.5\ \text{g/s}$ 的钠原子从水星表面散失。

除了地球之外,水星是类地行星和月球中唯一具有全球偶极子磁场的行星。其南北磁极的极性与地球磁场相似,磁轴与水星自转轴的交角小于 $100°$。水手 10 号探测到水星磁场的弓形激波面、磁层顶和磁尾。水星赤道处的磁场强度为 $0.002\ \text{Gs}$,约为地球的 1%;偶极磁矩为 $3.0\times10^{22}\ \text{Gs/cm}^3$,大约是地球的 4×10^{-4} 倍。另外,水星的磁层顶距离行星表面的距离仅为 1.9 ± 0.2 个水星半径。当太阳活动足够强烈时,太阳风产生的磁场将压迫水星的磁层顶,直至水星的表面(肖龙,2013)。

§2.2 水星表面的主要地质单元

水星与月球表面颇为相似,均覆盖着平坦的平原物质、大大小小的撞击坑和大量的构造形迹(图2-1)。塑造水星表面的主要地质过程包括撞击作用、岩浆活动和构造活动。其他的地质过程,如空间风化、坡面物质移动、挥发分活动等对改变水星表面的局部地貌也起到重要的作用。

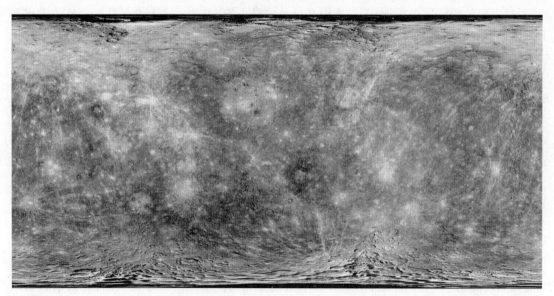

图 2-1 信使号获取的水星全球多波段彩色影像镶嵌图,范围从 $0-360\ °\text{E}$(http://messenger.jhuapl.edu)

撞击作用是水星表面最重要的地质过程。大的撞击盆地改变水星的壳层以及幔部结构,影响水星的热演化过程,改造水星的整体形貌,挖掘和混合不同层位的物质,例如形成卡路里盆地(Caloris basin)撞击事件。小的撞击事件在改变水星局部地貌和碾磨水星壳层的物质中具有重要作用。与其他类地行星和月球一样,水星表面的撞击坑随直径的增大,形态越趋复杂(Pike,1988)。随着直径增大,水星表面的撞击坑从简单撞击坑向多环撞击盆地变化。水星上的撞击坑按照其形态复杂度可分为7类(图2-2):直径小于~14.4 km 的撞击坑统称为简单撞击坑,简单撞击坑呈底部平坦的碗状,坑壁均匀;一些直径在4.6—12.2 km的撞击坑的坑壁发育初始阶地和滑塌构造,称为被改造的简单撞击坑(Modified Simple Crater);直径在9.5—29.1 km 之间的撞击坑称为未成熟的复杂撞击坑(Immature Complex Crater),复杂撞击坑具有完整的坑壁阶地以及大量的滑塌构造,中央峰偶有出现;直径在30—160 km的撞击坑称为成熟的复杂撞击坑(Mature Complex Crater),成熟的复杂撞击坑内发育有形态各异的中央峰,坑底被撞击熔融覆盖;直径在72—165 km的称为初始盆地(Protobasin),初始盆地内具有不完整的中央峰和中央峰环,盆地深度较浅;直径在132—310 km的称为双环盆地(Two-ring Basin),双环盆地内发育有完整的中央峰环和中央峰,与盆地边缘一起形成双环;直径在285—1 600 km的称为峰环盆地(Peak-ring Basin),多环盆地内发育有多个中央峰环(Pike,1988;Baker *et al*,2011)。

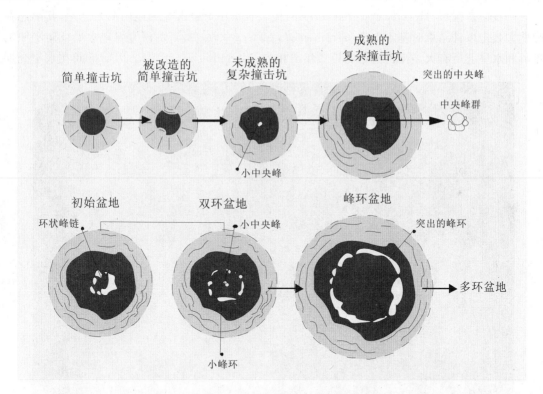

图2-2 水星上的撞击坑形态随着直径而变化(肖龙,2013)

值得一提的是,水星表面的撞击坑是以著名的作家、艺术家和音乐家命名的,例如迪肯斯撞击坑、米开朗琪罗盆地、贝多芬盆地、李白撞击坑、李清照撞击坑、齐白石撞击坑、鲁迅撞击坑等。水星表面有超过15个撞击坑是根据中国知名作家命名的。

岩浆活动在水星表面形成的主要地貌包括熔岩流、广袤的平原(包括坑间平原和平坦平原)、熔岩冲刷沟谷、爆发型火山口与火成碎屑沉积物、坍塌型火山口等地貌。与月球不同的是,水星表面的火山穹窿和火山锥极少(Head *et al*,2008)。

水星上的平原按照年龄与形态特征可分为两类：古老的坑间平原（图2-3）与相对年轻的平坦平原（图2-4）。在信使号飞船入轨之前，学术界对坑间平原的起源有两种假设：大型撞击盆地的溅射物覆盖说（Wilhelms，1976；Oberbeck et al，1977）与岩浆活动说（Murray，1975；Murray et al，1975；Trask and Guest，1975；Strom et al，1975；Strom，1977；Dzurisin，1978）。利用信使号对水星的三次飞掠计划获取的影像数据，对比坑间平原与周围严重撞击区的撞击坑密度发现：水星坑间平原形成时将部分形成于原始水星表面上直径小于40 km的撞击坑抹去（Strom et al，2011）。坑间平原的物质的体积和面积均超过了周围大型撞击盆地的熔融与挖掘量（Spudis and Guest，1988），这表明坑间平原大多是火山活动形成的，而不是撞击溅射物覆盖形成的。信使号探测发现坑间平原的反照率较低，具有相对较高的铁镁质含量，表明其原始岩浆经历了相对较高的温度和更大程度的部分熔融。坑间平原的物质成分类似于地球上的科马提质岩（Nittler et al，2011；Weider et al，2012）。部分坑间平原形成后可能被撞击溅射物覆盖，而更轻的撞击事件挖掘了下伏坑间平原的火山物质（Denevi et al，2013）。这种叠覆现象与月球上的原始月海极其相似。

严重撞击区域（Heavily cratered terrain）代表了水星上最古老的地质单元之一，其形态在晚期大轰击事件结束时基本定型（Strom et al，2005；2011）。最近的研究发现水星坑间平原的年龄和水星上所有大型撞击盆地的模式年龄相当（Marchi et al，2013）。因而推断在水星壳层

图2-3 水星上的坑间平原，图中可见大量被埋没的撞击坑。中心坐标位于7.9°S，15.8°E。数据来自MDIS全球影像镶嵌图

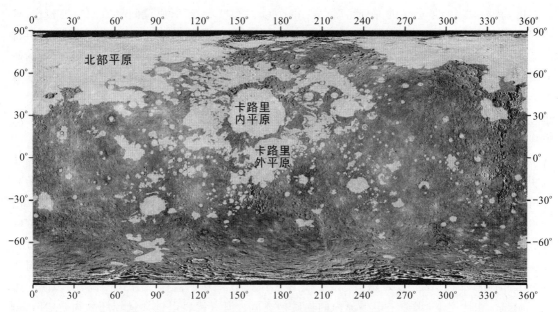

图 2-4 水星表面的平坦平原。其中北部平原和卡路里内、外平原最为明显(Denevi et al,2013)

形成之后,表面经历了一次全球性的岩浆活动事件。这次事件大约发生在 4.0—4.1 Ga 之间 (Marchi et al,2013),对应于内太阳天体上晚期大轰击事件的起始时间。这次全球性岩浆事件持续了约 300—400 Ma,与晚期大轰击事件一起结束。这次岩浆事件很可能是由于大型盆地形成时的撞击事件触发的(Marchi et al,2013),产生的岩浆物质则构成了夹杂在撞击坑和撞击盆地之间的坑间平原。因而,水星表面的坑间平原的年龄大约在 4.0—4.1 Ga 到 3.8 Ga 之间。

平坦平原(Smooth plains)是地势相对平坦,表面撞击坑密度较低的平原物质。平坦平原覆盖了水星表面~27%的区域(图 2-4),最典型的平坦平原包括水星北部平原(Northern Plains)(Head et al,2011)、卡路里内平原和卡路里外平原(Murchie et al,2008;Robinson et al,2008;Strom et al,2008;Fassett et al,2009;Denevi et al,2009)。平坦平原分布在水星全球(图 2-4),但在水星北半球围绕卡路里盆地的区域更为集中。>65%的平坦平原已确认是由于火山活动造成的(Head et al,2008,2011;Murchie et al,2008;Robinson et al,2008;Strom et al,2008;Denevi et al,2013)。大部分平坦平原的反照率比水星的平均反照率高,例如水星北部平原和卡路里内平原,这些平原被称为高反照率红色平原(High-reflectance red plains;HRP)(Denevi et al,2009)。"红色"表示物质在紫外-近红外波段的反照率光谱曲线的斜率比全球平均光谱的大。高反照率红色平原的物质类似富镁的碱性玄武岩(Nittler et al,2011;Stockstill-Cahill et al,2012;Weider et al,2012;Denevi et al,2013)。卡路里内平原物质的钾含量比北部平原的稍低,可能是由于水星低纬度地区的表面温度较高,将部分卡路里内平原物质中的钾原子激发出来,并最终散失在外逸层(Peplowski et al,2012)。

水星表面少数平坦平原的反照率相对较低,如卡路里外平原(Odin planitia),表明这些平原物质具有较高的铁镁质含量(Denevi et al,2013)。卡路里外平原占据水星表面 2%的区域。如果这些平原也是火山活动形成的,那么其较高的铁镁质含量表明这些岩浆经历了更高的熔融温度,其物源经历了更强的部分熔融(Weider et al,2012)。与形成坑间平原的物源相比,该推断表明水星幔部在晚期大轰击之后也可能经历高温的部分熔融(Denevi et al,2013)。值得注意的是,卡路里外平原与一般的平坦平原截然不同,具有丘陵状的起伏地貌。尽管前人的研究发现卡路里外平原上的撞击坑密度比其坑缘的低,并认为卡路里外平原形成于盆地撞击事件之后,故而最可能是岩浆活动形成的(Spudis and Guest,1988;Strom et al,2008)。但卡路里外平原的形态和地层交切关系表明,卡路里外平原也可能是由于卡路里盆地的溅射物覆盖形成的(Fassett et al,2009;Denevi et al,2013)。

在太阳入射角(光线与表面垂线之间的夹角)较大的影像数据中,月海玄武岩流的边界非常明显(如图1-3)。相比之下,水星表面的熔岩流的边界则较模糊。在信使号计划返回的高分辨率影像数据中,发现了一些疑似水星熔岩流的地貌单元(如图2-5所示)(Head et al,2011)。目前仅发现了与平坦平原有关的熔岩流,而在更古老的坑间平原上尚未发现熔岩流的痕迹。可能的原因包括:①形成坑间平原的熔岩流的边界已被后期的表面地质(如撞击作用)活动侵蚀殆尽;②形成古老的坑间平原的熔岩是类似地球上的科马提质岩的低粘度、高温岩浆(Nittler et al,2011;Weider et al,2012)。这些岩浆多以快速的溢流型方式侵位,熔岩流的边缘不明显。相比之下,水星平坦平原内的物质是类似月海玄武岩但铁含量较低的物质(Nittler et al,2011;Weider et al,2012),其黏度相对较高,因而熔岩流的前锋面更明显(图2-5)。

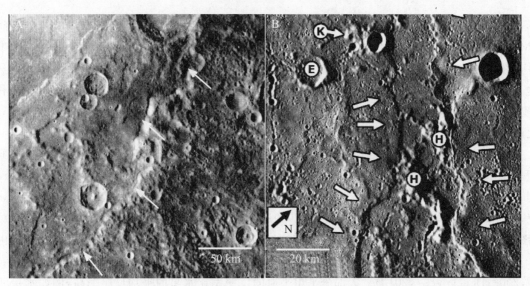

图2-5 水星上的熔岩流。(A)卡路里盆地内平原东侧边缘的熔岩流前锋面(数据来自信使号MDIS EN0219047422M)。(B)水星北部平原内的熔岩流前锋面(箭头)与尚未被侵蚀的地质单元(K、H、E)(Head et al,2011)

水星表面也存在类似月溪一样的熔岩沟谷(图2-6)。但是,水星上的熔岩沟谷的数量很少。目前仅发现两处宽度超过15 km的熔岩沟谷(如图2-6A)和四处宽度小于7 km的窄熔岩沟谷(如图2-6B)(Byrne et al,2013;Huritz et al,2013)。水星表面的沟谷(vallies)是以著名的地基雷达观测站命名的,例如阿雷西博(Arecibo)和金石(Goldstone)沟谷等。最近的数值模拟表明,当大容量的溢流型熔岩涌出水星表面时,首先通过机械侵蚀作用抹去表层的"土壤(regolith)"覆盖层;然后,熔岩的热侵蚀作用刻蚀下伏基岩,形成水星上的宽熔岩沟谷。相

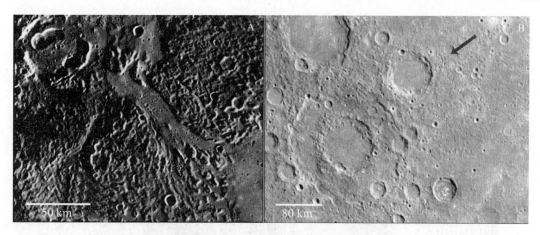

图 2-6　水星表面的宽广熔岩流与狭窄熔岩流（Huritz et al,2013）

比之下,岩浆的热侵蚀作用是形成水星上的窄熔岩沟谷的主要机制（Byrne et al,2013；Huritz et al,2013）。

水星表面具有数十处围绕无隆起边缘的凹陷发育的晕状薄层物质（Head et al,2008；Murchie et al,2008；Kerber et al,2009,2011；Prockter et al,2010；Goudge et al,2012）。这些晕状物质覆盖数百平方千米的表面区域,其中央凹陷的直径可达数十千米（图 2-7）。目前广泛接受的观点认为：这些凹陷是水星表面爆发型火山喷发形成的火山口,可能伴随有部分的后期岩浆回退造成的坍塌,其周围的薄层物质是典型的火成碎屑沉积物（Head et al,2008；Murchie et al,2008；Kerber et al,2009,2011；Goudge et al,2012）。水星上的火成碎屑沉积物比月球上的覆盖面积大,表明其源区岩浆房内的挥发分含量更高（Kerber et al,2009）。大部分水星火成碎屑沉积物的反照率比水星全球平均反照率高,而月球火成碎屑沉积物的反照率则比全球反照率低。最近的模拟计算表明：水星上有些爆发型火山活动发生时的岩浆源区的挥发分含量超过了地球上的大型爆发型火山活动,如夏威夷的 Kilauea 火山口（Kerber et al,2011）。水星上的火成碎屑沉积物的在紫外-近红外波段的反照率光谱曲线斜率比全球的平均值大。但是,水星上的火成碎屑沉积物缺少 $1\mu m$ 处的典型 FeO 吸收峰,表明其与月球火成碎屑沉积物不同,铁含量较低。其具体成分有待于进一步研究（Goudge et al,2012）。

水星上还有一类火山口形态也不规则,同样没有隆起的边缘,坑底平坦；但其周围没有高反照率的火成碎屑沉积物（图 2-8）。这些火山口的规模一般比水星爆发型火山口的大。其可能成因机制是在岩浆活动结束之后,下伏岩浆房中的岩浆回退造成的坍塌作用形成的（Gillis-Davis et al,2009）。

构造活动在水星表面形成了大量的大尺度岩石变形（Strom et al,1975）。水星上的构造形迹与月球上的相似,主要包括挤压构造（叶片状悬崖和皱脊）和伸展构造（地堑）,其中伸展构造很少。水星表面缺乏大尺度的走滑构造。

叶片状悬崖是水星表面最显著的构造样式。水星表面的大尺度叶片状悬崖是以著名的探索和科考的航船命名的,例如发现悬崖（Discovery Rupes）、维多利亚悬崖（Victoria Rupes）、圣-玛利亚悬崖（Santa Maria Rupes）等（图 2-9）。水星表面的叶片状悬崖的规模普遍比月球上的大,其延展可达数百千米（Strom et al,1975；Watters et al,2009）,地基雷达观察发现一些大

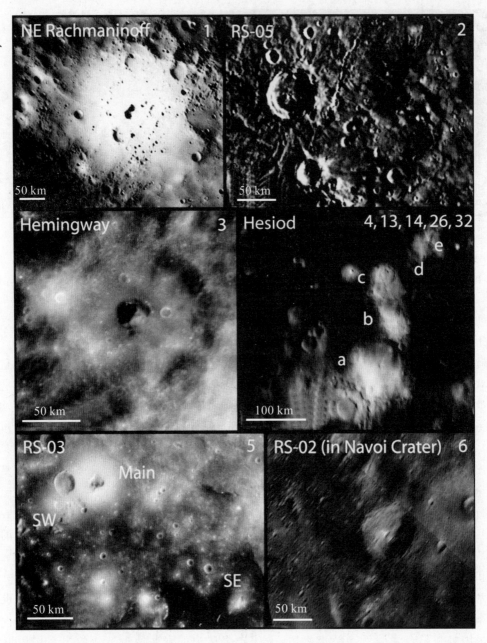

图 2-7 水星上的部分爆发型火山口及其火成碎屑沉积物(Kerber et al,2011)。底图来源于信使号在三次水星飞掠计划中获取的数据

型叶片状悬崖的前锋面与周围的地势差可达 3 km(Harmon et al,2007)。水星上的叶片状悬崖主要是由于内部冷凝造成表面积收缩形成的。水星皱脊(包括宽缓和尖岭的皱脊)的数量比叶片状悬崖少。与月海皱脊的分布规律相似,水星表面的皱脊大多形成在平坦平原上,如卡路里内平原和北部平原。这些皱脊可能是由于盆地内填充的火山岩的重力沉降和全球收缩作用共同形成的(Strom et al,1975;Melosh and McKinnon,1988;Thomas et al,1988;Watters et al,2012)。

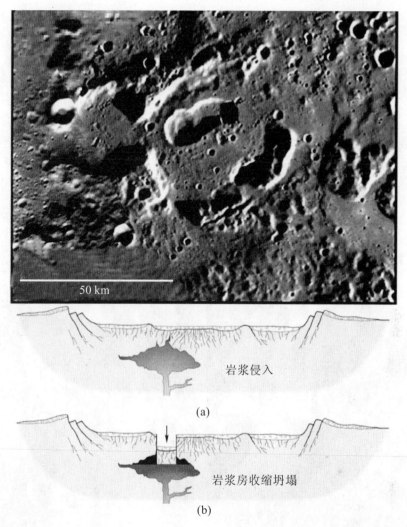

图 2-8 水星上的坍塌火山口(Gillis-Davis et al, 2009; Head et al, 2011; Byrne et al, 2013)

与月球相比,水星表面的伸展构造较少,主要包括发育在大型撞击盆地内的火山平原上的地堑,例如在卡路里内盆地、Rembrandt 撞击盆地和 Raditladi 盆地内平原上的地堑,以及由于岩浆冷凝形成的张性裂隙。

卡路里内平原汇集了水星表面几乎所有的构造样式(图2-10)。这些构造形迹和月球上与月海沉降有关的构造形迹的分布差异很大。卡路里内平原上的皱脊与地堑均具有两种不同的组合方式:与盆地边缘平行的环状分布和从盆地中央向外的辐射状排列(Strom et al, 1975; Dzurisin, 1978; Melosh and McKinnon, 1988; Watters et al, 2005; Murchie et al, 2008; Klimczak et al, 2013)。这些皱脊与地堑均未切割卡路里盆地的边缘,因而变形限制在火山平原内。皱脊与地堑的交切关系表明,卡路里内平原经历了从挤压到伸展的构造活动历史(Strom et al, 1975; Dzurisin, 1978; Melosh and McKinnon, 1988)。环形皱脊可能与卡路里盆地内的火山平原物质的重力沉降作用有关(Melosh and McKinnon, 1988),全球收缩产生的挤压应力也可能具有一定作用(Watters et al, 2004, 2005)。但是,卡路里内平原内的地堑主要不是由于

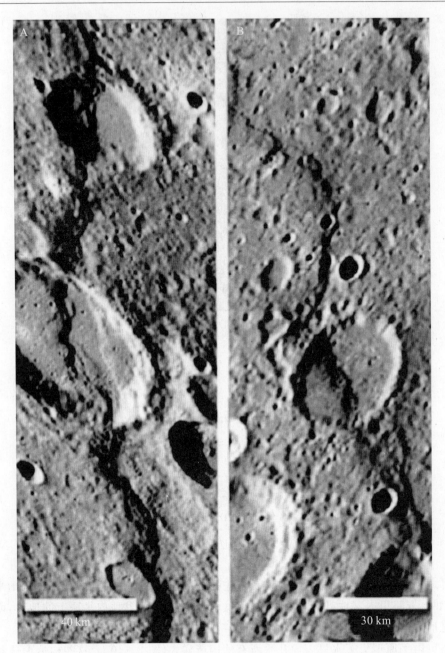

图 2-9　水星表面的发现叶片状悬崖(Discovery Rupes)和圣-玛利亚悬崖(Santa Maria Rupes)(Head et al,2007)

平原的重力沉降形成的(Freed et al,2009)。盆地内部的拉张应力可能与卡路里外平原形成后造成的环形重力加载有关(Melosh and McKinnon,1988),也可能是由于盆地内外的壳层厚度不同,造成周围壳层的物质向盆地内流动,导致盆地晚期抬升而形成的(Watters et al,2005)。

水手 10 号探测在卡路里盆地的对跖区(antipodal region)发现了大量的线性正、负相间的地貌(hilly and lineated terrain;图 2-11)。这些地貌是由于在卡路里盆地形成时,撞击事件的能量透过水星的内部在对跖区汇聚而形成的。在月球的雨海和东海盆地的对跖区也发现了类似的构造(Wilhelms,1987)。地层交切关系表明这些地貌的与卡路里盆地的形成时间相似(Trask and Guest,1975;Spudis and Guest,1988),代表了短时间内形成的构造地貌。

壳层挥发分活动 在水星表面形成了广泛发育的白晕凹陷(bright haloed hollows)(Blewett *et al*,2011,2013)和低反照率的薄层暗斑(dark spots)(Xiao *et al*,2012,2013)。白晕凹陷一般表现为白色的晕状物质环绕中央凹陷;当凹陷形成在斜坡上时,环绕凹陷的白色物质很少具有流动特征。有些凹陷没有环绕的白色物质。凹陷的深度从数米到数十米不等,宽度在数百米到数千米不等。白晕凹陷往往首先孤立产生,然后相邻的凹陷逐渐成长扩大并相互连接(图 2-12)。暗斑总是发育在白晕凹陷的外围,由低反照率的薄层物质组成,其面积一般小于 10 km²(图 2-12)。

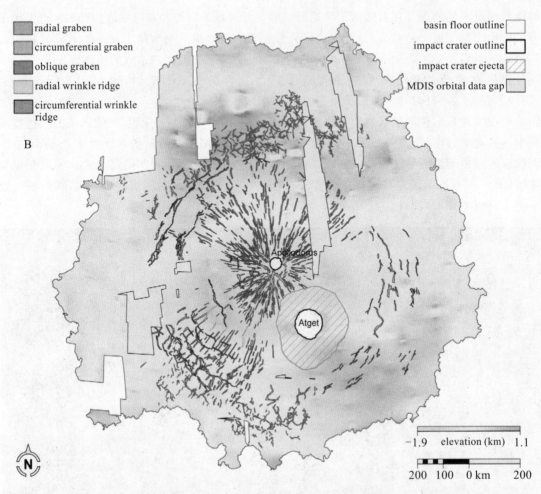

图 2-10 卡路里盆地内的皱脊和地堑(MESSENGER website;Byrne et al,2012)。皱脊与地堑均具有辐射状和环状两种组合模式。卡路里内平原的南部与北部比中间近东西向的凹陷高出约~3 km

图 2-11 卡路里盆地的对趾区上的多丘线状区。图中左下方的撞击盆地被熔岩填充,其直径约为 150 km(Solomon et al,2007)

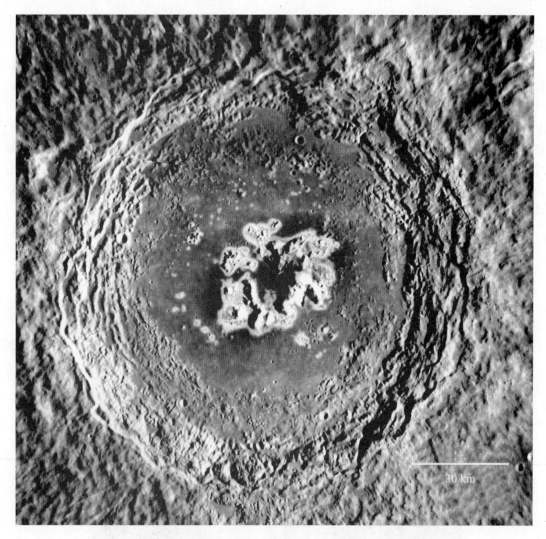

图 2-12　水星 Eminescu 撞击坑内的白晕凹陷与其周围的暗斑(Xiao *et al*,2013)

§2.3　水星的内部结构

　　水星与月球一样，表面均经历了长期的大型和小型撞击事件。水星壳层也应该具有类似月球上的月壤和超月壤层的碎屑层，下伏的基岩也应该存在一定深度的破碎带。早期的研究认为水星壳层浅部 20 km 的岩石受撞击作用而破碎。水星与月球表面的物质具有相似的光度特征，由此可推断水星表面确实具有一层与月壤类似的碎屑物质(Head *et al*,2007)。然而，由于没有水星表层样品和实地地震仪的数据作为约束，对水星壳层的浅层结构尚无完整的定量约束。

　　水星的质量是 3.301×10^{23} kg，约为地球质量的 5.53%。但是，水星的平均密度是 5.44 g/cm^3，在类地行星中仅比地球小(5.52 g/cm^3)。如果排除星体内部巨大的压力对物质的自压缩效应，地球的平均密度仅为 4.4 g/cm^3。相反，排除自压缩效应后的水星的密度为 5.3 g/cm^3，比地球的密度还大。这意味着水星内部的铁含量比更高。如果假设这些铁全部集中在水星的内核中,相当于57%的水星体积均为铁,相比之下铁核仅占地球总体积的16%。由于水星巨大的铁核和相对较薄的壳幔厚度,其内部圈层结构是内太阳系行星中独一无二的。

通过分析信使号的追踪数据和信使号获取的激光高度计数据,可反演水星的内部圈层结构(图2-13)。水星壳的厚度大约为0—100 km,平均厚度约为50 km(图2-15)。水星幔的厚度大约为360 km,其中水星幔的下部可能存在一个厚达100 km的高密度的硫化亚铁固态刚性层。水星核的厚度约为2 030 km,其中外核处于熔融状态,主要成分可能是Fe-S-Si的矿物;内核是富含铁的固态物质(图2-14)。水星核的直径占水星直径的83%以上,相比之下地球的核仅为地球直径的54%。由于信使号的大椭圆轨道,信使号在水星北半球更靠近水星表面,而在水星南半球的距离较大。因而,信使号对水星南半球的探测数据相对较少,故目前获取的内部结构信息依然有待于进一步改进(图2-14)。

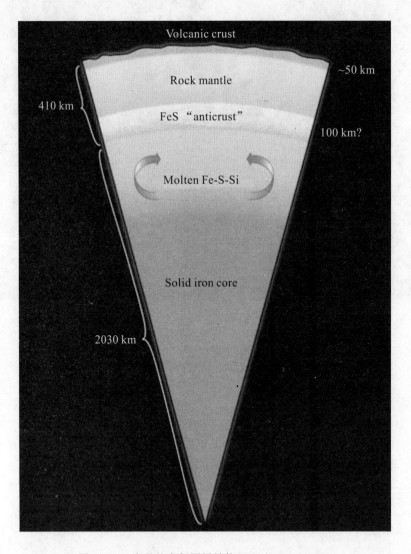

图2-13 水星的内部圈层结构(Smith *et al*,2012)

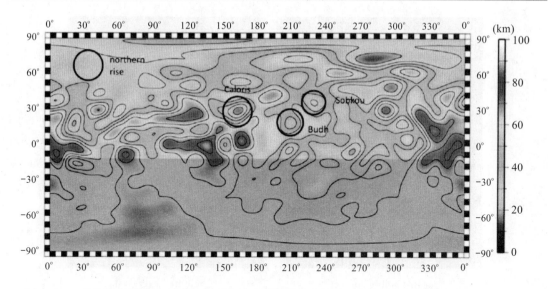

图 2-14 水星的壳层厚度,其中水星南部的壳层厚度约束较差,图中标记的几处大型撞击盆地内的壳层厚度较小(Smith et al,2012)

§2.4 水星表面的地质活动演化史

与其他类地行星一样,水星形成于大约 4.5 Ga 前。水星形成时的增生事件汇集了大量的能量,因而在水星形成之后的~10-100 Ma 内,水星表层熔融形成全球的岩浆洋(Charlier et al,2013)。之后,岩浆洋冷凝,水星经历核、幔、壳的圈层分异。由于水星的壳与幔较薄而水星核异常巨大,有观点认为原始水星(质量是现在的 2.25 倍)在完成圈层分异后不久,一次大型的撞击事件(撞击体的质量是原始水星的 1/6)剥离了原始水星部分的壳与幔的物质(图 2-15)(Benz et al,1988,2007)。不过,这次撞击事件存在与否有待于进一步询证。

由于缺乏水星样品,水星表面地质单元的绝对年龄尚不得而知。参照月球上的地层年代的划分方法,基于水手 10 号影像数据反映的地层交切关系,水星上的地层年代被划分为五个时代(图 2-16)(Spudis and Guest,1988)。最古老的地层年代是前托尔斯泰纪(Pre-Tolstojan),自水星形成持续到形成托尔斯泰盆地(Tolstoj basin)的撞击事件(大约 4.0 Ga)。这个时期对应着月球上的前酒海纪(图 2-16)。托尔斯泰纪(Tolstojan)对应于月球上的酒海纪,起始于形成托尔斯泰盆地的撞击事件,结束于形成卡路里盆地(Caloris basin)的撞击事件。卡路里盆地被认为是水星表面晚期大轰击事件的结束时间(~3.8 Ga),与月球东海盆地相似。卡路里纪(Calorian)起始于~3.8 Ga,终止于~3.0-3.5 Ga,对应于月球上的雨海纪。曼苏尔纪(Mansurian)是以水星上的曼苏尔撞击坑(Mansur crater)命名的,对应于月球上的厄拉多塞纪。在曼苏尔纪形成的撞击坑的溅射纹被后期的表面侵蚀作用完全抹去。水星上最年轻的地层年代柯伊伯纪(Kuiperian),起始于~0.8-1.1 Ga 前,持续至今。该时期是以柯伊伯撞击坑(Kuiper crater)命名的,对应于月球上的哥白尼纪。值得注意的是,由于没有实地的水星样品校正以上地层时代的绝对起止年龄,水星表面的地质时代及其起止时间具有极大的不确定性(Head et al,2007)。利用最新的信使号数据获取的成果,本书对曼苏尔纪以来的水星地质年代重新做了校正(见第 3.4 节)。

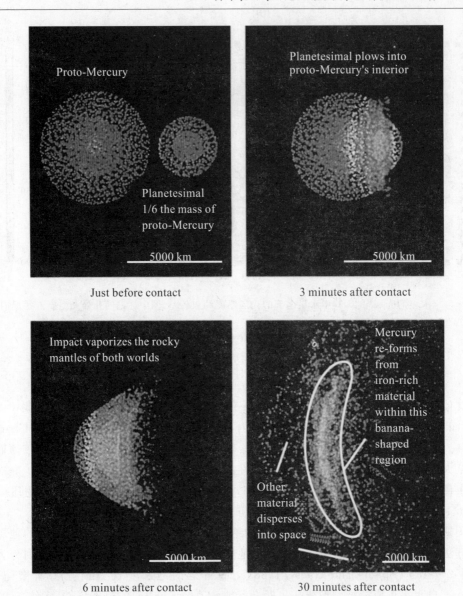

图 2-15 解释水星巨大铁核成因的早期大撞击事件模拟(Benz et al,2007)

按照地层年代由古至今的时间线,水星表面的地质演化史经历了以下几个阶段:

前托尔斯泰纪 增生形成的水星经历了岩浆洋事件,发生早期圈层分异,以及大量猛烈的撞击事件。水星上的晚期大轰击事件起始于前托尔斯泰纪晚期。由于后期的改造作用,形成于前托尔斯泰纪的表面地质单元保存较差。

托尔斯泰纪 水星表面的晚期大轰击事件依然在继续。大量的撞击盆地形成于该时期,形成了水星上的严重撞击区域。与此同时,水星表面经历了一次全球性的溢流型火山活动,将更为古老的地质体大部分抹去,形成水星表面的部分坑间平原(Denevi et al,2013)。这次岩浆事件可能是由于晚期大轰击事件的盆地撞击事件触发的(Marchi et al,2013)。另外,大型撞击盆地的溅射物也可能形成了一些坑间平原(Denevi et al,2013)。水星上直径大于~300

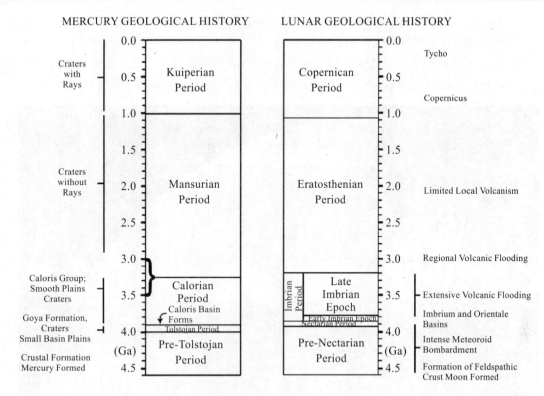

图 2-16 水星表面的地层年代与月球上的地层年代的对比(Head et al,2007)。表中引用的柯伊伯纪和哥白尼纪的起始时间为 1.1 Ga(Wilhelm,1987)

km 的大型撞击盆地的密度比月球上的低,可能原因是托尔斯泰纪或前托尔斯泰纪的表面火山活动抹去了部分大型撞击盆地;也可能是由于早期的水星壳层的热流值较大,温度较高;因而,撞击盆地受到黏性反弹(viscos relaxation)的改造较大。

卡路里纪 大面积的溢流型火山活动在水星表面形成了大量的平坦平原,其中包括卡路里内、外平原和水星北部平原(Murchie et al,2008;Strom et al,2008;Fassett et al,2009;Head et al,2011;Denevi et al,2013)。这些平原物质掩盖了之前形成的部分直径小于 40 km 的撞击坑(Strom et al,2011)。在卡路里纪,与水星全球收缩、盆地内平原的重力沉降和岩浆冷凝收缩有关的伸展和挤压构造在水星表面广泛发育(Watters et al,2004)。另外,由于水星内部冷凝造成的全球收缩在卡路里纪也形成了大量大尺度岩石圈长波褶皱(Hauck et al,2004)。

曼苏尔纪 形成的撞击坑/盆地的溅射纹已被侵蚀殆尽。前人利用水手 10 号获取的影像数据并未在水星表面发现曼苏尔纪的构造或火山活动(Strom et al,1975;Head et al,2007)。因而,前人一般认为曼苏尔纪的水星已进入了地质活动的衰减或休止期。然而,最近的信使号计划获取的高分辨率数据表明,在曼苏尔纪水星表面的火山活动和构造活动依然在继续,例如 Rachmaninoff 和 Raditladi 撞击盆地内被年轻的平坦平原物质覆盖,其年龄大约为 1 Ga 或更小(Marchie et al,2011;Prockter et al,2010)。

柯伊伯纪 水星表面形成了大量具有明亮溅射纹的撞击坑。有些撞击坑的溅射纹延伸数百千米,有些甚至达到 3 000 km 以上。例如柯伊柏和北斋(Hokusai)撞击坑的溅射纹的长度几乎是月球上第谷撞击坑的溅射纹长度的两倍,覆盖整个水星北半球(图 2-17)。基于水手 10 号数据的观测和水星热演化模拟实验研究,前人一般认为由于水星的持续冷凝收缩,内部热活动减弱,水星在柯伊伯纪处于地质活动的休止期;表面不能发育大范围的构造和岩浆事件 (Spudis and Guest,1988;Hauck et al,2004)。

图 2-17 信使号拍摄的水星北部北斋撞击盆地(最顶端)。该撞击坑的明亮溅射纹覆盖水星整个北半球

§2.5 水星表面柯伊伯纪的地质活动的研究意义

基于水手 10 号数据的水星表面地质演化研究(Solomon,1977;Strom et al,1979;Head et al,2007)以及水星的热演化模拟研究均表明,水星表面的岩浆与构造活动在晚期大轰击事件结束之后,即自卡路里纪以来(~3.8 Ga),已经终止。但是,近年来的研究发现,水星表面的部分爆发型火山活动形成的火成碎屑沉积物以及构造活动形成的叶片状悬崖覆盖并切割了周围的形态学第一类撞击坑(Morphological Class 1 craters),其中有些撞击坑甚至具有明亮的溅射纹(Xiao et al,2012)。这表明水星表面在其地质历史的近期依然发生了岩浆和构造活动。探究水星自柯伊伯纪以来的表面岩浆活动事件(如年轻的岩浆平原和爆发型火山活动等),对了解水星幔部的当前热状态与以往热演化提供了良好的约束(Zuber et al,2007)。

太阳系行星增生过程中的元素分布表明形成水星的物质缺乏挥发分(Levis,1971)。太阳系形成之初的剧烈太阳活动以及造成水星巨大铁核的撞击模型也可能导致水星的壳层极度缺乏挥发分(Boyton et al,2007)。在信使号计划入轨之前,学术界广泛接受的观念是水星与月球一样,表面极度缺乏挥发分。然而,信使号数据证实水星壳层和幔部存在大量的挥发分。例如，硫元素在水星壳层的比例高达~4 wt‰(Wieder et al,2012)，水星表面广布着与挥发分活动有关的白晕凹陷与暗斑(Blewett et al,2011,2013;Xiao et al,2012,2013);水星表面的火成碎屑沉积物表明其幔部岩浆物源含有大量的挥发分(Kerber et al,2009,2011;Goudge et al,2013)。大量的白晕凹陷与暗斑发育在具有明亮溅射纹的撞击坑内，表明水星壳层的挥发分含量依然很高，足以形成这些地质单元(见第5.3节和第5.4节)。了解水星表面柯伊伯纪的白晕凹陷和暗斑的成因机制，是研究水星壳层内的挥发分运移的前提。

水星与月球均没有类似地球或火星的大气，前人常对比水星和月球上的撞击坑以研究撞击过程(Pike,1988;Schultz,1988)。前人的类比研究多认为重力是影响复杂撞击坑形成过程中挖掘阶段的最重要的外部因素，而不同的撞击速度和表面物质成分等对撞击挖掘阶段的影响都是相对次要的(Gault et al,1975)。然而，受研究方法和数据质量的限制，前人的观点有待于利用新的数据进一步验证。现在，信使号获取了水星全球的高分辨率影像数据，这些数据更适合分析水星撞击坑的形态。柯伊伯纪的撞击坑是水星表面最年轻的撞击坑，因此，其溅射物与二次撞击坑的保存状态最好。对比月球哥白尼纪和水星柯伊伯纪的撞击溅射物的形态和尺度将有助于了解撞击挖掘阶段的主控因素(见第5.2节)。

另外，具有中央凹陷的撞击坑在火星和外太阳系行星的冰卫星上普遍存在。前人一般认为这些中央凹陷是富含挥发分的壳层与撞击过程的交互作用形成的，而水星和月球的壳层挥发分含量很低。因而，前人一般认为具有中央凹陷的撞击坑不存在于水星和月球上(Barlow and Bradley,1990;Barlow,2006,2010;Alzate and Barlow,2011;Bray et al,2012;Elder et al,2012)。但是，水星上一些撞击坑内具有类似其他天体上的中央凹陷，且这些撞击坑都是形态学第一类撞击坑，有些甚至具有明亮的溅射纹。因而，研究这些中央凹陷的成因对了解所有天体表面撞击坑内的中央凹陷的成因，以及对了解撞击作用的物理过程具有重要的指示意义(详见第5.4节)。

与月球上的哥白尼纪撞击熔融一样，水星柯伊伯纪的撞击熔融内发育有大量的冷凝裂隙。岩浆或撞击熔融物的冷凝过程在水星与月球表面相同，但是这两个天体表面不同的环境温度影响了撞击熔融物冷凝的热辐射效率。因而，对比月球表面哥白尼纪和水星表面柯伊伯纪的撞击熔融内发育的冷凝裂隙直接模拟了热辐射在岩浆/撞击熔融冷凝中的贡献，也有助于了解挥发分在岩浆冷凝过程中的作用(详见第5.3节)。

综上所述，研究水星表面柯伊伯纪的地质过程不仅对增进水星地质演化的了解具有重要意义，也从类比行星学角度为研究相应地质过程的基本物理规律提供了新视角。本书将就以上讨论的年轻地质活动逐条进行分析，并结合与月球上地质体的对比探讨其更广泛的指示意义。

第三章 研究方法与数据

§3.1 研究思路

本书将探讨水星表面柯伊伯纪和月球表面哥白尼纪的地质活动及其指示意义。具体研究对象为第1.5节和第2.5节介绍的年轻地质活动。总体而言,本书的研究将通过以下步骤施行:①收集月球和水星表面比具有溅射纹的撞击坑更年轻的表面地质单元;②基于影像数据、激光高度计数据、重力场数据和反照率光谱数据,使用类比行星地质学与地质过程数值分析的方法,分别解析月球和水星表面各年轻地质活动的成因,探讨其对了解水星和月球的演化史的意义;③对比水星、月球和其他天体上相应的地质过程,探讨本书的研究对相应地质现象的基本物理过程的广泛指示意义。

对每一种涉及的地质现象,本书将分别根据其形态、尺度、物性和分布特征研究其起源及指示意义。不同的地质过程在同一天体和不同天体上特征不同,因而具体的研究方法详见第四章、第五章与第六章的分别介绍。

§3.2 研究数据及其处理方法

3.2.1 研究数据

本书主要使用影像、激光测距和重力场数据研究月球上哥白尼纪的地质活动。其中包括:

(1)美国的圣杯号(全称为"重力回溯及内部结构实验室";Gravity Recovery and Interior Laboratory;GRAIL)获取的高分辨率重力数据。圣杯号使用两个小型探测器 GRAIL A(Ebb,退潮)和 GRAIL B(Flow,涨潮)通过精确测距探测月球的精细重力场以判别月球的内部结构与构造(Zuber *et al*,2013a,2013b,2013c)。该任务的主要科学目标包括:绘制月壳和岩石圈的构造图,了解月球的不对称热演化起因、研究月球表面撞击坑的结构和月面质量瘤(mascon)的由来,确认月球外壳角砾岩和岩浆作用造成的短时间演变、了解月球深部的结构,尤其是月球内核的体积(Zuber *et al*,2013a)。目前,圣杯号在指定任务阶段获取的科学数据已向公众开放,数据可通过美国宇航局的行星数据节点(Planetary Data System;PDS)免费获取。

(2)美国的月球勘测轨道飞行器(Lunar Reconnaissance Orbiter;LRO)上搭载的月球轨道飞行器激光测高仪(Lunar Orbiter Laser Altimeter;LOLA)获取的高精度激光高度计数据,宽角相机(Wide Angle Camera;WAC)和窄角相机(Narrow Angle Camera;NAC)获取的影像数据。LRO 的轨道高度为 50 ± 15 km,在该轨道高度,LOLA 在月球表面每隔~57 m 进行一次测量。由于使用衍射光栅将单束激光分为五个测量通道,每次测量返回五个测量点的高程信息。相邻的高程点的间距大约为 25 m,每个高程点的结果代表了直径 20 m 范围内的平均高程信息。WAC 相机可采集七个波长的影像数据,波长覆盖范围从紫外到可见光。其中 WAC 获取的可见光波段(750 nm)的影像数据的分辨率为 100 米/像素,紫外波段的影像数据的分辨率为 400 米/像素。基于 WAC 可见光波段的影像数据,前人制作了月球表面平均水平分辨率为 100 米/像素,垂直分辨率为 20—30 m 的全球数字地形模型(Scholten et al,2012),称为 Global Lunar DTM-100(GLD 100)。本书同时使用 GLD 100 和 LOLA 数据研究表面地质单元的形态。NAC 相机除了能获取极高分辨率的区域影像数据外(0.5 米/像素),利用 NAC 立体相对可获取水平分辨率高达 2 m 的地形模型,为本书的科学研究和未来载人登月提供了极大的支持。LRO 的数据可通过 PDS 免费获取。

(3)月球轨道飞行器(Lunar Orbiter;LO)获取的较高分辨率的影像数据(~10 米/像素)。在 1966—1967 年间,为提供阿波罗登月所需要的高清地图,美国进行了一系列的 LO 计划,前后共发射了五艘无人月球轨道飞行器。这五次探测任务共获取了月球表面 99% 的影像数据和一些分辨率高达 2 米/像素的区域月面影像资料。其中,月球轨道器 4 号(LO Ⅳ)拍摄了整个月球正面与 95% 的背面;月球轨道器 5 号(LO Ⅴ)拍摄了整个月球的背面,并获得 36 处预先选定的中(20 m)和高分辨率(2 m)的影像数据。LO 数据可通过 PDS 或者月球与行星研究所的网站免费获取(https://www.lpi.usra.edu/lunar/missions/orbiter/)。

(4)阿波罗计划(Apollo)获取的月面影像数据以及月岩样品的同位素测年数据也是本书的基本资料之一。阿波罗计划获取了月球表面实地勘测的一手资料,其科学价值远远超过了任何其他轨道飞行器获取的科学成果。

(5)日本的月亮女神号(Selene-Kaguya)轨道飞行器搭载的地形相机(Terrain Camera;TC)获取的 10 米/像素的影像数据(Kato et al,2008)。TC 数据的特点是覆盖广,大部分数据采集时的太阳入射角大,为研究表面地形提供了良好的支持。TC 数据可通过日本宇航局网站免费获取(https://l2db.selene.darts.isas.jaxa.jp/)。

(6)中国的嫦娥一号(Chang'E-1)和嫦娥二号卫星(Chang'E-2)搭载的 CCD 影像数据。嫦娥一号的影像数据的分辨率大约为 100 米/像素,嫦娥二号获取了全球 50 米/像素的影像数据,局部区域的分辨率高达~7 米/像素。但是,由于目前的嫦娥影像数据的月面定标技术有限,本书仅参照较高处理级别的嫦娥数据进行验证研究。

对于水星柯伊伯纪的地质单元,我们主要利用了信使号获取的影像数据和光谱数据,辅助使用水手 10 号获取的影像数据。信使号是美国宇航局 2004 年发射的水星探测器。主要用于探测水星的表面、空间环境、地球化学和内部特征等。该探测器携带了八个科学探测载荷。其中,水星双成像系统(Mercury Duel Imaging System,MDIS)包含宽角相机和窄角相机,用于探测水星表面的地质地形特征;伽玛射线和中子仪用于测定表面的氧、硅、铁、氢和钾的化学成分;X 射线光谱仪用于探测水星表面的镁、铁、硅、硫、钙和钛的元素分布;水星大气和表面成分分光计(Mercury Atmospheric and Surface Composition Spectrometer,MASCS)用于探测水星表面和外逸层的化学元素分布;磁强计用于探测水星的磁场分布特征;激光高度计用于探测水星表面的地形;高能粒子仪用于探测水星的空间环境,射电科学仪用于探测水星的重力、内部结构和天平动。

自发射后,信使号通过多次对内太阳系天体的飞掠减缓速度。其中,2008 年初到 2009 年末的三次水星飞掠计划获取了大量的科学数据。继水手 10 号之后极大地增进了人类对水星的认识。最终,信使号在 2011 年 3 月 18 日顺利减速被水星俘获,成为水星的第一颗人造卫星。目前,信使号沿着一个极大的椭圆轨道围绕水星运转,并不断传回大量数据。信使号获取的数据可通过 PDS 免费获取。

3.2.2 数据处理、分析方法

本书使用美国地质调查局开发的行星遥感数据处理软件 Integrated Software for Imagers and Spectrometers (ISIS; http://isis.astrogeology.usgs.gov//) 对 LRO、LO、Kaguya 和 MESSENGER 获取的影像数据进行几何校正、光度定标、投影变化和镶嵌等处理。除基本操作可参照 ISIS 软件说明外,详细的数据处理步骤在具体的研究中将进一步介绍。

在数据分析过程中,本书使用美国亚利桑那州立大学(Arizona State University)开发的 JMars 行星遥感软件(http://jmars.asu.edu/)、开源软件 ImageJ (http://rsbweb.nih.gov/ij/)、NASA Ames Stereo Pipeline(http://ti.arc.nasa.gov/tech/asr/intelligent-robotics/ngt/stereo/)和一些商业软件,如 Matlab(http://www.mathworks.cn/)、ArcMap(http://www.esri.com/)、IDL ENVI(http://www.exelisvis.com/)等对数据进行分析。除基本操作可参照相应软件说明外,详细的数据分析步骤在具体的研究中将进一步介绍。

§3.3 行星表面地质单元的定年方法

在开始月球和水星表面的年轻地质单元的研究之前,地球地质学家最疑惑的问题是:行星地质学界如何测量除地球之外的天体表面地质单元的年龄?如何判别月球和水星上哪些地质单元形成于哥白尼纪和柯伊伯纪?如何定义这些地质单元的绝对时间尺度?

本节将就以上问题介绍行星表面地质单元的定年技术,介绍本书提取月球哥白尼纪和水星柯伊伯纪地质单元的方法。第 3.4 节将估算水星柯伊伯纪的年轻地质单元的年龄。

3.3.1 简介

研究天体表面的地质演化史时,首先需要掌握的信息之一是不同地质单元的形成时间。人类居住的地球是太阳系天体中最容易获得野外样品并实现实地考察的。在地球上可通过生物化石、地球化学测年、地层交切等手段精准地确定或估算地层的绝对或相对年龄。目前,人类拥有的太阳系其他天体的岩石样品仅包括美国的阿波罗计划和前苏联的月球计划返回的月球样品,一些陨石(http://curator.jsc.nasa.gov/antmet/index.cfm)、彗星尘埃和星际尘埃(如 Stardust 计划)等。这些样品数量稀少,且仅有登月计划返回的月球样品具有确切的采样点位置信息,能与具体的地层关联起来。然而,阿波罗与月球计划获取的样品仅仅覆盖了少数几个月面点,且其年龄主要集中在大约 $3-4$ Ga 和 <1 Ga(Stöffler and Ryder,2001)。因此,现有的样品数量和地层覆盖率远远不足以精确地建立月球或其他行星表面地质单元的年代体系。

与地球上一样,推算其他天体表面区域地质单元的新老关系可借助于地质单元之间的叠覆和切割关系。也即,在无地层倒转的情况下,老地层伏于新地层之下,新的地质活动改造较老的地质单元。图 3-1 为月球雨海区域的欧拉撞击坑及其北部的月海玄武岩流。根据地质体之间的切割关系,可以判定欧拉撞击坑形成之后,熔岩流从四周向坑缘逐渐覆盖,埋没了欧

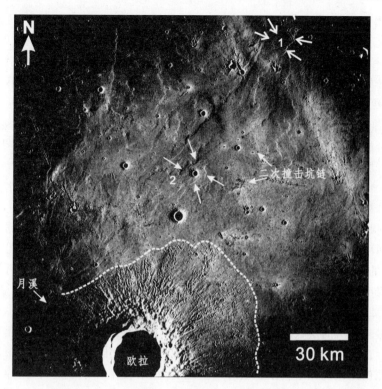

图 3-1 月球雨海上的欧拉撞击坑(Euler;直径 $D=27$ km;330.8°E,23.3°N)区域(肖智勇等,2013)。图中最大的撞击坑为欧拉。通过地层的切割关系可推算不同地质单元的相对年龄。该照片来自阿波罗15号,数据编号为AS 15 M-1701,正方形投影,分辨率为38米/像素。照片拍摄时的月面太阳入射角为89°

拉的部分二次撞击坑(secondary craters;secondaries:是由于撞击溅射碎片回落至行星表面时形成的撞击坑),形成图中白色虚线所示的切割关系。这些玄武岩流按照叠加关系又可以分为不同的形成期次。例如,图中两组不同的白色箭头显示了两期的熔岩流活动,白色开放箭头所示的熔岩流(1)位于白色闭合箭头所指的熔岩流(2)之下,表明其形成时间更早。以此类推,利用地质体的叠覆关系可确定该区域内所有地质体的相对新老关系。如图3-1中的月溪形成于熔岩平原之后;该区域内的部分其他二次撞击坑链被熔岩流埋没,表明这些二次撞击坑的形成时间较早,等等。事实上,在阿波罗计划以前,LO的五个探测器获取了大量的高分辨率、高太阳入射角的月面图像数据。20世纪60年代绘制的月球分幅地质图正是基于此数据,根据地层切割关系确定的(http://www.lpi.usra.edu/resources/mapcatalog/usgs/)。利用地层切割关系判断地质体的相对年龄是行星地质学研究的基本手段之一,缺点是不能推算地质体的绝对年龄。

撞击坑是月球与行星表面最常见的地质体。根据撞击坑的保存状况(也即坑缘的破坏情况、撞击坑的掩埋程度以及后续叠加的撞击坑的数量等),20世纪60年代,美国亚利桑那大学月球与行星实验室(Lunar and Planetary Laboratory;LPL)将月球上的撞击坑按照从新到老分为形态学六类(Morphological Class 1 to Class 6),简称LPL分类(http://www.lpl.arizona.edu/SIC/journal/)(Arthur et al,1963;Wood and Anderson,1978)。形态学的第一类撞击坑属于最年轻的一类撞击坑，其坑缘明显，具有保存完好的二次撞击坑，且连续溅射毯和坑内均没有后续叠加的撞击坑。月球上最典型的第一类撞击坑是具有明亮溅射纹的撞击坑，如哥白尼和第谷撞击坑。第二类撞击坑保存状况相对较差，坑缘受轻度剥蚀，其二次撞击坑受后续地质作用（如撞击）的轻微改造，例如厄拉多塞（Eratosthenes）撞击坑。第三类撞击坑坑缘的破坏程度更大，连续溅射毯明显被后续的地质作用改造，二次撞击坑链可见但其保存程度较差。以此类推，第六类撞击坑坑缘轮廓不清，未见明显的连续溅射毯，如古老的酒海盆地。值得一提的是，虽然该形态学分类较为细致，但是有些撞击坑没有明显的分类界限。例如图3-1中欧拉撞击坑既可划分入第一类也可以划入第二类。

    LPL 分类法后来被延伸至其他行星表面，例如火星（Wood et al，1976）与水星（Spudis and Guest，1988）。撞击坑的形态可用于判断地质体的新老关系和相对年龄。例如，水星坑间平原上的撞击坑的保存状态普遍比平坦平原上的差，表明平坦平原相对年轻。根据撞击坑的形态学分类也可估算小范围的地质单元的相对年龄。图3-2是根据火星上的撞击坑的保存状态推算地堑构造的相对年龄的例子：白色封闭箭头和开放箭头分别指向两个具有层状溅射毯的撞击坑，其坑缘明显，坑底被后续的填充物覆盖。按照 LPL 分类原则，这两个撞击坑（1和2）属于形态学第二类或者第三类。一条北东走向的地堑（Watters and Maxwell，1983；Raitala，1988）切过1号撞击坑的层状溅射毯，表明该地堑比1号撞击坑年轻，另一条北东走向的地堑位于2号撞击坑的层状溅射毯以下，表明该撞击坑比此地堑年轻。如果这两个撞击坑的年龄相似，那么西侧的地堑应该形成于东侧的地堑之后，相对较年轻。但是，根据撞击坑的保存状态也不能推算地质体的绝对年龄。

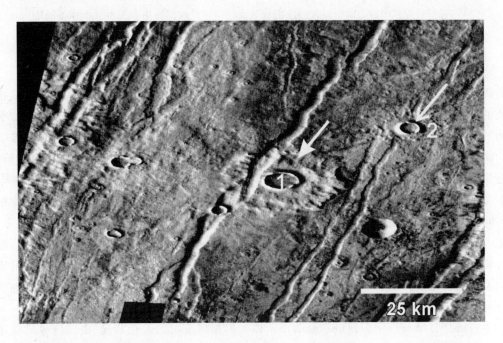

图3-2　火星 Tharsis 地区 Alba 火山北麓的地堑构造（肖智勇等，2013）。图中央具有层状溅射毯的撞击坑的中心坐标为 267°E，57°N。数据来自于 THEMIS Day IR 320 米/像素全球影像镶嵌图，截取自 JMars 火星地理信息系统（http://jmars.asu.edu/）。底图数据的分辨率相对较低，不足以显示1号与2号撞击坑的二次撞击坑

天体表面的撞击坑在微小陨石撞击、溅射物覆盖和风化等表面侵蚀作用的影响下,坑缘逐渐被破坏,撞击坑内部逐渐被掩埋。撞击坑在形态上均遵从由第一类向第六类撞击坑的演化历程。前人曾尝试利用简单撞击坑的形态的退化程度来估算月面单元的绝对年龄(Boyce and Dial,1975;Craddock and Howard,2000)。但是,该方法受影像数据获取时太阳入射角的影响较大,且需假设全月面各处的侵蚀速率一致。事实上,行星表面的实际地质情况较为复杂,不同区域和不同大小的撞击坑的侵蚀速率不同。因而,过多的不确定性使该方法并未得到广泛应用。

3.3.2 撞击坑大小-频率统计技术

当前,行星地质学界公认和广泛使用的行星表面定年的方法是撞击坑的大小-频率分布统计技术(Crater Size - Frequency Distribution,CSFD)(Arvidson et al,1979)。该技术的理论基础是:在同一个天体表面,原始撞击坑(primary craters:是由外来陨石直接撞击形成的撞击坑)密度越大的区域,年龄越老。其主要统计算法包括累积分布和相对分布表示法(Arvidson et al,1979)。

撞击坑的累积大小-频率分布(Cumulative Size - Frequency Distribution)表示法显示了撞击坑的直径与累积数量的关系。假设统计区的面积为 A,测量该区域的所有撞击坑的直径并对其按大小顺序排列。遵照一定的递增步长(通常情况下取$\sqrt{2}$)归类所有的直径数据,并统计每个直径区间上小于其上限值的撞击坑的数量。例如,直径区间 a 到 $\sqrt{2}a$ 内的撞击坑的累积数量是区域 A 内直径小于 $\sqrt{2}a$ 的撞击坑的数量,假设为 n。那么,该直径区间上撞击坑的累积频率(f)为:

$$f = n/A$$

若假设统计区内撞击坑的直径大小分布满足泊松分布,则 f 的置信区间为:

$$\sigma = \sqrt{n}/A$$

按照此方法计算每个直径区间上的撞击坑的累积频率和置信区间,最终在对数分布图(log - log)中表示即为撞击坑大小-频率的累积分布图。

阿波罗和月球计划返回的样品提供了月球表面一些地层单元的放射性同位素年龄(Stöffler and Ryder,2001)。在理想情况下,若假定月球上的撞击频率一定,对比所有的月球样品的年龄与其所代表的地层单元上的撞击坑密度,可构建适用于全月面的撞击坑的产生方程(lunar production function)。也即月球上一定时间内单位面积上形成某一直径的撞击坑的数量(Stöffler and Ryder,2001;Neukum et al,2001a,2001b)。进而,对于某一研究区,统计其表面上撞击坑的大小-频率累积分布,可结合撞击坑的产生方程估算该区域的绝对年龄(Neukum et al,2001a;Ivanov,2001;Hartmann and Neukum,2001)。此套技术目前已在中国初步引入(陈圣波等,2010;Huang et al,2011),详细操作步骤请参考赵健楠等(2013)。

根据撞击作用尺度律(Cratering scaling laws)(Housen et al,1983;Holsapple,1993),可将月球上的撞击坑的产生方程转换为撞击体的撞击率方程,即一定时间内撞向月球的撞击体的大小-频率分布。月球与内太阳系行星上的撞击体的来源相同(Strom et al,2005),只是由于各自的公转轨道不同而具有不同的撞击概率(请参见 Hartmann and Neukum,2001 及其参考文献)。若已知月球与其他天体上的撞击频率的差别,可利用撞击作用尺度率,将月球的撞击率方程转换为被研究天体上的撞击坑的产生方程。使用该方法,目前已建立了水星(Le Feuvre and Wieczoreck,2011;Marchi et al,2009)和火星(Hartmann and Neukum,2001;Ivanov,2001)上的撞击坑的产生方程(Neukum et al,2001a,2001b;Ivanov,2001;Hartmann and Neukum,2001)。利用此技术可方便地获取天体表面地质单元的绝对模式年龄。因此,该方法在行星地质学界盛行。在中国,该方法近年来已初步应用于火星地质研究的工作中(杨捷等,2010;Xiao et al,2012)。

另外一种撞击坑大小-频率统计法是相对分布表示法(Relative Plot;R plot)(Arvidson et al,1979)。该方法的操作与累积分布表示法的前期处理方式一致:假设统计区的面积为 A,收集该区域内所有撞击坑的直径并将其按大小顺序排列。按照一定的递增步长(通常情况下取 $\sqrt{2}$)归类该直径数据。相对分布法统计每个直径分类区间内撞击坑的数量,也即区域 A 内直径位于 a 到 $\sqrt{2}a$ 之间的撞击坑的数量,假设为 n。该区间上的撞击坑的相对密度(R value)及其置信区间(σ)是关于直径上下限($a,\sqrt{2}a$)、撞击坑数量(n)和统计区面积(A)的函数(Arvidson et al,1979;Strom et al,2005)。

相对密度(R value)的计算方法为:

$$R = nD^3/A(\sqrt{2}a - a)$$

其中 D 为 a 与 $\sqrt{2}a$ 的算术平方根。

置信区间(σ)为:

$$\sigma = R/\sqrt{n}$$

在相对分布表示法中,撞击坑的大小-频率分布可归一化为带幂函数的差分表示法,也即 $dN(D) \sim D^p dD$,其中 D 为直径。在对数-对数表示图中,由于大多数撞击坑的相对分布曲线的差分斜率在 -3 左右,因而设定 $p = -3$。在相对分布表示法中,若撞击坑的大小-频率分布曲线为水平直线,则其差分斜率为 -3;若曲线顺时针向右方倾斜 $45°$,则斜率为 -2;若逆时针向左方倾斜 $45°$,则斜率为 -4(Arvidson et al,1979;Strom et al,2005)。

与累积分布表示法相比,相对分布表示法的优点是突出了撞击坑的大小-频率分布的规律,精确地反映了撞击坑的所属类型及其相对密度(Strom et al,2005);而累积分布表示法则抹去了撞击坑分布在不同直径上的差异,不能精确地反映撞击坑的密度与直径的关系。累积分布表示法的优点是算法相对简单,且能与撞击坑的产生方程结合获取表面单元的绝对模式年龄。

20 世纪 70 年代以前,国外学者开始使用撞击坑统计推算月面地质单元的相对年龄(Chapman and Haefner,1967;Hartmann,1964;Neukum et al,1975;Strom,1977)。但是,不同学者使用的分析方法不同,造成数据的可移植性和可比较性差。为解决该问题,美国宇航局成立了名为"撞击坑分析技术专家组"(Crater Analysis Techniques Working Group)(Arvidson et al,1979),对撞击坑统计和分析的方法进行了规范。专家组推荐同时使用累积分布和相对分布表示法统计撞击坑的大小-频率分布,其他方法也可以辅助使用,例如差分表示法(Arvidson et al,1979)。但是,由于累积分布表示法可以与月球样品的年龄结合获取月面其他区域的绝对模式年龄,从 20 世纪 90 年代中期开始,学者们逐渐遗忘了相对分布法,而使用累积分布表示法统计撞击坑。

累积分布表示法不能精确地反映撞击坑的密度和类型。Neukum et al(2001)使用一条多项式曲线拟合撞击坑的大小-频率分布,进而获取撞击坑的绝对密度和绝对年龄。但是,撞击坑的密度与直径有关,单一的拟合曲线并不能完全代表某一区域的撞击坑密度(Strom et al,2005)。与之相比,相对分布法可反映撞击坑大小-频率分布中的细微变化,判定撞击坑的类别。对比同一天体上不同地质单元的相对年龄时,相对分布法的比较结果更为直观和可靠。

另外,月球的撞击坑产生方程和月球样品的同位素年龄紧密相关(Stöffler and Ryder,2001)。由于缺乏年龄在~1.0—3.2 Ga的月球样品数据,这段时间内的月球撞击历史依然存在不确定性(Chapman,2012)。因而,目前得到的月球撞击坑的产生方程并非是完全正确的,通过撞击坑统计估算的绝对年龄仅能作为模式年龄使用。

鉴于相对分布表示法对比累积分布表示法的优势,本书推荐优先使用相对分布表示法研究行星表面的相对年龄,辅以累积分布分析绝对模式年龄。

目前,已有越来越多的学者开始重新使用相对表示法研究天体表面的相对年龄。但是,有些工作却使用了错误的表示方法,进而造成不合理的解释(Marchi et al,2012a;Marchi et al,2012b)。相对分布法在对数-对数坐标系中表示。在作图时,$x-y$轴的单位长度必须保持等距,形成正方形方格。例如,x轴上$D=1-10$ km的长度应与y轴上$R=0.01-0.1$的长度一致。这样得到的撞击坑的大小-频率分布曲线才代表了真实的情况,否则会造成曲线扭曲变形。例如,图3-3对比了水星严重撞击区域(Strom et al,2008)、水星北部平原(Head et al,2011)和水星形态学第一坑群撞击坑(Morphological Class 1;Strom et al,2013)的大小-频率分布。其中,水星上严重撞击区的撞击坑形成于晚期大轰击或更早,年龄大于或等于~3.8 Ga(Strom et al,2008);水星北部平原则形成于晚期大轰击晚期,年龄大约为3.8 Ga(Head et al,2011);水星形态学上第一类撞击坑形成于晚期大轰击之后,年龄小于3.8 Ga。在正常的相对分布表示中,这三种类型的撞击坑的分布曲线应截然不同,相对密度不同(图3-4)。但是,如果将其在不恰当的坐标系中对比,这三种撞击坑的分布曲线看起来类似(图3-3)。若进一步扭曲横纵坐标的长度比,甚至可能难以区分不同曲线的密度或年龄差异。因此,在使用R plot时,需选用正确的作图方法(Strom et al,2013)。

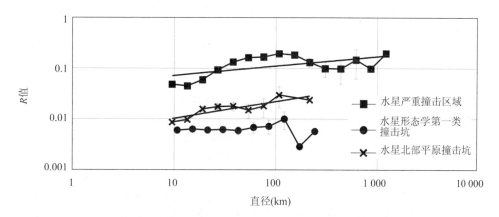

图3-3 水星上严重撞击区域(Strom et al,2008)、水星北部岩浆平原(Head et al,2011)以及水星形态学第一类撞击坑的大小-频率分布(肖智勇等,2013)。该图刻意缩放$x-y$轴的长度比造成曲线扭曲,使得这三种截然不同的撞击坑类型看似相似。正常的曲线见图3-4

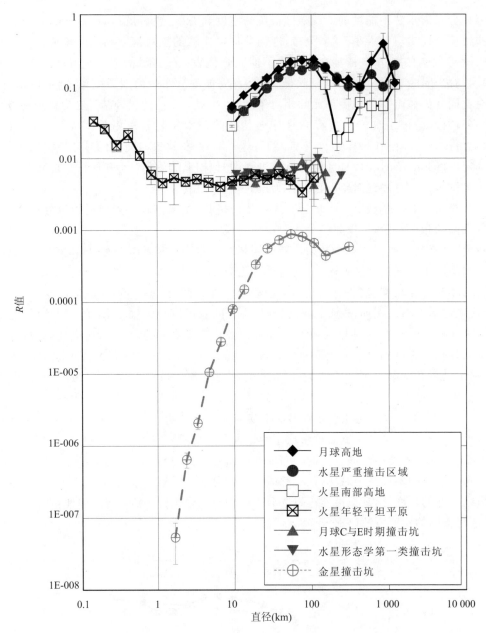

图 3-4　内太阳系行星与月球上的第一坑群和第二坑群撞击坑(肖智勇等,2013)。数据引自 Strom et al (2013)。其中,月球高地(Lunar Highland)、水星严重撞击区(Mercury Heavily Cratered Area)和火星南部高地(Mars Highland)上的撞击坑属于第一坑群,形成于晚期大轰击事件。火星年轻平原(Mars Young Plains)、月球哥白尼纪和厄拉多塞纪、水星形态学第一类(Morphological Class 1 Craters)和金星上的撞击坑属于第二坑群,形成于晚期大轰击之后。金星在晚期大轰击后经历了全球的岩浆活动,因此形成于约 38 亿年前的第一坑群撞击坑被抹去。现在金星上能观察到的撞击坑都属于第二坑群(Strom et al, 2005)。当撞击体在进入金星浓厚的大气层时被燃烧,屏蔽了较小的撞击体,因而金星表面 $D<40$ km 的撞击坑稀少。金星的大气屏蔽作用在该图中用虚线部分表示。月球 C 与 E 时期撞击坑代表了哥白尼纪与厄拉多塞纪的撞击坑

3.3.3 撞击坑统计技术的局限性与影响因素

晚期大轰击事件 内太阳系天体在大约 40 亿年前后经历了两次不同类型的撞击事件(Wilhelms et al,1978;Strom et al,2005)。这两次撞击事件最显著的差异是形成了大小-频率分布截然不同的撞击坑。第一次为晚期大轰击事件(Late Heavy Bombardment),起始于大约 41 亿年前,结束于大约 38 亿年前(Strom et al,2005)。这次大轰击事件形成了月球高地、火星南部高原和水星严重撞击区域内的古老撞击坑及大部分撞击盆地(Strom et al,2005)。此期撞击坑被归入第一撞击坑群,简称为第一坑群(Population 1)。在相对分布表示中(图 3-4),第一坑群的大小-频率分布曲线形态复杂,而不同天体上的第一坑群的分布曲线在形态上大致类似(图 3-4)。以月球高地上的第一坑群撞击坑为例(图 3-4),在直径 $D=10-100$ km 内,撞击坑的大小-频率分布的曲线斜率大约为 -2,在 $D=100-400$ km 之间曲线的斜率大约为 -4,而在更大的直径范围内则形态更复杂。另外,不同天体上的第一坑群撞击坑的相对密度不同(R value 的差值),其可能原因包括:①不同天体上的撞击频率不同;②在火星与水星上,晚期大轰击之后的表面重构事件抹去了部分第一坑群撞击坑(Strom et al,2013)。值得注意的是,金星在晚期大轰击后经历了多次全球性岩浆活动事件(Strom et al,1994),其表面平均年龄小于 ~ 400 Ma。因而,金星上的第一坑群撞击坑无法询证。

内太阳系天体上的第二坑群撞击坑代表了晚期大轰击之后至今形成的较年轻的撞击坑($<\sim 3.8$ Ga)。例如,月海区域的哥白尼纪和厄拉多塞纪撞击坑,火星北部平原上的撞击坑,金星表面的撞击坑和水星上的年轻撞击坑(图 3-4)(Strom et al,2013)。此期撞击坑的总体简称为第二坑群(Population 2)。内太阳系天体上的第二坑群撞击坑在相对分布表示法中均为近水平的曲线分布(图 3-4)。

在内太阳系天体上均发现了晚期大轰击存在的撞击记录和/或地球化学等方面的证据(Strom et al,2013)。同一天体表面的第一坑群和第二坑群撞击坑的大小-频率分布曲线的形态差别很大(图 3-4),表明其撞击体来源不同(Strom et al,2005)。通过对比主带小行星(Main Belt Asteroids)、近地小行星(Near Earth Asteroids)和形成第一坑群与第二坑群的撞击体的大小-频率分布(图 3-5),Strom et al(2005)发现:形成第一坑群的撞击体来自主小行星带(Main Asteroids Belt),是在太阳系早期历史上($\sim 4.1-3.8$ Ga),木星与土星的轨道迁移造成木星和火星的轨道共振,主带小行星受共振干扰而射向内太阳系形成的。受轨道共振的影响,不同大小的主带小行星被抛射出去的概率相当。相比之下,形成内太阳系的第二坑群的撞击体则主要是近地小行星(Near Earth Asteroids)。近地小行星大部分也来自主小行星带,但其形成机制与第一坑群撞击体不同。近地小行星是主带小行星在亚尔科夫斯基效应(Yarkovsky effect)的缓慢作用下,最终脱离主小行星带进入内太阳系形成的(Strom et al,2005)。由于亚尔科夫斯基效应的作用,主带小行星中体积较小的更容易从主带中驱离。因而,近地小行星形成的撞击坑的大小-频率在相对分布表示法中为近水平的直线(Strom et al,2005)。最近,Strom et al(2013)进一步证实了以上关于内太阳系的两坑群撞击体起源的观点(图 3-5)。

同一天体表面的第一坑群和第二坑群撞击坑的密度相差大(图 3-4),如水星严重撞击区的第一坑群的相对密度大于 0.1,而水星形态学第一类撞击坑(Morphological Class 1)属于第二坑群,其相对密度在 0.1 以下。这表明晚期大轰击事件是一次猛烈的撞击事件(Wilhelms et

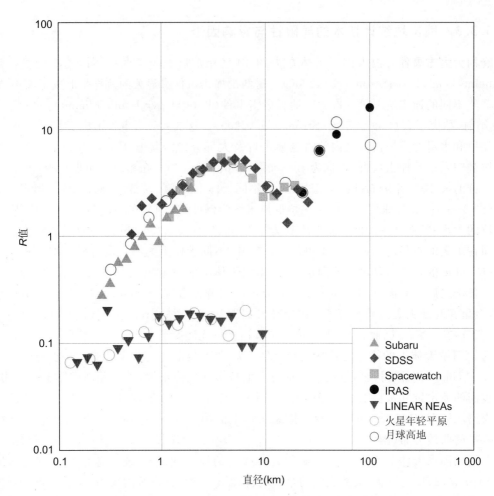

图 3-5 形成月球高地上的撞击坑(典型的第一坑群)的撞击体、形成火星年轻平原上的撞击坑(典型的第二坑群)的撞击体、主带小行星和近地小行星的大小-频率分布的对比(Strom et al,2013;肖智勇等,2013)。该图表明形成晚期大轰击事件的撞击体主要来源于主小行星带,形成第二坑群的撞击体主要是近地小行星。图中的 Subaru,SDSS,Spacewatch,IRAS 和 LINEAR 为不同的地基望远镜的观测数据

al,1978)。这次事件重构了行星表面,几乎完全抹去了更古老的撞击记录(除了一些更古老的大型撞击盆地,如月球的南极-艾肯盆地)。另外,晚期大轰击事件使得内太阳系天体表面的第一坑群达到了饱和状态(Head et al,2010)。天体表面在晚期大轰击之前的撞击历史是难以获知的(Marchi et al,2012a;Fassett et al,2012)。因而,统计内太阳系天体表面的撞击坑大小-频率分布,难以真实还原早于 38 亿年前的地质体的模式年龄。

虽然当前盛行的撞击坑模式年龄的计算方法(Neukum et al,2001;Hartmann and Neukum,2001;Ivanov,2001)认为内太阳系天体上发生过晚期大轰击,但是这些方法的理论基础是:撞击体的大小-频率分布曲线在历史上是恒定的,只是撞击频率不同。也即,主流的撞击坑模式年龄的计算方法认为内太阳系天体上不存在两种不同类型的撞击体(Neukum et al,2001;Hartmann and Neukum,2001;Ivanov,2001)。因而,Neukum et al(2001)等认为利用撞

击坑产生方程能可靠地估算老于 40 亿年的地质单元的年龄。事实上,在 2001 年之后,行星地质学界大量使用此方法对内太阳系天体(特别是火星和月球)的古老表面地质单元定年(>~3.8 Ga),造成了多样的地质解译(Mangold et al,2012)。

因此,由于晚期大轰击事件,撞击坑大小-频率统计技术不适用于估算年龄大于~38 亿年的地质体的相对或者绝对年龄(Strom et al,2005,2013;Head et al,2010)。最近,Marchi et al(2009)和 Le Feuvre and Wieczoreck(2011)利用最新的撞击坑尺度律、撞击体的大小-频率分布、月球样品同位素年龄、内太阳系天体撞击频率和晚期大轰击存在的证据,重新推算了内太阳系天体上撞击坑的产生方程,并建议这些方法只适用于年龄小于 3.6 Ga 的地质体。本书认为 Le Feuvre and Wieczoreck(2011)和 Marchi et al(2009)的算法比 Neukum et al(2001)、Hartmann and Neukum(2001)和 Ivanov(2001)的更合理,考虑的因素更加全面。使用 Le Feuvre and Wieczoreck(2011)和 Marchi et al(2009)提出的撞击坑产生方程,利用撞击坑统计技术可获得相对合理的绝对模式年龄。

撞击坑饱和 晚期大轰击不仅抹去了行星表面在此之前的撞击坑记录,也让其表面达到了撞击坑的饱和状态。理论上讲,撞击坑的饱和状态是指当天体表面形成一个新的撞击坑时,将抹去一个同样大小的已形成的撞击坑(Gault,1970)。从撞击坑的大小-频率上看,当一个天体表面达到撞击坑饱和状态之后,后续形成的撞击坑将不改变该区域上的撞击坑的密度。Woronow(1977,1978)和 Chapman and McKinnon(1986)等认为,若撞击体的类型(大小-频率分布)恒定,当某一表面达到撞击坑的饱和状态后,其大小-频率分布曲线将保持在近似恒定的密度。Richardson(2009)通过数值模拟证实了这一发现。Head et al(2010)发现晚期大轰击使月球高地上直径小于约 20 km 的撞击坑达到了饱和状态,并提出不能根据 D<20 km 的撞击坑的大小-频率分布来计算月球高地的地质单元的年龄。与此类似,我们认为利用撞击坑统计技术估算火星南部高原或水星严重撞击区的绝对模式年龄也是不可行的。

撞击坑的饱和直径与统计区的地理位置和年龄有关,如月海上的平均饱和直径大约为 250—300 m(Melosh,1989),而云海和静海上的饱和直径则为 500 m(Hartmann and Gaskell,1997),月球高地上的饱和直径在约 20 km 左右(Head et al,2010)。Gault(1970)通过沙箱实验模拟了天体表面的撞击坑的饱和过程,提出:在相对分布表示中,撞击坑的饱和密度(R 值)在大约 0.03—0.3 之间,该结果与 Hartmann(1984)提出的饱和曲线吻合,并被后续的数值模拟证实(Richardson,2009)。Namiki and Honda(2003)和 Richardson(2009)等注意到当某一区域达到了直径为 D_{sat} 的撞击坑饱和状态时,在 $D<D_{sat}$ 的直径区间内,撞击坑的大小-频率分布曲线可能位于饱和曲线以下。如果仅仅根据 $D<D_{sat}$ 的直径区间内的撞击坑计算该区域的模式年龄,可能导致错误地认为统计区在该直径范围内并未达到饱和,进而得到不合理的年龄结果。例如,图 3-6 统计了云海(Mare Nubium)东侧的一块玄武岩平原上的撞击坑,该区域的坐标范围为 330—342°E,17—30°N。Hiesinger et al(2003)统计了该区域内直径大于 500 m 的撞击坑,并利用 Neukum et al(2001)的月球撞击坑产生方程计算该月海玄武岩的年龄在 3.45—3.57 Ga 之间。利用 LRO NAC(Robinson et al,2010)和 Kaguya-Selene TC(Kato et al,2008)获取的数据,Xiao and Strom(2012)分别统计了该区域上直径在 3—50 m 和直径在 80—500 m 的撞击坑。撞击坑的大小-频率在相对分布图中的结果显示:该区域内直径 $D>$~200 m 的撞击坑已经达到了 $R=0.03$ 的饱和密度,这一点与 Melosh(1989)对月海平均饱和直径的结论一致;而该区域在 $D<50$ m 的直径范围内的撞击坑却未达到饱和状态。如果仅仅

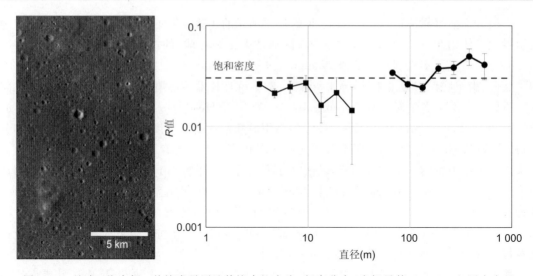

图 3-6 月球云海东侧一块熔岩平原及其撞击坑大小-频率分布(肖智勇等,2013)。左图来自于 Kaguya TC,数据编号为 TC_EVE_02_S24E351S27E354SC 和 TC_EVE_02_S24E348S27E351SC,数据分辨率为 7.8 米/像素,投影方式为正弦曲线投影。右图为利用 LROC 和 Kaguya TC 数据分别获取的该区域内不同直径区间上的撞击坑的大小-频率分布。$R=0.03$ 的虚线代表了 Gault(1970)提出的撞击坑的饱和密度的下限值

使用 LROC 数据统计的撞击坑的大小-频率分布,利用相同的撞击坑产生方程计算该区域的绝对年龄,得到的结果为 58.2 Ma(Xiao and Strom,2012),这显然与实际情况不符。

对于较年轻(<3.8 Ga)的地质体,第二坑群的长期累积可能使行星表面在一定时间内达到饱和状态,从而不再保存更古老的撞击历史。撞击坑的饱和密度与撞击坑的直径、背景地质体的年龄等均有关系。例如,Ivanov(2006)和 Namiki and Honda(2003)发现第谷撞击坑坑缘直径小于 30 m 的撞击坑可能已经达到了饱和状态;Xiao and Strom(2012)发现第谷撞击坑的溅射毯上某些区域的撞击坑的饱和直径为 10 m;Namiki and Honda(2003)认为哥白尼撞击坑底部直径小于 100 m 的撞击坑可能已经达到了饱和状态。在这些区域上,只有统计直径大于饱和直径的撞击坑,才能相对可靠地获取其相对/绝对年龄信息。因而,在选择撞击坑统计研究区时,应首先测试其饱和状态,只有在未饱和的表面进行合理的撞击坑大小-频率统计分析,才能获取其可信的年龄。

值得一提的是,当某一区域达到撞击坑的饱和状态后,其局部区域可能会经历后期的表面重构事件,例如熔岩覆盖或构造活动。之后,撞击坑再形成于发生重构的区域上。利用撞击坑大小-频率统计技术可推算这次表面重构事件发生的时间(Michael and Neukum,2010)。例如,晚期大轰击使曾经的月球正面达到撞击坑的饱和状态,3.6 Ga 后玄武岩岩浆逐渐覆盖了月球正面的大型撞击盆地(Jaumann et al,2012)。通过统计月海上的撞击坑的分布可估算月海上不同岩浆活动事件的时间(Hiesinger et al,2000,2003,2010b)。再如,统计包括 Tsiolkovskij 盆地($D=185$ km;21.2°S,128.9°E)在内的月球背面的撞击坑,不能准确地估算月球背面某一区域的形成年龄。但是,统计 Tsiolkovskij 盆地底部月海区域的撞击坑分布,可相对准确地估算该月海的填充年龄。

因而,在使用撞击坑统计技术估算行星表面的绝对模式年龄时,应首先全面测量和评估研

究区的饱和程度。

二次撞击坑的干扰 在天体表面,由外来的小行星和彗星撞击形成的撞击坑被称为原始撞击坑(primary craters)。当较大的原始撞击坑形成时,撞击产生的溅射碎块高速返回被撞击体表面时,形成二次撞击坑(Oberbeck et al,1973)。很多靠近原始撞击坑周围的二次撞击坑呈串状或链状分布,被称为二次撞击坑链(如图 3-1)。典型的二次撞击坑一般都具有隆起的边缘,不规则的轮廓和较浅的挖掘深度(Oberbeck et al,1973)。另外,撞击过程中会形成一些溅射速度或溅射角度很大的撞击碎片,当其重新落回被撞击体表面时,形成外表为圆形且离散分布的二次撞击坑,这些二次撞击坑被称为远程二次撞击坑(distant secondaries)(McEwen et al,2005)。有些大型撞击坑能形成数百万个远程二次撞击坑,有些甚至可能全球分布。例如,月球上的第谷撞击坑(Dundas and McEwen,2007)和水星上的北斋撞击盆地(Xiao et al,2013a)能形成大量全球分布的二次撞击坑。

在平面形态上,很难将远程二次撞击坑与相同大小的新鲜原始撞击坑区分开来,二者唯一的形态学差别是远程二次撞击坑比相同直径的原始撞击坑浅(Strom et al,2013)。因而,可使用激光高度计数据或数字高程模型通过对比深度来判别单个撞击坑是否为远程二次撞击坑或原始撞击坑。但是该方法过于复杂,不可能应用到大数量的撞击坑统计技术中。另外,较老的远程二次撞击坑和原始撞击坑在经历了一定的风化作用后,二者形态完全一致,难以区分。

Bierhaus et al(2005)根据土卫二上的二次撞击坑的产生效率推算了月球与火星上的二次撞击坑的分布,并提出在月球和火星上,直径小于 1 km 的撞击坑可能大部分是远程二次撞击坑。这一推断被 McEwen et al(2005),McEwen and Bierhaus(2006)和 Robbins and Hynek(2011)证实。Strom et al(2011)研究了水星坑间平原上的撞击坑分布,发现水星表面直径<~8 km 的撞击坑大部分为二次撞击坑。

然而,Hartmann(2005,2007),Ivanov(2006)和 Werner et al(2009)等反驳了以上的观点。他们认为,在月球和火星上,除了呈串状和呈链状分布的二次撞击坑,远程二次撞击坑的数量远比相同直径大小的原始撞击坑的少。Michael and Neukum(2010)认为:排除天体表面的二次撞击坑链后,远程二次撞击坑的影响是可以忽略的。为解决此争议,Xiao and Strom(2012)利用不同分辨率的数据统计了同一个月面地质单元上,不同直径区间内的撞击坑的大小-频率分布。对比研究的结果发现,在月球和火星上,排除了二次撞击坑链之后的小撞击坑($D<1$ km)主要是二次撞击坑;远程二次撞击坑在全月面的分布极不规律,在不同的直径区间和不同区域内,远程二次撞击坑与原始撞击坑的数量比不同。因而,很难做到将二次撞击坑安全的排除在撞击坑统计的结果之外。

二次撞击坑的大小-频率分布曲线在相对分布表示图中形态特殊,与内太阳系天体上的第一坑群和第二坑群撞击坑的大小-频率分布曲线均不相同,其差分斜率总是接近-4或更陡(Xiao and Strom,2012)。因此,Strom et al(2013)将内太阳系天体表面的二次撞击坑作为一种单独的撞击坑坑群,称之为第 S 类撞击坑群或简称 S 坑群。若撞击坑统计的过程中大量地混入了远程二次撞击坑,将会造成年龄的较大偏差(Xiao and Strom,2012)。

目前,行星地质学被划分为很多细致的领域,行星表面的地质解译也进入到越来越细微的区域。深空探测器获取的照片数据的分辨率越来越高,例如,LROC 的分辨率达 0.5 米/像素(Robinson et al,2010),火星高分辨率图像科学实验相机(High Resolution Imaging Science Experiment;HiRISE)的分辨率达 0.25 米/像素(McEwen et al,2007),水星双成像系统相机

(Mercury Duel Imaging System;MDIS)的分辨率达 12 米/像素(Hawkins et al,2007)。利用这些高分辨率数据,学者们尝试利用小撞击坑统计技术研究行星表面更精细的区域地质演化史,估算其绝对年龄。但是,由于二次撞击坑的干扰,通过小撞击坑统计获得的结果与实际地质情况往往差别很大,可信度值得质疑。例如,Hiesinger et al(2010a)统计了月球第谷撞击坑东部坑缘的撞击熔融池上的撞击坑,得到的绝对模式年龄为~30 Ma,而月球样品表明第谷撞击坑的真实年龄为~100 Ma(Stöffler and Ryder,2001)。Hiesinger et al(2010a)将此归因于被撞击体的物质特性差异对撞击坑大小的影响。为检验二次撞击坑在年轻地质体上的分布情况,Xiao and Strom(2012)重复了 Hiesinger et al(2010a)的统计方法,使用相同的数据和撞击坑产生方程统计了第谷撞击坑东侧的另一块相似大小的撞击熔融池上的撞击坑,得到的模式年龄结果与 Hiesinger et al(2010a)的相差 10 倍。这表明该区域的小撞击坑可能大部分是分布极不均匀的二次撞击坑。因此,通过小撞击坑统计推算的模式年龄不可信。

相比天体上的所有原始撞击坑,二次撞击坑往往集中在较小的直径范围内。由于很难完全地将远程二次撞击坑与相同大小的原始撞击坑区分开来,且远程二次撞击坑的干扰无法完全从小撞击坑中排除,在新老地质单元上的影响都较大(Xiao and Strom,2012),学者们应尤其谨慎使用小撞击坑统计估算地质单元的年龄。值得一提的是,在不同的天体或不同的地质单元上,小撞击坑的直径阈是一个相对数字:是指相对原始撞击坑而言,远程二次撞击坑占主要部分的最大直径值。例如,就月球和火星的全球撞击坑而言,小撞击坑是指 $D<1$ km 的撞击坑(McEwen and Bierhaus,2006);在水星上,小撞击坑则是指 $D<\sim 8$ km(Strom et al,2008,2011)。在同一天体上,不同区域的小撞击坑的定义不同,例如月球高地上直径小于 1 km 的撞击坑可能大部分为二次撞击坑,而月球布鲁诺(Giordano Bruno)撞击坑(22 km;103°E,36°N)的溅射毯上的小撞击坑的直径则为~7 m(Xiao and Strom,2012)。

一种判定撞击坑统计的结果是否受二次撞击坑干扰的可行办法是:将统计得到的撞击坑大小-频率分布在相对分布法中表示。Xiao and Strom(2012)证明:在统计区未饱和的情况下,月球与火星上的二次撞击坑的大小-频率分布曲线在相对表示法中的差分斜率为-4 或者更小;在类地行星和月球表面,原始撞击坑不能形成该陡立的曲线(斜率≤-4);陡立的相对分布曲线表明所统计的撞击坑大部分为二次撞击坑。因此,在使用小撞击坑统计估算表面地质单元的绝对模式年龄前,可在相对分布表示图中检验所统计的撞击坑是否受二次撞击坑的干扰。

地形的影响 在天体表面,重力不断地改造地貌,削高补低。在内太阳系行星与月球表面,有坡度存在的区域就可能发生或快或慢的坡面块体运动(Xiao et al,2013b)。早在阿波罗 15 号登月时,宇航员就注意到坡度对撞击坑密度的影响:坡面物质发生重力迁移,不断侵蚀和掩埋坡面上形成的撞击坑,裸露未风化的亮色基岩。Xiao et al(2013b)通过统计相同年龄、不同坡度的月面单元上的撞击坑,证实了坡度会造成坡面上的撞击坑密度减小、大小-频率分布受影响。图 3-7 是另外一处坡度对撞击坑密度影响的例子。该区域位于 Alphonsus 撞击坑的西侧坑底。图中的凹陷是坑底一条月溪,月溪两侧地势相对平坦(图 3-7A)。Alphonsus 的演化史(Coombs et al,1990)表明,在该月溪形成后,坑底经历了表面重构事件。因而,图中所示的月溪底部与其边缘的平坦区域的年龄相似。本书统计了月溪底部和周围平坦区域上的小撞击坑分布,结果显示月溪底部的撞击坑密度低于边缘(图 3-7B)。造成此密度差的可能原因之一是月溪两壁上的物质不断向下迁移,掩埋了月溪底部的部分撞击坑,减小了其密度。

在一些较陡的区域,坡度对撞击坑统计的影响更为明显。图 3-7B 为月球虹湾地区东侧的部分月海、月溪和拉普拉斯海角(Promontorium Laplace)。亮色的拉普拉斯海角属于月球高地的一部分,形成于虹湾盆地的撞击事件,比虹湾内的月海玄武岩老。然而,由于拉普拉斯海角的坡面较陡,持续的物质迁移不断抹去坡面上的撞击坑,形成很低的撞击坑密度。例如,图 3-7C 的坡面上少见撞击坑存在。显然,不能通过统计该坡面上的撞击坑的密度来估算拉普拉斯海角的形成年龄。另外,从拉普拉斯海角滑移下来的堆积物甚至掩埋了坡底的部分月溪和撞击坑(如图 3-7C 中的箭头),利用撞击坑统计估算靠近坡底位置的玄武岩的年龄也是不合理的。因而,在选择撞击坑统计的研究区时,应尽量避开地势复杂的区域。

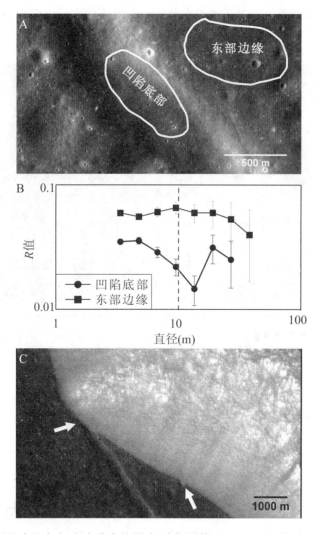

图 3-7 坡度对撞击坑大小-频率分布的影响(肖智勇等,2013)。(A)月球 Alphonsus 撞击坑($D=119$ km;358°E,13°S)东侧坑底的月溪。本书对月溪底部和其边缘地势较平坦的区域进行了撞击坑统计。白色闭合曲线是统计区的位置示意图,与真实面积不等。图片选自于 LROC NAC M104527070R,分辨率为~1 米/像素,正弦曲线投影。(B)撞击坑的大小-频率分布相对表示图。月溪底部受坡度的影响,撞击坑的密度比周缘平坦地势上的低。(C)月球虹湾地区东侧的 Promontorium Laplace 上的物质迁移对撞击坑密度的影响。引自 Xiao et al(2013b)

太阳入射角的影响 利用探测器相机采集的影像数据进行撞击坑统计时,光照情况会影响地形(包括撞击坑)的判别。因而,也会影响撞击坑统计的结果。太阳入射角越大,表面地质单元的阴影越长,微小的地质体的表面高程信息更容易显示出来,因而收集到的撞击坑的数量更完整。反之,太阳入射角越小,很多小型的和受侵蚀的撞击坑不容易被发现,造成不完全的撞击坑统计(Wilcox et al, 2005)。

为测试太阳入射角对撞击坑统计的影响,Ostrach et al(2011)利用 LROC 采集的不同太阳入射角下的阿波罗11号登月点的数据,统计了同一区域的撞击坑的大小-频率分布(图3-8)。结果发现,使用太阳入射角较大(图3-8B)的数据所统计的撞击坑密度更大(图3-8C)。实际上,对比图3-8A和图3-8B的两组照片可明显发现较大的太阳入射角有利于显示表面更微小的撞击坑。

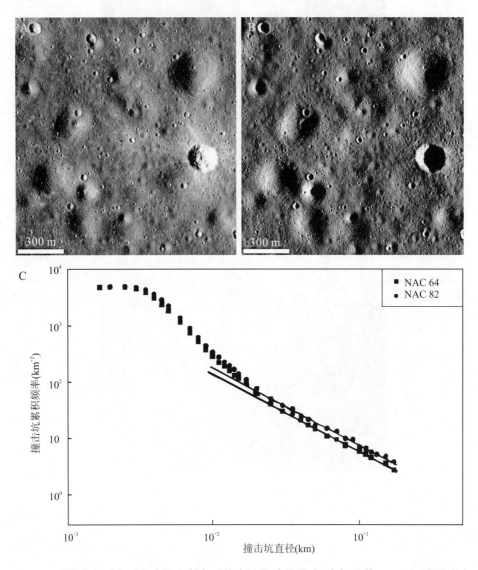

图3-8 影像数据采集时的太阳入射角对撞击坑统计的影响(肖智勇等,2013)。该图引自 Ostrach et al(2011),略有删改。使用太阳入射角较大的图像数据统计的撞击坑的密度较大

正确地使用合理的数据是保证撞击坑统计结果准确的前提。在统计撞击坑的直径前，应首先根据光谱数据将研究区划分为不同的岩性单元，根据地层切割关系将其划分不同时代的地层(Hiesinger et al,2000；赵健楠等,2013)，对不同的区域分别进行撞击坑统计。需选择适合于研究区的投影方式处理底图，以免造成直径扭曲。例如，在统计火星南北极的撞击坑分布时，选用极投影方式可相对准确地保留撞击坑的直径信息。另外，若使用黑白影像图统计撞击坑，应尽量使用高太阳入射角的数据，避免因遗漏部分撞击坑而造成不完全统计的偏差。

目前，行星表面的数字高程模型朝着高精度的方向发展。很多研究开始利用数字高程模型统计撞击坑(Head et al,2010；Fassett et al,2012；Marchi et al,2012b)，避免了太阳入射角对撞击坑统计带来的影响。我们注意到使用此类数据比黑白影像数据能更完全地统计撞击坑。但是，使用数字高程模型并不意味着撞击坑统计的结果一定精确。例如 Strom et al (2013)发现 Fassett et al (2012)和 Marchi et al (2012b)使用了同样的数字高程模型统计了酒海盆地附近的撞击坑分布，却得到了截然相反的结果。从本质上讲，撞击坑统计是一项基于科学家对撞击坑的主观识别的工作，不同的学者很难对同一区域获取完全一致的撞击坑统计结果(Xiao and Strom,2012)。因此，本书建议在撞击坑统计的过程中，应尽量交叉检验统计的撞击坑的直径、位置等原始信息。使用 AcrMap(http://www.esri.com/)下的 Crater Helper 插件(http://webgis.wr.usgs.gov/pigwad/tutorials/scripts/index.html)统计撞击坑，有利于不同小组之间互相检查原始数据的可靠性。

外太阳系天体上的应用 人类深空探测的脚步已突破太阳系的边缘。越来越多的探测器已经开始前往或即将驶向外太阳系天体。例如，卡西尼-惠更斯(Cassini - Huygens)正在环绕土星及其卫星；罗塞塔(Rosetta)即将登上彗星表面；新视野号(New Horizon)即将到达冥王星和柯伊伯带(Kuiper Belt)；黎明号(Dawn)完成了探测灶神星的探测任务，正在驶向谷神星；朱诺号(Juno)号正在驶往木星；OSIRIS - REx 即将飞往主小行星带。利用已返回的影像数据，有学者开始尝试利用撞击坑统计估算外太阳系固体卫星上的地质单元的绝对年龄(Schmedemann et al,2012；Marchi et al,2012b)。有些认为月球上的撞击坑产生方程(Neukum et al,2001)可直接转换并用于外太阳系天体表面的定年中(Neukum et al,2006)。

然而，外太阳系天体的撞击历史与内太阳系的截然不同(Chapman and McKinnon,1986；Dones et al,2009；Strom et al,1981；Strom et al,1990；McKinnon et al,1991)。最近，Strom et al(2013)总结对比了木星、土星、天王星和海王星的卫星上的撞击坑分布(图3-9)，再次证实内、外太阳系天体上的撞击体类型的差别(图3-4和图3-9)。本书支持 Strom et al(2013)的观点，认为在弄清楚外太阳系的撞击历史前，不能将月球上的撞击历史直接转换到外太阳系天体上，估算其表面地质单元的绝对模式年龄。

3.3.4 本节小结

概括而言，在利用撞击坑统计估算天体表面的相对和绝对年龄时，应该注意以下几点：①撞击坑大小-频率统计技术目前尚不适用于年龄大于晚期大轰击事件($>\sim3.8$ Ga)的地质单元。②利用撞击坑大小-频率分布估算表面地质单元的相对和绝对年龄前，应首先评估撞击坑的饱和状态。不能通过撞击坑统计估算已达到饱和状态的地质单元的年龄。③谨慎使用小撞击坑统计估算地质体的绝对或相对年龄。远程二次撞击坑的干扰尚不能从小撞击坑统计的结果中完全剔除。可通过相对分布法判定小撞击坑统计的结果是否受二次撞击坑的干扰。

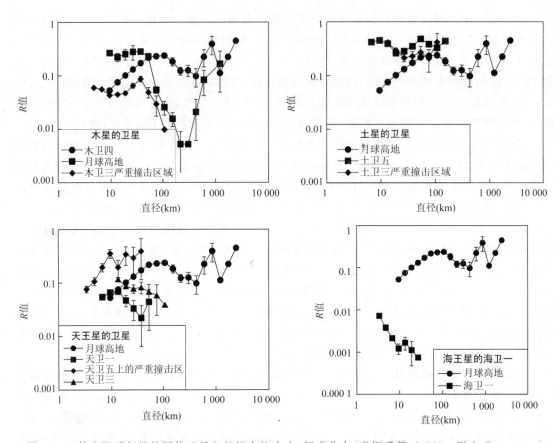

图 3-9 外太阳系行星的固体卫星上的撞击坑大小-频率分布（肖智勇等，2013）。引自 Strom et al (2013)。该图与图 3-4 对比表明内、外太阳系天体上具有截然不同的撞击历史

④避免在地势复杂的区域使用撞击坑统计分析年龄，尤其应避开坡面。⑤尽量使用高太阳入射角的影像数据或者数字高程模型统计撞击坑。⑥月球与外太阳系天体上的撞击历史不同，不能使用月球撞击坑的产生方程估算外太阳系天体表面地质单元的绝对年龄。⑦分析撞击坑统计的结果时，建议优先使用相对分布法判定撞击体的类型、不同地质体的相对年龄和检验二次撞击坑是否存在。使用累积分布法需结合相对分布法。

§3.4 水星曼苏尔纪以来的地层年代

3.4.1 介绍

月球上的地层年代（第1.4节）是建立其他天体上的地层年代的参照基础。另外，由于缺乏年龄在~1.0—3.2 Ga 的月球样品，厄拉多塞纪至哥白尼纪的地层年龄的划分依然存在不确定性。例如，厄拉多塞纪有无可能进一步划分为更细的地质时代。但是，如果没有未来实地样品的进一步约束，很难通过撞击坑统计技术重新准确地约束厄拉多塞纪至哥白尼纪的地层年代。相反，哥白尼纪的开始标志是形成哥白尼撞击坑的事件，也即月球上所有具有明亮溅射纹的撞击坑均形成于哥白尼纪（Whilem et al，1976）。该地层年代与撞击坑的形态之间吻合较

好。本书涉及的月球年轻地质活动主要形成于哥白尼纪。因而，这里将不尝试利用撞击坑统计技术重建月球上的厄拉多塞纪或哥白尼纪的起止年代。本书沿用第1.3节介绍的月球地层年代体系中的绝对时间。

水星上现有的地层年代体系存在极大的不确定性（第1.4节），各地质时代的起止时间及其对应的地质事件的绝对时间尚不得而知。例如形成卡路里盆地的撞击事件被"假设"为代表了水星上晚期大轰击事件的结束时间，大约在3.8—3.85 Ga；曼苏尔撞击坑的起始时间被假设为~3.0—3.5 Ga(Spudis and Guest，1988)，其不确定度相当于半个月球哥白尼纪的时间长度。另外，水星上的侵蚀速率比月球上高(Braden and Robison，2013)，具有溅射纹的水星撞击坑的平均年龄应该小于月球哥白尼纪的撞击坑。因而，水星柯伊伯纪的起始时间应小于月球哥白尼纪的起始时间，也即~0.8—1.0 Ga。

作者认为：水星表面的地层时代需要利用信使号获取的数据进行系统的更正，该课题对水星的基础地质研究意义重大，必须基于对水星全球地质单元的系统填图工作方可得到可靠结论。虽然该问题亟待解决且影响深远，但该议题已不属于本书的研究范围。

本书主要研究水星柯伊伯纪的年轻地质活动，但对年轻构造单元的研究和对撞击坑挖掘阶段的主控因素的研究涉及部分形态学第一类撞击坑。有些此类撞击坑形成于柯伊伯纪之前，位于曼苏尔纪。因此，在深入分析这些年轻的地质单元之前。本节尝试利用第3.3节介绍的撞击坑统计技术，建立水星表面柯伊伯纪和形态学第一类撞击坑坑群所代表的绝对时间尺度。其中，水星上所有具有溅射纹的撞击坑群的绝对模式年龄代表了柯伊伯纪起始的模型时间。

3.4.2 方法与数据

信使号在指定任务阶段获取并公布了水星全球（覆盖率超过99.9%）的八波段宽角影像图（如图3-1）。基于此数据，本书制作了两幅水星全球的多波段红-绿-蓝镶嵌图，使用的波段分别为红：绿：蓝=1000：750：430 nm和750：560：480 nm。该镶嵌图的平均分辨率为~660米/像素，经过重采样后处理为500米/像素，以增强其显示效果。对比这两幅不同波段比的彩色镶嵌图，首先收集水星表面可能的具有溅射纹的撞击坑。后验证明发现利用该全球影像图能可靠识别直径大于~2 km的撞击坑的溅射纹。最终的数据库包含495个具有溅射纹的撞击坑，其分布图如图3-10所示。为确认所收集的撞击坑确实具有溅射纹，本书为每一个撞击坑制作了局部的高分辨率（可达数十米每像素）、多波段影像图，用以反复对比其溅射纹的真伪。最后，利用MDIS NAC获取的高分辨率影像数据（750 nm），使用ImageJ计算所收集的撞击坑的直径。所有的数据最终在ArcMap中融合。

虽然该数据库包含了直径从~2 km到大于100 km的撞击坑，但在月球和水星上，直径越小的撞击坑的溅射纹的保存时间越短。例如，月球上第谷撞击坑（D=85 km）比South Ray（D=0.8 km）撞击坑的溅射纹反照率更高，但第谷的年龄更大(Stöffer and Ryder，2001)。因而，有些形成于柯伊伯纪早期的小撞击坑的溅射纹可能被后期侵蚀，导致直径较小的撞击坑数不全。为确保该数据库包含了水星上所有具有溅射纹的撞击坑，根据收集过程中对撞击坑尺度的经验，本书取7 km为最小置信直径(confidential minimum diameter)。

根据撞击坑溅射纹在多波段彩色镶嵌图中的明暗程度，收集到的撞击坑被划分为溅射纹鲜明的撞击坑(sharp - rayed craters)和溅射纹暗淡的撞击坑(faint - rayed craters)。其位置分布如图3-10所示。二者的划分依据是撞击溅射纹是否比背景地质单元具有明显更高的反

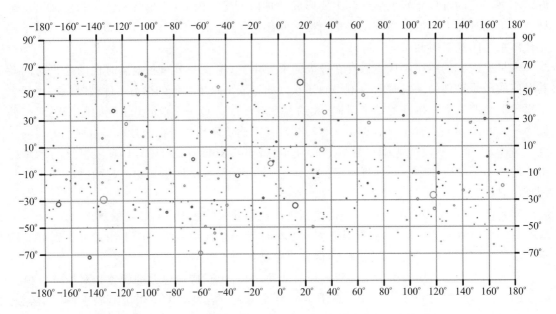

图 3-10 水星表面具有明亮溅射纹的撞击坑(红圈)和暗淡溅射纹的撞击坑(蓝色)分布

照率。但是,不同的撞击坑,即便直径相同,其溅射纹的扩展范围不同。因而,难以准确地对比不同撞击坑的溅射纹的绝对反照率。本书未划定溅射纹鲜明的撞击坑和溅射纹暗淡的撞击坑的绝对反照率界限。最终的数据库中包含了 132 个直径大于等于 7 km 的溅射纹鲜明的撞击坑和 208 个直径大于等于 7 km 的溅射物暗淡的撞击坑。参与此次收集任务的人员主要是肖智勇和 Robert G. Strom 博士,之后 Caleb I Fassett 和 Maria E Banks 博士分别检验了此数据库的完整性。

为进一步检验图 3-10 中 $D>7$ km 的具有溅射纹的撞击坑的完整性,本节采取了两项措施:①自晚期大轰击之后,水星表面的撞击体大小-频率分布趋于稳定(第 3.3 节),因而溅射纹鲜明的撞击坑、溅射纹暗淡的撞击坑以及二者的合集(所有具有溅射物的撞击坑)的大小-频率分布应相当。②亚利桑那州立大学的地球与空间探测学院(School of Earth & Space Exploration, Arizona State University)的 Sarah Braden 博士,利用相同的数据统计了水星中低纬度区域具有溅射纹的撞击坑,本书统计的全球范围内具有溅射纹的撞击坑的大小-频率分布应与 Braden 博士的结果相同。

图 3-11 为数据库完整性测试的结果。主要结论包括:①本书收集的水星全球具有溅射物的撞击坑与 Braden 博士的结果在撞击坑大小-频率分布的相对表示法中几乎一致,密度相当。其中,Braden 博士的数据在 $D=\sim 60$ km 的数据点上显示异常小的密度,与本书的结果不同。后与 Braden 博士验证发现其数据库中遗漏了 4 个直径约为 ~ 60 km 的撞击坑。但本书的数据库相对完整。②溅射纹鲜明的撞击坑、溅射纹暗淡的撞击坑和所有具有溅射纹的撞击坑的大小-频率分布相似,表明其属于同一撞击坑群(见第 4.3 节)。因此,测试结果表明从统计意义上讲,图 3-10 完整包含了水星表面 $D>7$ km 的所有具有溅射纹的撞击坑。

在晚期大轰击结束之后,内太阳系天体上的撞击坑(也即第二坑群)的大小-频率分布图在相对投图上应为近水平的直线(图 3-4)。图 3-11 中具有溅射纹的水星撞击坑的大小-频率

分布曲线在 $D > \sim 30$ km 时,在误差范围内呈现近水平直线的分布特征。该特征与火星北部平原上的第二坑群撞击坑(Population 2)的分布特征类似(图3-11)。然而,图3-11表明,直径越小,具有溅射纹的撞击坑的密度越低。造成该撞击坑密度下降的主要原因是:水星表面直径越小的撞击坑受到的空间风化的作用越强,因而较小的撞击坑形成的溅射纹更容易被后期风化作用抹去(Morota and Furumoto,2003)。

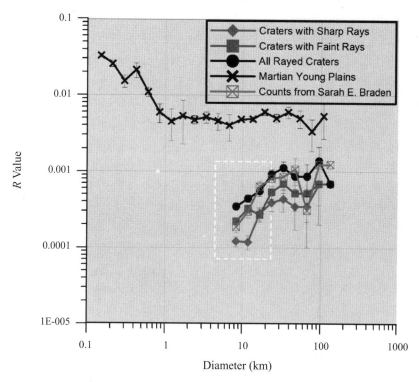

图3-11 水星表面溅射纹鲜明的撞击坑、溅射纹暗淡的撞击坑和所有具有溅射纹的撞击坑的大小-频率分布。本书的结果对比了Braden博士收集的水星中低纬度具有溅射纹的撞击坑以及火星北部平坦平原上的第二坑群撞击坑的分布特征

水星表面形态学第一类撞击坑形成于曼苏尔纪,但其并非一定代表曼苏尔纪形成的所有水星撞击坑(Braden博士如此认为)。由于有些水星岩浆平原和大型构造单元(如叶片状悬崖)未明显切割具有溅射纹的撞击坑,而切割了部分形态学第一类撞击坑(第五章)。因而,确定形态学第一类撞击坑的绝对模式年龄可直接限定水星表面岩浆和构造演化史的终止事件(第五章)。

水星上的形态学第一类撞击坑需同时满足以下几个形态特征:所有具有溅射纹的撞击坑属于形态学第一类撞击坑;不具有溅射纹的撞击坑必须具有保存完好的坑缘、溅射毯和二次撞击坑;坑内和连续溅射毯上极少有后续覆盖的撞击坑,且覆盖的撞击坑的直径不大于所在撞击坑直径的0.1倍。另外,直径超过300 km的撞击盆地形成连续二次撞击坑(Continuous secondaries;也即形成于连续二次撞击坑相上的二次撞击坑;Xiao et al (2014))的直径可能达到25 km(Strom et al,2011),其形态可能较圆,与原始撞击坑相似(Xiao et al,2014)。这些二次撞击坑必须排除在本数据库之外。

本书收集了水星低纬度（25°S—25°N；180°W—180°E）的所有形态学第一类撞击坑，共超过 3 200 个。采用的数据为信使号 MDIS 宽角和窄角相机共同获取的全球分幅影像镶嵌图，编号为 H06—H10，分辨率为 250 米/像素（http://messenger.jhuapl.edu/）。$D=9$ km 是保证数据列表完整的最小置信直径。最终统计的直径以 $\sqrt{2}$ 的步长分类。参与此次收集任务的人员主要是肖智勇和 Robert G Strom 博士，后 Maria E Banks 博士检验了此数据库的完整性。

美国亚利桑那州立大学的地球与空间探测学院的 Sarah Braden 博士利用相同的数据，根据地层交切关系，对水星表面 40°S—40°N，180°W—180°E 的曼苏尔纪撞击坑进行了统计。Braden 博士的统计原则与本书的形态学第一类撞击坑相似，其数据库包含了本书收集到的形态学第一类撞击坑，但其结果扩充至部分形态学第二类撞击坑（Class 2）。她的工作与本书的实验独立进行。为验证本书统计的形态学第一类撞击坑的完整性，图 3-12 和图 3-13 对比了本书与 Braden 博士采集的水星形态学第一类撞击坑的累积与相对分布情况。结果表明：在撞击坑大小-频率累积分布（图 3-12）和相对分布（图 3-13）表示法中，本书的数据与 Braden 博士的数据具有完全一致的曲线形态，表明这两个数据库中的撞击坑基本反映了各自统计的撞击坑群，数据库基本完整。但是，Braden 博士收集的撞击坑的密度比本书的略高（图 3-12 和图 3-13），原因是 Braden 博士的数据库包含了年龄更大的部分形态学第二类撞击坑。

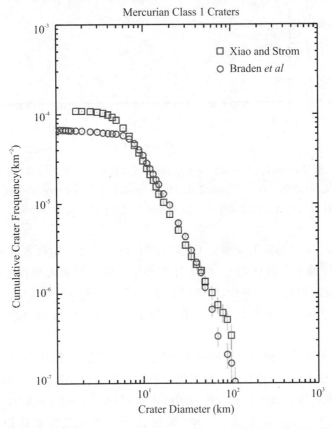

图 3-12　对比本书（肖智勇和 Robert G. Strom）收集的水星低纬度形态学第一类撞击坑和 Braden 博士收集的水星中低纬度的曼苏尔纪撞击坑的相对大小-频率分布。Braden 博士的数据在直径小于 7 km 时密度突然转折下降，主要是由于其数据库中直径小于 7 km 的撞击坑较少

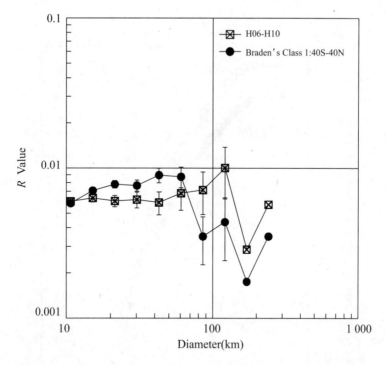

图 3-13 对比本书(肖智勇和 Robert G Strom)收集的水星低纬度形态学第一类撞击坑和 Braden 博士收集的水星中低纬度曼苏尔纪的撞击坑的相对大小-频率分布。二者的分布特征吻合,但密度不同。密度差异主要是由于 Braden 博士的数据库中包含了部分形态学第二类撞击坑

3.4.3 水星表面形态学第一类和柯伊伯纪撞击坑的绝对模式年龄

利用水星表面的撞击坑产生方程和年代方程可计算水星表面具有溅射纹的撞击坑坑群的绝对模式年龄。这里使用了三种不同的撞击坑产生方程与年代方程(Neukum et al, 2001; Marchi et al, 2009; Le Feuvre and Wieczorek, 2011)。图 3-14 到图 3-16 和表 3-1 为所得的结果。其中,Marchi et al (2009)和 Le Feuvre and Wieczorek (2011)的计算方法结合了最新的内太阳系撞击体的来源以及大小频率-分布特征,使用了最新的撞击坑尺度率(cratering scaling laws)变换计算不同天体之间的撞击体-撞击坑的大小-频率分布,且考虑了晚期大轰击的事件对~3.8 Ga 前后撞击坑统计的影响。综合比较,Marchi et al (2009)和 Le Feuvre and Wieczorek (2011)的方法原理比 Neukum et al (2001)的更合理。对水星上具有溅射纹的撞击坑坑群而言,根据 Marchi et al (2009)和 Le Feuvre and Wieczorek (2011)的方程计算的绝对模式年龄的结果非常接近,二者吻合较好(图 3-14 到图 3-16;表 3-1)。

因此,如果水星柯伊伯纪代表了水星表面所有具有溅射纹的撞击坑,根据撞击坑统计技术获取的绝对模式年龄(表 3-1),柯伊伯纪的起始时间可保守地限定在约~159 Ma。该绝对时间尺度比月球哥白尼纪延迟了近 620 Ma,与水星表面较大的侵蚀速率吻合。

与以上方法一样,这里利用三种不同的撞击坑产生方程和年代方程(Neukum et al, 2001; Marchi et al, 2009; Le Feuvre and Wieczorek, 2011)计算了水星表面形态学第一类撞击坑的绝对模式年龄。图 3-17 到图 3-19 和表 3-1 为所得的结果。Marchi et al (2009)和 Le Feuvre

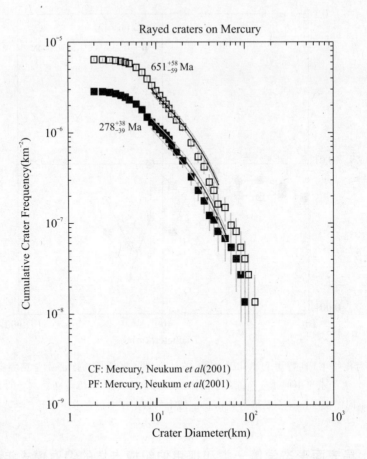

图 3-14 利用 Neukum et al(2001)的水星撞击坑产生方程和年代曲线获取的水星表面具有溅射纹的撞击坑的绝对模式年龄。其中□代表所有具有溅射纹的水星撞击坑；■代表具有明亮溅射纹的水星撞击坑

and Wieczorek(2011)的结果非常接近,二者吻合较好。而 Neukum et al(2001)的结果显著较大。水星曼苏尔纪与月球厄拉多塞纪相当,其绝对年龄应小于 3.2 Ga,而 Neukum et al(2001)的结果却更大。因此,这里放弃 Neukum et al(2001)的结果。总而言之,根据撞击坑统计技术获取的绝对模式年龄,水星表面形态学第一类撞击坑的形成时间可限定在约～1.26 Ga,比月球厄拉多塞纪延迟了近 2 Ga。

表 3-1 使用不同撞击坑产生方程和年代方程获取的水星表面具有溅射纹的撞击坑的绝对模式年龄

撞击坑统计方法	具有溅射纹的水星撞击坑的年龄(Ma)	具有明亮溅射纹的水星撞击坑的年龄(Ma)	形态学第一类撞击坑的年龄(Ga)
Neukum et al(2001)	651±58	278±38	3.34±0.06
Marchi et al(2009)	159±19	64±6	1.26±0.17
Le Feuvre and Wieczorek(2011)	110±4	42±4.3	1.16±0.025

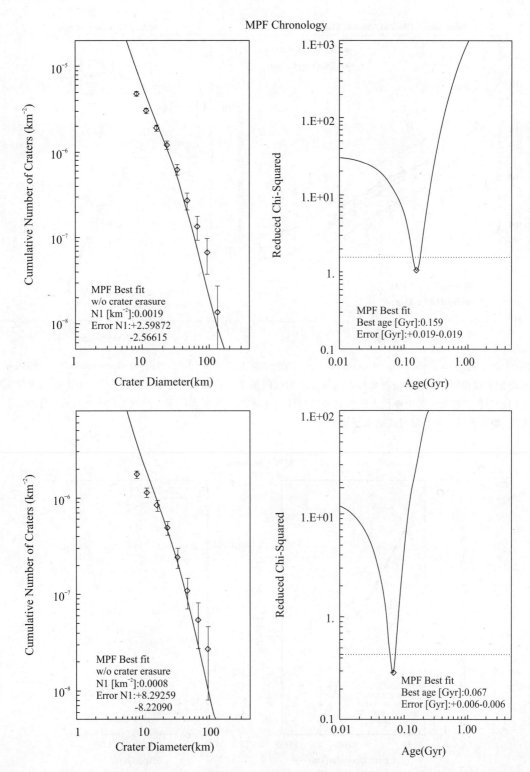

图 3-15 利用 Marchi et al(2009)的水星撞击坑产生方程和年代曲线获取的水星表面具有溅射纹的撞击坑的绝对模式年龄。其中，上图是所有具有溅射纹的水星撞击坑；下图是具有明亮溅射纹的水星撞击坑

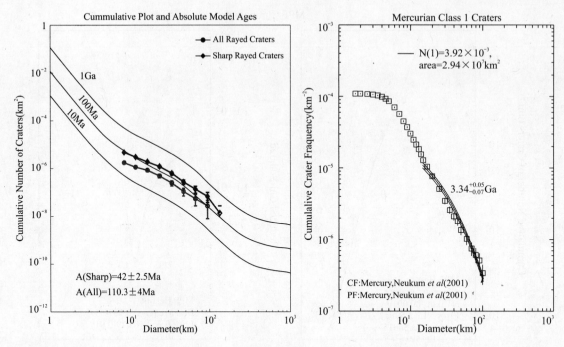

图 3-16 利用 Le Feuvre and Wieczorek(2011)的水星撞击坑产生方程和年代曲线获取的水星表面具有溅射纹的撞击坑的绝对模式年龄。其中◆代表所有具有溅射纹的水星撞击坑；●代表具有明亮溅射纹的水星撞击坑

图 3-17 利用 Neukum et al(2001)的水星撞击坑产生方程和年代曲线获取的水星表面形态学第一类撞击坑的绝对模式年龄

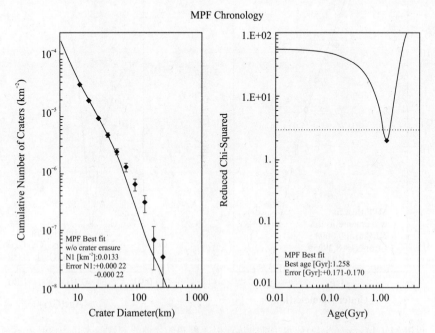

图 3-18 利用 Marchi et al(2009)的水星撞击坑产生方程和年代曲线获取的水星表面形态学第一类撞击坑的绝对模式年龄

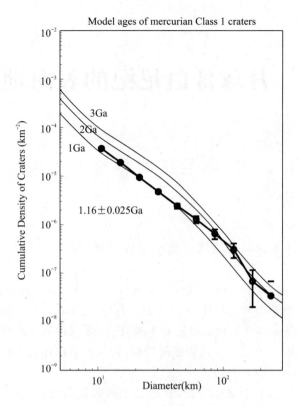

图 3-19　利用 Le Feuvre and Wieczorek(2011)的水星撞击坑产生方程
和年代曲线获取的水星表面形态学第一类撞击坑的绝对模式年龄

本书未使用 Braden 博士统计的水星曼苏尔纪撞击坑以估算曼苏尔纪的起始年龄的绝对模式值。这是因为通过对比 LPL 月球撞击坑的形态学分类,本书发现撞击坑的保存状态(也即形态学分类)与其地层年代年龄大致吻合,也即保存状态越好的撞击坑,所在的地层年代越年轻。但是,撞击坑的保存状态与其地层年龄并无完全一致的对应关系。例如,按照地层交切关系,有些形态学第二类撞击坑形成于雨海纪,而有些则形成于厄拉多塞纪。因而,本书认为不能根据撞击坑的保存状态精确地确定与曼苏尔纪等同的撞击坑坑群。

第四章 月球哥白尼纪的表面地质活动

§4.1 哥白尼纪的构造与岩浆活动

4.1.1 引言

以往的研究将月球表面的构造演化史粗略地划分为两个阶段(Watters and Johnson, 2010)。

(1)在~3.6 Ga之前,由于内部放射性元素衰变生热和大型撞击事件的动能-热能转换,月球处于热膨胀阶段(Solomon and Head,1980)。但是,发生在~3.8—4.1 Ga的晚期大轰击事件将年龄大于~3.8 Ga的月面构造形迹基本被抹去,难以识别。最近GRAIL获取的高分辨月球重力场数据发现:当月球处于热膨胀阶段时,岩浆上涌在月壳中形成了一些大型的张性地堑(Andrews-Hanna et al,2013)。

(2)在~3.6 Ga之后,由于星体冷却,月球处于热收缩阶段(Solomon and Head,1980)。自此,挤压作用是月球表面的主要应力状态,在此期间形成的主要构造形迹均为挤压构造,例如月球高地上的大量叶片状悬崖(Wolfe et al,1981)。此外,在大约1—4 Ga期间,月球表面发生大规模的玄武岩溢流的火山活动(Hiesinger and Head,2006),形成了大量的月海盆地。由于玄武岩的密度比下伏的月壳密度大,月海盆地的重力沉降作用在月海内形成了环形的挤压构造(如月海皱脊),在月海盆地周围以及邻近月球高地形成了环状和辐射状的地堑构造(Solomon and Head,1979,1980)。自3.6 Ga之后,由于月球持续冷凝收缩造成的全球挤压应力超过了由于月海盆地沉降形成的拉张应力,与月海盆地沉降作用有关的地堑不再形成(Wilhelms,1987)。另外,月海沉降形成的大型皱脊一般老于~1.2 Ga(Watters and Johnson,2010),与月球上最晚的表面岩浆事件的结束时间对应(Hiesinger et al,2000,2003,2009)。

利用LO和阿波罗计划获取的高分辨率月面影像数据,前人在月球表面局部区域发现了一些相对较小的叶片状悬崖(Wolfe et al,1981;Binder,1982;Binder and Gunga,1985)。这些构造单元的长度一般小于10 km,宽度小于500 m,垂直高差一般小于100 m(Binder and Gunga,1985)。有些小型叶片状悬崖切割了直径小于100 m的撞击坑(Binder,1982)。根据月面的侵蚀速率和被切割的撞击坑的保存年龄,前人推算这些叶片状悬崖的年龄小于1 Ga,形成于哥白尼纪(Binder,1982;Binder and Gunga,1985)。该发现与以往对月球构造演化史的认识相悖,因而,对了解月球更精细的热演化史和当今月球表面的应力场具有重要的指示意义(Binder,1982;Binder and Gunga,1985)。

2009年,美国宇航局成功地发射了月球勘测轨道飞行器。利用LROC NAC数据,Watters et al(2010)和Banks et al(2012)在月球上发现了更多年轻的叶片状悬崖。高分辨率的NAC数据揭示这些叶片状悬崖具有陡峭的边缘和新鲜的形态,表明其非常年轻。另外,一些叶片状悬崖切割直径小于 8 m 的撞击坑。Watters et al(2010)和 Banks et al(2012)根据月球表面的侵蚀速率推算证明有些叶片状悬崖的年龄可能小于 100 Ma。该发现与 Binder and Gunga(1985)等人的结论一致。目前,在月球全球已经发现了超过 2 000 条小型叶片状悬崖(Nelson et al,2013),因而支持月球晚期的持续收缩形成了这些哥白尼纪的小型挤压构造(Binder and Gunga,1985;Watters et al,2010;Banks et al,2012)。

Watters et al(2012)和 Williams et al(2013)在月球表面发现了一些小型的伸展构造,地堑。其长度一般小于 10 km,宽度小于 500 m。一些地堑切割直径小于 8 m 的撞击坑,且地堑的深度小于 2 m。根据月球表面的侵蚀速率以及月面撞击坑的保存年龄,Watters et al(2012)认为这些地堑属于哥白尼纪的伸展构造,有些地堑的年龄可能小于~50 Ma。由于大多数小型地堑的周围均有保存状况相似的挤压构造(一般为小型叶片状悬崖)配套产生,且这些地堑均位于小型叶片状悬崖的运动方向之后,在走向上垂直或平行于周围的小型叶片状悬崖。因而,这些小型哥白尼纪地堑很可能是由于其周围的叶片状悬崖在形成过程中,在逆冲断层上盘背离运动的方向上形成的拉张应力造成的(Watters et al,2012)。因而,月球持续冷凝收缩作用既可以解释哥白尼纪小型挤压构造的成因,又可以解释哥白尼纪的小型伸展构造的成因。

若早期的月球处于完全熔融的状态(Binder and Gunga,1985),月球的持续冷凝造成的全球挤压应力应该超过数百兆帕,那么哥白尼纪的小型伸展构造将不会在月球上形成(Watters and Johnson,2010)。相比之下,月球表面哥白尼纪的小型地堑证明月球早期不处于完全熔融状态,而支持月球早期的岩浆洋演化模型(见第 2.4 节),也即早期的月球的最外层处于完全熔融状态,而内部为固态(Elkins-Tanton,2012)。

前人在月球表面共发现了数十处小型伸展构造(Watters et al,2012;Williams et al,2013)。其中,有两处小型地堑似乎没有与之相对应的挤压构造,因而前人提出这两处地堑不能通过月球晚期的全球收缩解释其成因(Watters et al,2012)。Watters et al(2012)认为在月球的晚期历史中(~50 Ma 前),次表层岩浆活动侵入至~80 m 的深度,造成局部月面隆升,形成的拉张应力超过了全球挤压的压应力背景。因而形成了这两处地堑。但是,该假说成立意味着当今月壳的热流值较高,这与月球当前的热状态违背,且近期的浅表层岩浆侵入与月球的热演化历史不符(Spohn et al,2001)。月球表面的溢流型岩浆活动在哥白尼纪已经完全停止(Hiesinger and Head,2006),浅表层的岩浆侵入似乎不太可能。

本节介绍最近在哥白尼撞击坑($D=96$ km;$8.7°N,20°W$;图 4-1)南西侧的连续溅射物上发现的一处复杂的地堑系统。该地堑进一步证实哥白尼纪的伸展构造能在月球表面形成。该地堑系统位于一个局部的高地势单元,且其周围无与之相关的挤压构造。本节主要讨论形成该地堑系统的可能张应力来源。借助 GRAIL 获取的高分辨率重力数据(Zuber et al,2013a,b,c),着重探讨月球哥白尼纪以来浅层火山侵入活动的可能性。

4.1.2 研究数据

本书使用的影像数据主要来自于 LROC 和 Kaguya TC。LROC NAC 立体相对尚未覆盖该区域,因而不能通过 NAC 数据合成 DEM 研究这些地堑系统的精细形貌。LOLA 虽然水平和垂直经度均非常高(Smith et al,2010),足以解译这些地堑的三维形貌(见第 4.3 节)。但 LOLA 尚未覆盖这个地堑系统(http://ode.rsl.wustl.edu/)。为研究其地貌,本书利用阴影-高程估算法粗略计算了这些地堑的深度,估算值仅能作为地堑真实深度的最小值。本书使用

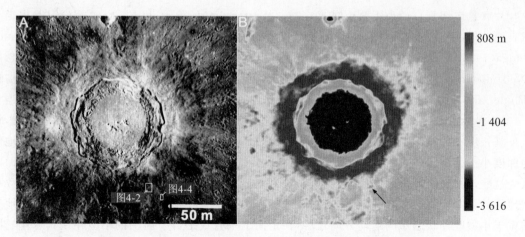

图 4-1　月球哥白尼撞击坑及其数字高程模型(Xiao et al,2013)

GLD 100 全月数字高程模型(Scholten et al,2012)和 LOLA 插值得到的局部 DTM 研究该地堑系统的背景地貌。

GRAIL 在指定任务阶段(primary mission)获取的高分辨率重力场数据足以揭示表面 ~10 km 大小的地块的背景重力(Konopliv et al,2013)。为研究浅表层火山侵入是否是形成月球哥白尼纪小型地堑的成因,本书分析了 GRAIL 重力场数据的 660 阶球谐重力场模型(自由空气重力数据),GL0660B(Konopliv et al,2013)。该重力场模型的实际分辨率为 ~9.3—14.6 km,其 330 阶的数据对月球表面地形具有 98% 的协和度。GL0660B 的平均分辨率接近 420 阶,对应的表面地块大小为 ~13 km(Zuber et al,2013b;Konopliv et al,2013)。全球布格重力数据(布格重力=自由空气重力-高出大地水准面的地形造成的重力)的分辨率为 ~330 阶,足以解析表面 ~18.2 km 的地块的重力背景(Wieczorek et al,2013)。为了获取精细的布格重力数据,本书引用了 Wieczorek et al(2013)的计算方法,在去除地形对自由空气重力的影响时,采用 LOLA 获取的地形数据作为参考。

4.1.3　哥白尼撞击坑南东侧溅射毯上的地堑

在哥白尼撞击坑南东侧的连续溅射物内,数十条长度小于 1 km,宽在 ~10—400 m 的线性沟槽组成了一条长达 7 km 的复杂地貌(图 4-2)。这些沟槽的走向均为 NW-SE,指向哥白尼撞击坑的中心,且均位于一个局部的隆起上,而未延伸至周围的平坦区域。单条沟槽由两条相对相向的陡崖构成,其平面形貌与月球表面的小型地堑相似(Watters et al,2012)。有些小型撞击坑被这些沟槽切割(如图 4-2B),表明这些沟槽是构造成因的地堑。地层交切关系证明这套地堑系统形成于哥白尼撞击坑之后。因而证实伸展构造在哥白尼纪能在月球表面形成,与前人的观点一致(Watters et al,2012)。组成这套地堑系统的正断层具有复杂的形貌,例如图 4-2B 中的正断层在平面上具有右行走滑的运动学特征(白色箭头),表明其形成过程既受拉张应力作用,又受剪应力的作用。

组成此套地堑系统的正断层均具有保存完好的边缘,表明其形成时间在月球地质历史的近期。然而,大量的撞击坑在这些地堑的内部累积,且尚未发现直径小于 10 m 的撞击坑被这些正断层切割。表明形成这些地堑的正断层可能已经停止活跃。相比之下,前人在月球上发

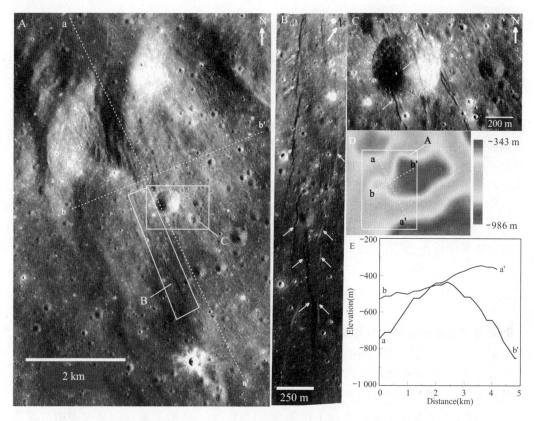

图 4-2　哥白尼撞击坑南东侧连续溅射毯上的一套地堑系统(Xiao et al,2013)。其位置标注在图 4-1 中。B 图中的地堑两侧的正断层具有右行走滑的性质,C 图中的撞击坑至少被三组地堑切割。D 图为 GLD-100 中显示的这组地堑的背景地貌;E 图为与这套地堑系统平行和垂直的地形剖面

现的哥白尼纪小型地堑不但边缘明显,且均切割直径小于 10 m 的小型撞击坑(Watters et al,2012)。对比表明图 4-2 中所示的地堑系统可能相对较老。由于该地堑系统内的撞击坑直径大多小于 100 m,很难区分哪些撞击坑是原始撞击坑,而哪些是二次撞击坑(Xiao and Strom,2012)。因此,通过撞击坑统计估算其绝对年龄可能比较牵强。

利用阴影-高程估算法计算这些地堑的最小深度大约为 1—10 m,在不同的位置深度有所不同。组成月球上的地堑的正断层的倾角一般为 ~60°(McGill,1971;Golombek,1979)。假设图 4-2B 中所示的地堑的两条正断层的倾角均为 60°,根据其宽度可估算断层的深度(地堑的两条断层在深处交汇)大约为 4—350 m。

这套地堑系统距离哥白尼撞击坑中心的距离约为 72 km,距离连续二次撞击坑的边缘约 ~40 km(图 4-1)。公式 4-1 是月球撞击坑溅射物的理论厚度公式(McGetchin et al,1973)。

$$h = 0.14 R^{0.74} (r/R)^{-3}, \qquad r \geqslant R \tag{4-1}$$

其中,h 为溅射物的深度;R 为撞击坑的半径(哥白尼撞击坑的半径为 48 km);r 为溅射物距离撞击坑中心的位置。

以上公式计算表明在该地堑形成之前,所在的位置上哥白尼撞击坑形成的溅射毯的厚度约为 710 m。对比形成地堑的正断层的深度可发现,这些正断层形成于哥白尼撞击坑的溅射物内,并未到达下伏的基岩。

4.1.4 哥白尼撞击坑南东侧溅射毯上的地堑的张应力来源

如果早期的月球具有全球岩浆洋,月球的热演化模拟计算表明月球持续冷凝收缩造成的全球挤压应力大小约为 100 MPa 或更小(Solomon and Chaiken,1976)。哥白尼纪的伸展构造能在月壳中形成的前提是:区域拉张应力克服了背景挤压应力且超过了岩石的抗张强度。本节讨论形成图 4-2 中所示的哥白尼撞击坑南东侧连续溅射毯上的地堑的可能张应力来源。

坡面物质移动(Mass wasting) 图 4-2 中的所有地堑均位于局部高地势区域,且未延伸至周围平坦的区域,表明这些地堑的形成可能与该地形隆起有关。形成这些地堑的正断层有些在平面形态上与地球上常见的沿山坡等高线发育、朝向山顶的陡崖(Uphill scarps)相似(Li et al,2009),尤其是图 4-2B 中南西侧的正断层。但是,图 4-2B 中的地堑并非由于重力作用下的坡面物质移动造成的,主要原因包括两点:①该地形隆起的坡度仅为~7°(图 4-2C),远小于月面物质的休止角(Xiao et al,2013);相比之下,发育在坡度小于~10°的月表坡面上的块体运动一般是月壤潜移(Regolith creep),而非岩石破裂(Xiao et al,2013)。②在哥白尼撞击坑的连续溅射物的其他区域(包括其他的局部高地势单元),并未发现具有类似形态的构造单元。

哥白尼撞击坑的地形恢复作用(Topographic relaxation) 当月球内部物质的黏度较低时(包括壳层和上月幔),形成在其中的撞击坑或盆地在地形改造的作用下可缓解由于挖掘作用产生的应力失稳,发生黏性反弹(Wichman and Schultz,1995)。理论上讲,该过程将抹去撞击坑内外的地形差,降低撞击坑的连续溅射物的绝对高程(Jozwiak et al,2012)。地形恢复作用在发生时,理论上能在撞击坑底部产生拉张应力(Schultz,1976)。最近的研究表明月球物质的刚性过强,因而撞击坑不易发生黏性反弹的地形恢复作用,且古老的月球撞击坑底部的裂隙(floor fractures)不可能是由于黏性反弹形成的(Wichman and Schultz,1995;Dombard and Gillis,2001;Jozwiak et al,2012)。哥白尼撞击坑的坑底与坑缘的高差为~4.4 km(图 4-1B),与理论估测的相同大小的月球撞击坑的深度(d)相当,也即 $d=1.044\ D^{0.301}$ (Holsapple 1993)。这表明哥白尼纪撞击坑未经历明显的地形恢复。另外,在哥白尼撞击坑的连续溅射毯的其他区域也未发现类似的拉张裂隙,表明地形恢复不是该地堑系统的成因机制。

月球的持续冷凝收缩作用 大部分月球哥白尼纪小型伸展构造均发育在附近的小型叶片状悬崖的后方(Watters et al,2012;Williams et al,2013),因而可用形成叶片状悬崖时的运动后方的应力卸载解释其成因,且与月球的持续冷凝收缩吻合。Watters et al(2012)使用 LRO WAC 数据发现月球上有两处地堑系统似乎没有附近与之相关的挤压构造,故将其解释为月球哥白尼纪的浅层岩浆侵入作用形成的。Kaguya TC 数据的分辨率和采集时的太阳入射角普遍比 LRO WAC 的数据好。因而,有必要使用 Kaguya TC 数据重新评估这两处地堑系统所在的区域地质背景。事实上,Kaguya 数据表明这两处地堑均位于临近的挤压构造的主动盘的移动后方(图 4-3)。例如图 4-3B 中的地堑南侧有一处保存状态相当的叶片状悬崖(黑色箭头);图 4-3D 中的地堑位于一套月海皱脊北西侧,与其中的一套逆冲断层相互对应(白色箭头 1,2)。因此,这些地堑系统并非没有相邻的挤压构造。相反,由于这些地堑的年龄可能小于 50 Ma(Watters et al,2012),其周围无年龄相当的撞击坑,且哥白尼纪以来地球对月球的潮汐应力仅为数千帕。因此,形成图 4-3 中的地堑的最可能的拉张应力是周围挤压构造形成时造成的,与月球的晚期的全球收缩一致。

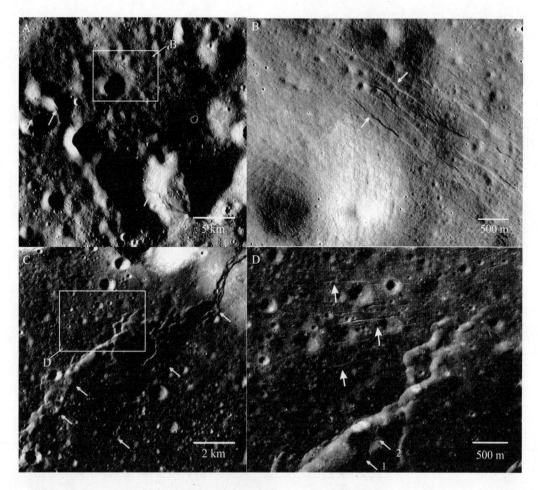

图 4-3　Kaguya TC 数据揭示的月球表面小型地堑与周围挤压构造的空间关系(Xiao et al, 2013)。在 LRO WAC 数据中未见与图中的两处地堑系统有关的挤压构造(Watters et al, 2012)

　　图 4-2 中的地堑系统周围未见明显的挤压构造的痕迹。图 4-4 是在哥白尼撞击坑的连续溅射沉积物中发育的一条长约 10 km 的形似挤压构造的地貌单元,未见明显的撞击坑被其切割。该挤压构造位于图 4-2 中所示地堑系统的南东侧~25 km。不管该地貌单元是否是一个小型的叶片状悬崖,由于其规模较小且距离地堑系统的距离较远,不能将其与该地堑系统关联起来。

　　尽管该地堑周围未见明显的挤压构造,逆掩断层的活动可能不在表面形成典型的断面(如小型叶片状悬崖或月海皱脊的前锋面)。逆掩断层的上盘在活动过程中可造成表面挤压隆起,形成宽缓的背斜。同时产生的拉张应力能形成伸展断层。该现象在地球上较为常见(Dunne and Ferrill, 1988; Lettis et al, 1997; Roering et al, 1997)。图 4-5 是该模式表述的概念图。在月球表面,与壳层内的逆掩断层活动有关的地貌很多,例如月海上大量发育的高地势皱脊(high-relief ridges)就是由于月壳内的逆掩断层活动形成的(Lucchitta, 1976; Schultz, 2000)。如果图 4-2A 所示的地堑下方存在逆掩断层,其活动可能形成了图 4-2D 所示的局部地形隆起以及该地堑系统。若该假说正确,那么图 4-2 中所示的地堑的成因机制与大部分月球表面的哥白尼纪地堑相似。驱动或形成此逆掩断层的应力来源可能是月球的晚期全球收缩。另外,当一条典型的哥白尼纪的小型叶片状悬崖形成时,断层活动产生的月震能量可高达~1×10^{28} erg,相当于地球上震级 7.9 级的地震释放的总能量(Nahm and Velasco,2013)。在地球上,强烈的地震可能导致表面物质剧烈震动,并形成拉张断裂,例如地堑(Sleep,2011)。因而,逆掩断层活动、强烈的月震或者二者的共同作用可能是形成图 4-2 中的地堑系统的成因。

虽然本书并未发现直接的证据表明该地堑系统之下必然存在逆掩断层,但该解释与月球晚期收缩的主流观点一致。另外,阿波罗计划探测到的月球浅源月震大多集中在正面月海盆地与高地的交界地带(Nakamura et al,1979),该地堑系统位于月海盆地和月球正面高地交界的区域。因而强烈月震活动形成这些地堑也支持本书提出的模型假说。

4.1.5 哥白尼纪浅层岩浆侵入的可能性

前人认为月壳浅层的岩浆侵入形成了图 4-3 中的两处小型地堑(Watters et al,2012)。该观点挑战了月球地质演化史的传统观点(第 2.4 节),近两年在行星地质学界引起了极大的轰动。图 4-2A

图 4-4 哥白尼纪南东侧连续溅射沉积物上的一处疑似叶片状悬崖的地貌,插图为疑似被切割的小撞击坑(Xiao et al,2013)

中的地堑系统位于一处局部的地形隆起上,与周围的地形差为~650 m(图 4-2E)。且其周围未见穿出月面的逆断层。如果该高地势区域以及该地堑系统是由于最近的岩盖顶蚀(laccolith intrusion)作用形成的,且岩盖的隆升高度等于表面地势的高差,那么根据该区域的地貌特征,利用方程(4-2)(Watters et al,2012)可估算岩盖侵蚀的可能的最小深度。

$$h_1 = (\rho_0 g L^4 (1-\nu^2)/32Ew)^{1/2} \tag{4-2}$$

其中,h_1 是岩盖顶部和月面的距离;ρ_0 是岩盖上覆的物质(溅射物)的密度,在此近似为月球背面高地的壳层密度 $\rho_0 = 2\,550$ kg/m³(Wieczoreck et al,2013);$g = 1.62$ m/s² 是月球表面的重力场;L 是岩盖的宽度,在此约等于表面高地势的宽度,最大为~7 km;$\nu = 0.25$ 是泊松比;E 是上覆的溅射物的杨氏模量,这里视为玄武岩的杨氏模量为~7.03×10^{10} Pa,而 E 的实际值较

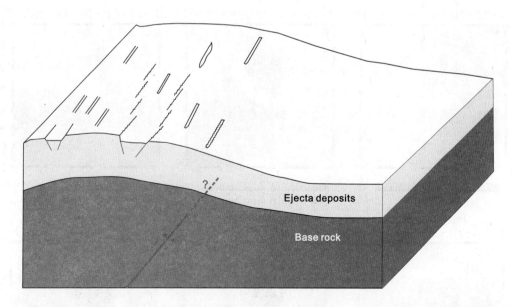

图 4-5 月球壳层的逆掩断层活动和/或月震可能形成了哥白尼撞击坑南东侧连续溅射沉积物中的地堑系统

小且尚未实际获取。

利用以上参数和公式(4-2)约束，可估算得到岩浆侵入的最小深度为~80 m，与前人的结果一致(Watters et al,2012)。如果该假说成立，表明在哥白尼撞击坑的溅射毯形成之后，炙热的岩浆侵入到其中，岩盖的形成与顶蚀过程造成表面~650 m的地势隆升。因此，可推断该假象的岩盖的底部可能恰好位于连续溅射毯的最底部(该位置的溅射物厚度约为~710 m)。虽然该理论貌似可以解释此地堑系统的成因，但是这个假说只能被作为一个极端例子，主要原因有两点：①该地形隆起与周围的地势差为~650 m。当炙热的岩浆侵入到溅射物中，并在其中垂向生长直至距离表面仅 80 m 时，岩盖的厚达约为~650 m。在此过程中，岩浆更易从坡面两侧流出，形成表面的火山活动。②岩盖在疏松、低密度的撞击溅射物中形成，岩浆极易沿破裂面涌出月表，而在该区域并未发现表面火山建造。

假设以上浅层岩浆侵入模型正确，由于岩浆的密度一般比撞击溅射物的大，理论上讲，侵入的岩浆将会造成局部增强的重力场，形成正的布格重力异常。本书利用 GL0660B 重力模型(Konopliv et al,2013)研究了该区域的重力场。图 4-6 显示在哥白尼撞击坑的南东侧存在一个大型的正自由空气重力异常。该重力异常的跨度超过了哥白尼撞击坑的连续溅射毯，强度可达近 400 mGal。图 4-2 中的地堑系统位于该重力异常的范围内。但是，哥白尼撞击坑的南东侧并没有与该重力异常对应的地势隆升(图 4-2A)。当排除地形造成的重力影响时，图 4-6C 中的布格重力异常数据表明该重力异常来源于月面以下密度更大的物质。实际上，该布格重力异常延伸至哥白尼撞击坑坑底的南东侧，且图 4-2A 所示的地堑并非位于这个重力异常的最大值区域。该地堑所在位置与其周围地质单元的重力异常值并没有明显的差异。另外，假设图 4-3 中所示的两处地堑系统是由于浅层岩盖侵入形成的(Watters et al,2012)。使用 GLB0660B 的高精度重力场数据可揭示其壳层内是否存在与之对应的重力异常。与图 4-

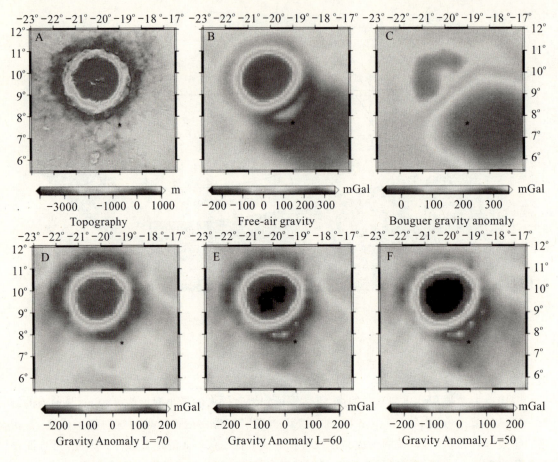

图 4-6 哥白尼撞击坑区域的地形与重力异常(Xiao et al,2013)。详细解译请见第 4.1.4 小节的讨论

6 中的情况一样,图 4-7 的结果表明这两处地堑所在的自由空气重力与布格重力均为负异常,且其所在位置对应的区域并没有高出周围地质单元的重力信号。

哥白尼南东侧的重力异常起源自何处? 与图 4-2A 中的地堑系统有无成因上的关联? 对图 4-6B 中的自由空气重力异常进行截断阶次的分析可"厘定"形成地下重力异常的物源深度。通过解析重力数据的阶次与垂向深度的关系,可通过研究不同阶次段的重力场数据了解导致重力异常的物质所在的深度(Bowin,1983)。例如,使用球谐阶次在 100-660 阶的重力场数据可解析深度在 ~17.3 km 的月壳物质的重力情况。该方法在识别小尺度的岩石圈中的重力单元时效果明显,因为一些深部的重力异常容易丢失在长波段的重力场信号中(Featherstone et al,2013)。图 4-6D、E、F 分别显示了阶次在 70-660 阶、60-660 阶和 50-660 阶的 GLB0660B 重力模型。这些阶次代表的物质深度分别为 ~25 km、29 km 和 35 km。通过与 660 阶的自由空气重力对比可发现,形成该重力异常的物质在 ~25 km 深度内尚未出现,而在 ~29 km 时初见端倪,其整体形貌在 ~35 km 以下时开始展现。有趣的是,该区域的月壳厚度也是 ~35 km(Wieczoreck et al,2013)。以上重力场截断分析表明造成该区域的正重力异常的物质主要集中在 ~25 km 以下的深部月壳或者月幔内,而在深度小于 ~25 km 的月壳内没有明显的重物质。

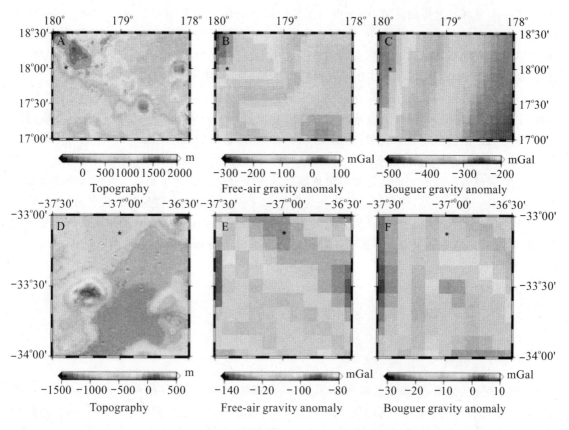

图 4-7　月球表面 Virtanen 地堑(上排;图 4-3A)和 Vitello 地堑(下排;图 4-3C)所在位置的地形、自由空气与布格重力场(Xiao et al,2013)。详细解译请见第 4.1.4 小节的讨论

因此,以上的重力场分析支持本节初提出的观点:这些地堑很可能不是由于浅层岩浆侵入造成的拉张应力形成的。但是必须考虑的极端例外包括:①这些地堑确实是由于岩盖侵入形成的,但 330 阶的布格重力异常数据能解析的表面地块的大小为~18.2 km(Wieczoreck et al,2013),故其水平精度超过了图 4-2D 中所示的局部隆起的大小。因而,可能重力场数据不足以揭示该岩盖侵入造成的局部正异常。②形成该地堑的浅层岩盖造成的重力异常小于 GRAIL 的重力场探测精度,~2 mGal(Zuber et al,2013c),因而未被 GRAIL 探测到。但是,相比逆掩断层和/或月震对该地堑系统的解译,浅层岩浆活动是非常极端且不必要的成因机制解。

GRAIL 在完成 6 个月的指定探测任务后,还进行了为期~3 个月的拓展任务阶段。在该任务阶段,GRAIL 获取的重力场数据分辨率更高,能揭示更精细的壳层重力结构。GRAIL 拓展任务阶段的一个目标是探测近月面的岩浆活动情况(Zuber et al,2013c)。因此,虽然本书认为浅层岩浆侵入不是形成哥白尼纪地堑的主要原因,该推断的最终真伪有待于利用 GRAIL 拓展任务阶段获取的数据进一步验证。

4.1.6　本节小结

哥白尼撞击坑南东侧的连续溅射物内发育了一套由数十条小型地堑组成的伸展构造体系,它们切割溅射毯上的小型撞击坑,证实哥白尼纪的月球上发生过伸展运动。虽然这些地堑均位于一个局部高地势的区域,但是重力主导的坡面块体运动并非是其成因机制。这些地堑的走向均指向哥白尼撞击坑的中央,但哥白尼撞击坑并未经历黏性反弹或地形恢复,因而不能通过黏性反弹解释其成因。虽然在该地堑系统周围没有与之配套产生的挤压构造形迹,但是逆掩断层的活动及断层活动产生的强烈月震可能形成了这些小型地堑。

在哥白尼撞击坑的南东侧存在一个大型的正的重力异常,该地堑系统位于此重力异常范围内。但是,与周围区域相比,该地堑系统并没有显示较大的重力异常。对 GRAIL 获取的高精度重力场数据的截断分析表明:深部密度较大的物质是形成该重力异常的原因,且其深度超过 25 km,在更浅的月壳内没有明显的过重的物质。因而,重力场数据解析表明哥白尼纪以来的浅层岩浆侵入活动不太可能是形成该地堑系统的原因。此结论与岩盖生长侵蚀模型的数值分析的结论一致。另外,对月球上其他几处地堑系统的地质与重力背景分析表明:浅层岩浆侵入也不太可能是其成因。月球哥白尼纪的伸展构造更可能是由于周围的表面或隐伏的挤压构造活动形成的,这些挤压构造形成或活动的驱动力来源于月球持续冷凝收缩造成的全球挤压应力。

§4.2 哥白尼纪的撞击熔融内形成的冷凝裂隙

4.2.1 引言

天体表面的岩浆,例如熔岩流和熔岩湖,冷却凝固时的热能(包括相变热;latent heat)通过热辐射、热传导和/或热对流的作用散失。在地球表面,以上三种热散失方式在熔岩降温过程中的相对作用尚存争议,例如,部分学者认为热传导是地表岩浆冷凝的主要方式(Long and Wood,1986;Grossenbacher and McDuffie,1995),而部分学者认为热对流和热辐射也同样起到至关重要的作用(DeGraff and Aydin,1993;Keszthelyi and Denlinger,1996)。由于地球岩浆在冷凝过程中,大气、火山气体和水(如降雨或表面流水)不可避免地参与了冷凝过程,因而通过气体进行的热对流和热传导一般效果最明显。而热辐射的降温作用一般都被认为相对很小(Degraff and Aydin,1993;Budkewitsch and Robin,1994)。在前人对地表岩浆冷凝的应力分析和数值模拟的研究中,热辐射在熔岩冷凝中的贡献向来被忽略(Long and Wood,1986;Grossenbacher and McDuffie,1995)。

事实上,在岩浆冷凝的不同阶段的主要热散失方式不是固定的(Head and Wilson,1986;Griffiths and Fink,1992;Wilson and Head,1994)。例如,热辐射可能在岩浆冷凝的初始阶段起主要作用(Dragoni,1989);当固结的熔岩达到一定的厚度后,气体参与的热对流和热传导占据主要作用(Griffiths and Fink,1992)。但是,以上三种热传导模式在岩浆冷凝过程中的各自作用依然不详。该问题很难通过研究地球上的熔岩冷凝实现,主要原因包括:①地表火山活动形成的岩浆不可避免的与大气或流水交互作用,因而热传导和热对流不能与热辐射分开考虑;②侵入型火山活动形成的熔岩体的冷凝过程不可直接观察,且火山气体或地下水对冷凝过程的影响难以排除。

地球上的喷出和侵入岩浆在冷凝收缩的过程中,固结的岩石表面形成拉张应力,当张应力克服岩石的抗张强度时会形成张裂隙。热收缩形成的裂隙,例如柱状节理(DeGraff and Aydin,1987)和近平行分布的节理(Peck and Minakami,1968),一般垂直于冷凝面,其生长方向与最大拉张应力的方向垂直(DeGraff and Aydin,1993)。冷凝裂隙一般向岩浆内部伸展,每次生长在遇见岩浆的固相线前停止(Peck and Minakami,1968);直至进一步冷凝造成下部的熔岩达到玻璃相变的温度(Ryan and Sammis,1981;Grossenbacher and McDuffie,1995)。冷凝裂隙的平面分布方式、大小和形态对研究熔岩冷凝的过程具有重要的意义(Peck and Minakami,1968),直接指示了不同散热方式造成的应力的大小和分布。

在无大气且具有硅酸质壳层的天体表面,例如月球和水星,岩浆的主要冷凝方式是:通过热辐射散失至真空,通过热传导散失至围岩(图4-8),虽然其内部可能发生了热对流并伴随相变热的释放(Wilson and Head,2012)。假设月球表面的一个无限长宽的熔岩体的冷凝过程,最终形成的冷凝裂隙可能在两个方向上形成:由于热辐射冷凝作用形成的由表及里的张裂隙;由于热传导冷凝作用形成由底及顶的张裂隙(图4-8)。这两组裂隙的生长过程相互之间没有影响,直至在最终冷凝的熔岩内部相遇(图4-8)(DeGraff and Aydin,1989)。因此,研究月球与水星表面的熔岩内形成的裂隙可反映其冷凝过程,也即热辐射在岩浆冷凝过程中的贡献。更重要的是,对比此项研究和其他类地行星(如金星、地球和火星)表面的岩浆冷凝形成的张裂隙,可反映挥发分在岩浆冷凝过程中的重要性。然而,在本书的第1.4节和第2.4节中已经介绍过,水星和月球表面自~0.8 Ga以来缺乏表面火山活动,因而难以在其表面发现新鲜的熔岩流或者相关的冷凝裂隙。

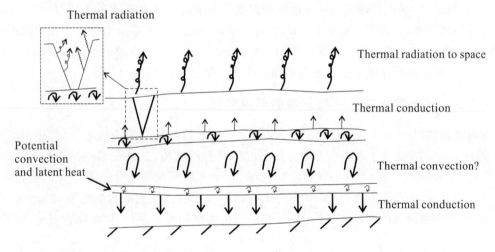

图4-8 月球与水星表面的熔岩或撞击熔融的冷凝过程(Xiao et al,2013),模式图中未考虑热能通过热传导向两侧围岩散失的情况

撞击过程是太阳系天体表面最基本的地质过程。撞击作用产生的熔融物,尤其是复杂撞击坑/盆地,形成的熔融席与火山岩极为相似(Spray and Thomason,1997;Wilson and Head,2012)。月球上的一些撞击熔融形成的温度超过了1770 ℃,与地球上的低黏度熔岩流相似(Denevi et al,2012)。因此,撞击熔融的冷凝过程能较好的模拟岩浆冷凝的过程。

另一方面,岩浆中存在的不连续介质(缺陷;flaws)会影响岩浆冷凝过程中形成的张应力(DeGraff and Aydin,1993)。由于温度梯度在遇到缺陷时急剧增大(DeGraff and Aydin,1993;Weinberger,2001),因而冷凝张应力在缺陷前最大,裂隙在缺陷处最易产生且能最终形成节理(Lawn and Wilshaw,1975;Weinberger,2001)。在月球和水星上,撞击熔融一般不是纯的熔融物质,其中包含有一些固体碎屑杂质,例如从撞击坑坑缘滑塌进入熔融池内的物质以及溅射回落的物质。在不均一的撞击坑熔融内会形成各向异性的张应力,最终形成的裂隙的样式与在纯的熔融物内形成的裂隙不同(Denevi et al,2012)。因而,研究撞击熔融内的冷凝裂隙不仅有助于了解热辐射在岩浆冷凝过程中的贡献,也反映了固体碎屑对岩浆冷凝过程的影响。

4.2.2 研究方法与基础数据

由于持续的撞击破坏和坡面块体运动,月球表面厄拉多塞纪之前的撞击熔融难以保存(Xiao et al,2013)。哥白尼纪的撞击坑,尤其是复杂撞击坑内的撞击熔融物的保存状态较好。因而,本书选取几个哥白尼纪的复杂撞击坑,包括哥白尼(Copernicus)、阿里斯塔克(Aristarchus)和第谷(Tycho),并研究其撞击熔融物内的冷凝裂隙的大小和平面分布模式。

由于同一个撞击熔融池内的冷凝裂隙的大小各异(见第4.2.3小节),因而本书测量每条冷凝裂隙的长度与宽度,并利用长度-宽度比代替其大小。冷凝裂隙的深度一般小于LOLA的水平分辨率(Smith et al,2010),且冷凝裂隙一般较陡,故阴影-深度测量的方法不能准确估算其深度。因此,本书不讨论裂隙的深度。

虽然早期的LO和阿波罗高分辨影像数据足以分辨撞击熔融内的冷凝裂隙,且近年来获取的LRO NAC数据在月球表面的撞击熔融发现了大量的冷凝裂隙(Bray et al,2010;Xiao et al,2010;Ashley et al,2012;Denevi et al,2012),前人的研究尚未系统地讨论冷凝裂隙的形成过程中的散热效应。这里利用LRO NAC(Robinson et al,2010),Kaguya TC(Kato et al,2008)和LO数据分析月球撞击熔融内形成的冷凝裂隙。

4.2.3 撞击熔融内的冷凝裂隙的形貌特征

第谷撞击坑($D=85$ km;43.4°S,11°W) 是月球上最明显的撞击坑之一,其撞击溅射纹长达2 000 km。阿波罗计划采集了第谷撞击坑的溅射纹物质,其同位素年龄大约为109 Ma(Stöffer and Ryder,2001)。第谷撞击坑的坑缘、坑壁和坑底均覆盖了大量新鲜的撞击熔融。坑底西侧存在大量的丘陵地貌,其中的块体可能来自于西侧坑壁的滑坡物质(Morris et al,2009)或撞击溅射回落的碎屑(Shoemaker,1969);坑底东侧相对平坦,熔融物含量更高(图4-9)。

第谷撞击坑的底部具有大量的冷凝裂隙(图4-9)。按照这些裂隙发育的位置(图4-9B),可将其划分为靠近撞击坑底部中央的内部裂隙(interior fractures;IFs)和靠近坑底外侧的边缘裂隙(marginal fractures,MFs)。IFs和MFs均出现在相对平坦的区域,但很少发育在崎岖的区域。

IFs在撞击坑底部的所有裂隙中相对较宽,因此更明显。单条裂隙的长度一般大于1 km,有些长达3 km。其宽度一般大于50 m,有些宽达150 m。IFs的长-宽比大约为11-35,其平均值为23。大多数IFs沿走向的宽度恒定,但是有些向两端宽度减小(图4-9C)。IFs常平行产出,相邻裂隙之间的距离往往大于50 m。不同组的裂隙之间的夹角一般等于或大于90°。两组相交的裂隙在交汇处加宽(如图4-9C中的箭头2所示),有时形成巧克力方阵(如图4-9C中箭头1所示)。该交切关系表明坑底撞击熔融和地球上的熔岩湖的冷凝过程一样,冷凝裂隙经历不同的发育期次。

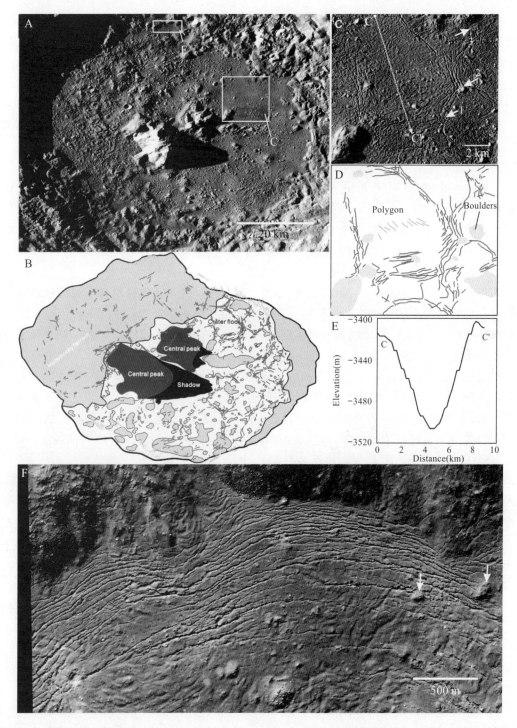

图 4-9 第谷撞击坑底部的冷凝裂隙(Xiao et al, 2013)。(A)Kaguya 数据中的坑底地貌。(B)坑底的裂隙具有两种组合特征,一组是围绕撞击坑坑底边缘发育的环状裂隙(Marginal fractures),另一组是靠近坑底中央分布的裂隙(Interior fractures)。不同的颜色代表了坑底不同的地貌。(C)坑内裂隙常具有不同的走向,一些坑内裂隙组合形成多边形形状,裂隙的分布图请见(D)。(E)该多边形的地形剖面表明熔融物在冷凝过程中可能发生了一定的沉降。(F)坑底北部的边缘裂隙的形貌

尽管大多数 IFs 以数条平行的组合样式出现在坑底,但是不同组之间的走向不同。因此,在坑底的平坦区域,几组 IFs 常形成多边形形状(图 4-9)。例如图 4-9C 为第谷撞击坑北东坑底平坦区域上由 IFs 环绕的一个多边形,长约 7.6 km,宽约 6.5 km。多边形的每条边由至少三条相互平行的 IFs 组成。在该多边形内部存在一套较浅的北西向近平行分布的裂隙。这些裂隙的尺度相对较小,长度小于 1 km,宽度小于 20 m,且在平面影像数据中观察比周围的 IFs 的深度小。图 4-9D 是该多边形内的裂隙分布图。利用 GLD-100 获取的地形剖面测量分析表明,该多边形内外的高程差约为 100 m,表明这个撞击熔融在冷凝的过程中形成了一定的沉降。

坑底边缘裂隙(MFs)是近平行的环绕坑底边缘发育的冷凝裂隙,其走向与坑底和坑壁的界线平行(图 4-9F)。在坑底边缘存在大量隆起的丘陵,可能是撞击熔融沉积时混入的坑壁垮塌物。MFs 一般不切割这些丘陵,而发育在相对平坦的区域。这些裂隙的长度一般小于 1.5 km,宽度小于 20 m,在走向上宽度近似不变。裂隙的长度-宽度比为~25—126,平均值约为 52。相邻的裂隙之间的间距一般小于~30 m。

阿里斯塔克撞击坑($D=40$ km;23.7°N;47°W) 位于月球正面风暴洋区域的阿里斯塔克高原。最近的撞击坑统计表明阿里斯塔克撞击坑形成于大约 150 Ma 前(Zanetti et al,2013)。在月球上,越大的撞击坑形成的坑底撞击熔融越多(Grieve and Cintala,1992)。阿里斯塔克的直径仅为第谷撞击坑的一半,因此其坑底的撞击熔融物相对较少(图 4-10)。阿里斯塔克撞击坑的北部和西部坑壁上曾发生过大型的滑塌事件,而滑塌产生的沉积物与撞击熔融混合沉积在坑底(Settle and Head,1977)。因而,北部和西部坑底的地势相对复杂。坑底东侧的地势相对平坦,在 NAC 图像中可看到其中发育大量的冷凝裂隙。而在地势复杂的区域内的裂隙数量相对较少。按照裂隙的位置,这些裂隙可分为靠近撞击坑底部中央的内部裂隙(interior fractures;IFs)和靠近坑底外侧的边缘裂隙(marginal fractures,MFs)。

坑内裂隙(IFs)位于相对平坦的坑底区域,很少出现在夹杂有隆起块体的丘陵地带(图 4-10)。这些裂隙的长度一般小于 1 km,宽度小于 20 m;长-宽比一般为~10—50,平均值为~22。尽管坑内裂隙具有不同的走向,但是由于 IFs 的数量较少,坑底的多边形地貌也不多见。图 4-10C 是坑底一处由 IFs 组成的近似多边形的地貌,其南东侧的边界不明显。每条多边形的边界由单条或者数条平行的裂隙组成,相邻裂隙的平行间距大约为 100 m。两组相交的裂隙的夹角一般为 90°或更大。

沿着阿里斯塔克撞击坑的坑底与坑壁发育一些平行的环状边缘裂隙。其走向平行于撞击坑底部与坑壁的交界线。边缘裂隙一般比坑内裂隙更短且更窄。大多数边缘裂隙的长度小于 200 m,宽度小于 15 m,边缘裂隙的长-宽比一般在~14—83,平均值为~38。相邻的边缘裂隙的间距一般小于 100 m。边缘裂隙与坑内裂隙一样,一般都位于相对平坦的坑底区域(图 4-10E)。

阿里斯塔克撞击坑比第谷撞击坑更老,且月球上直径越小的撞击坑遭受侵蚀的速率越大。因此,比起第谷撞击坑,阿里斯塔克的坑底撞击熔融内发育的冷凝裂隙的形态一般保存较差。

哥白尼撞击坑($D=96$ km;9.7°N;20°W) 坑底的北西侧相对平坦,其他区域丘陵密布(图 4-11)。冷凝裂隙在坑底广泛发育,且在坑底的北西侧平坦区域最集中。这些冷凝裂隙按照其在坑底的相对位置亦可分为坑内裂隙(IFs)和坑底边缘裂隙(MFs)。

哥白尼撞击坑内的坑内裂隙大多位于地势平坦的区域,很少发育在地势复杂的丘陵区域。

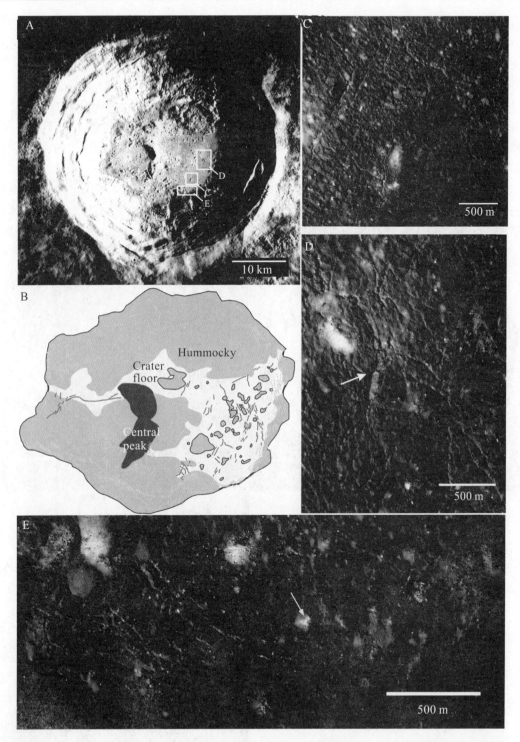

图4-10 阿里斯塔克撞击坑底部的冷凝裂隙(Xiao et al,2013)。(A)LO高分辨率影像数据中的阿里斯塔克撞击坑;(B)阿里斯塔克撞击坑底部的裂隙分布图,红线代表坑内裂隙,蓝线代表周缘裂隙;(C)由坑内裂隙形成的近似多边形的地貌;(D)内部裂隙呈直角或钝角相交;(E)阿里斯塔克坑底的周缘裂隙

坑内裂隙的长度在~0.5—3 km 之间，宽度一般大于 30 m。长-宽比在~5—32 之间，平均值为 19。部分坑内裂隙平行产出，相邻裂隙之间的距离约为 100—200 m。不同的坑内裂隙之间的夹角一般大于 90°。在局部区域，多组坑内裂隙构成近似多边形的地貌（图 4-11C）。

由于哥白尼撞击坑代表了哥白尼纪的开始，其年龄大于第谷和阿里斯塔克撞击坑，因而哥白尼撞击坑内的冷凝裂隙受到的后期改造作用更大，故哥白尼撞击坑内的边缘裂隙没有第谷或阿里斯塔克中的明显（图 4-11D）。边缘裂隙也位于相对平坦的区域，多条裂隙平行产出。其长度一般小于 500 m，宽度小于 30 m，长-宽比为~15—50，平均值为~29。相邻的边缘裂隙的间距小于 100 m。

月球表面的撞击熔融在冷凝过程中表面积恒定，冷凝收缩是形成图 4-9—图 4-11 中所示的坑底张裂隙的原因。这些裂隙与地球岩浆湖中形成的裂隙有极多相似之处。例如，其内

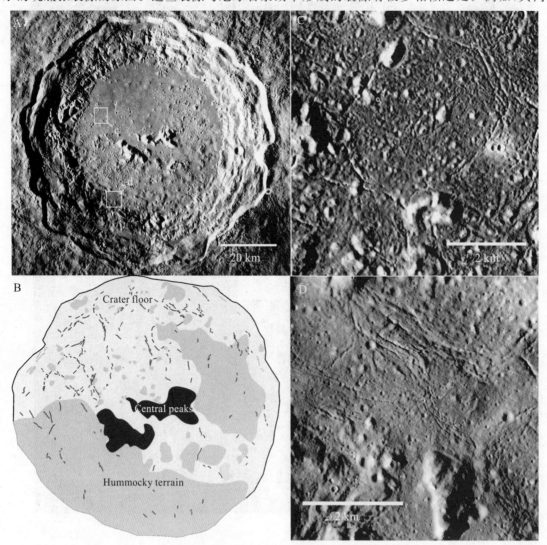

图 4-11 月球哥白尼撞击坑底部的撞击熔融内发育的冷凝裂隙（Xiao et al, 2013）。(A) Kaguya TC 数据中的哥白尼撞击坑，其北西侧坑底相对平坦。(B) 哥白尼撞击坑底部的坑内裂隙（红线）与坑底边缘裂隙（蓝线）的分布图。(C) 一些坑内裂隙形成了多边形地貌。(D) 哥白尼撞击坑的坑底边缘的裂隙

部均发育走向各异的较宽的坑内裂隙,其边缘均发育近平行的较细的环状裂隙(Peck and Minakami,1968);坑内裂隙的夹角一般为90°或钝角(Müller,1998;Bohn et al,2005),这些裂隙的交切关系表明撞击熔融内的裂隙也经历了逐渐生长的过程。因此,月球上的撞击熔融的冷凝过程在某种程度上能类比地球岩浆湖的冷凝过程。另外,月球撞击熔融主要通过热辐射作用冷凝,类比月球表面的撞击熔融和地球或火星上的熔岩冷凝过程中形成的裂隙,有助于了解热对流和热辐射在熔岩冷凝过程中的相对作用。具体的类比请见第6.3节。

§4.3 月表坡面块体运动

4.3.1 序言

坡面块体运动(mass wasting)是在重力驱动下的坡面物质的运移。在行星表面,当重力造成的剪压应力(shear stress)超过坡面物质的抗剪强度(shear strength)时,坡面物质发生块体迁移。除地球外,坡面块体运动已在水星(Xiao and Komatsu,2013),金星(Waltham et al,2008),火星(McEwen,1989)和一些外太阳系卫星上发现(Schenk and Bulmer,1998)。行星表面的地貌在块体运动的作用下不断的夷平,削高补低。

早在LO和阿波罗时期,学者们注意到坡面块体运动是月球表面广泛存在的地质过程,其中包括月壤蠕移(regolith creep)(Pike,1971)、坑壁垮塌(crater wall slumps)、碎石流(debris flows)、坠落(rock falls)等。但是,由于之前的影像资料的覆盖率有限,很少有研究专门对比月球与其他行星上的坡面块体运动的差异和相似性。且前人的研究主要从形态学上描述区域内的坡面块体运动,而对其运动学过程及其对月面改造的影响了解较少(Lindsay,1976;Bart,2007)。另一方面,月球表面的月壤和石块的分布是探月工程中需要首要解决的问题(Brady and Paschall,2010)。月壤和石块形成于连续的撞击事件中(见第2.2节),但其分布受后期的坡面块体运动的影响。

坡面块体运动是改造地球表面地形地貌的重要地质过程之一(Ritter et al,2006;Anderson and Anderson,2010)。在~3.8 Ga之前,撞击和火山活动是改变月表形态的主要地质作用(Jaumann et al,2012)。哥白尼纪的月球表面最主要的地质过程是小型的撞击事件(Stöffer and Ryder,2001)。前人认识到块体运动是改造月面局部地貌的重要地质过程(Lindsay,1976;Settle and Head,1977)。但与其他表面地质过程相比,块体运动在改造月面形态中的相对作用尚不可知。

LRO NAC发现月球表面广布着各式各样的坡面块体运动,且其形态与地球上的块体运动极其相似。利用LRO NAC获取的高分辨率影像数据(Robinson et al,2010)和LOLA获取的高精度地形数据(Smith et al,2010),本节系统地研究了月表坡面块体运动的形态和分布特征,以及月表块体运动发生的背景地质单元的地层年龄及其下伏地貌的坡度;分析了形成月表块体运动的可能触发机制;讨论了坡面块体运动对月球表面侵蚀速率的影响。

4.3.2 月球坡面块体运动的形貌与分类

月表坡面块体运动发生在任何具有坡度的地貌单元上,包括撞击坑、火山穹窿、构造地貌、月溪等。根据其形态、可能的运移方式以及物质颗粒的大小,使用与地球上的坡面块体运动的相同分类方法(Cruden and Varnes,1996;Highland and Bobrowsky,2008),月表的块体运动可分为坠落(falls)、滑动(slides)、垮塌(slumps)、碎石流(flows)和蠕移(creep)。

坠落 是指陡坡上的岩石或土壤物质以掉落的方式脱离原位(Highland and Bobrowsky,2008)。在坠落发生之前常伴随有轻微的物质滑动和倾斜(toppling),使坡面物质受扰动并与地面分离(Cruden and Varnes,1996)。分离常沿着不连续面发生,如断层、节理或者岩石层面。在物质分离之后,坠落发生的物质以自由落体的方式运移一段距离并与陡坡接触。当表面坡度小于等于~45°时,地球上的坠落物质一般在坡面上跳跃或滚动前进(Cruden and Varnes,1996)。月球哥白尼纪以来的坠落常伴有滚动的石块(rooling boulders)及运动形成的连续点状坑。

阿波罗15号宇航员在Hadley月溪两侧发现了散落的岩石(图4-12A),这些岩石来自月溪两壁上出露的厚达20 m的直立的玄武岩层(Lindsay,1976)。在LRO NAC图像中可见亮色的岩块和暗色的月壤覆盖在Hadley月溪两侧。这些散落的岩块大多形成于早先的坠落,由于月溪两壁上的月壤覆盖较厚,坠落发生后石块的运移距离较短(图4-12B、C)。在坠落发生时,一些相对较大的岩块(直径约10 m)有足够的动能运移至月溪底部,形成形态鲜明的点状坑,这表明坠落发生在月球地质历史的近期。

布鲁诺撞击坑(Giordano Bruno;$D=22$ km;$36°$N,$103°$E)可能是月球表面最年轻的复杂撞击坑。在其北部坑壁上可见大量的坠落形成的连续点状坑(图4-12D)。这些点状坑是岩块脱离近直立的隆起坑缘后,以较大的速度撞击坑壁,在跳跃前进的过程中形成的印迹。连续点状坑链的平均宽度为~10 m,长约3 km,相邻点状坑的间距在靠近坑缘的位置较大,接近100 m。在点状坑的最末端,由于坡度减缓、滚动的石块的动能减小,点状坑呈沟槽状。值得注意的是,在布鲁诺撞击坑的北部坑壁上的点状坑相互交错,且其形态保存完好,表明坠落发生在近期,且极有可能仍然在发生。

在其他地貌上,例如月海皱脊和月球火山锥上也发现了坠落。例如图4-12E是Alphonsus撞击坑东侧坑底的一个火山锥,形成于爆发型火山活动中(图1-5)。在靠近该火山锥边缘的壁上出露一个近水平的高反照率岩层。大量的亮色岩块从该层向火山锥底部运移,形成的点状坑的长度约为1 km,宽度约为10 m。由于火山锥内壁上的月壤阻碍,有些石块滚落时的动能太小,不足以运移至火山锥底部,因而暂时沉积在内壁上。而直径较大的岩块则可运移至火山锥的底部,例如图4-12F中的箭头是一个运移至火山锥底部的直径约为16 m的岩块。

岩块倾倒(toppling)是坠落的一种,其特殊之处是在岩块倾倒中,岩石在重力的作用下,围绕一个固定的边发生旋转(类似多米诺骨运动),继而落下(Highland and Bobrowsky,2008)。有些研究将岩块倾倒(toppling)作为一种不同于坠落(Cruden and Varnes,1996;Highland and Bobrowsky,2008;Li et al,2010)的坡面块体运动方式。而岩块倾倒之后的运动方式和坠落中的一样,都经历了短暂的自由落体运动过程。因此,这里视岩块倾倒和坠落为同一地质过程。在地球上,岩块倾倒作用是悬崖侵蚀倒退的主要机制。在月球上,陡坡一般形成于较年轻的地质单元上,在哥白尼纪的撞击坑的坑缘最为常见。因而,月球上的岩块倾斜常见于哥白尼纪的撞击坑内。图4-12F是形成在月球开普勒撞击坑北东侧坑缘的一处岩块倾倒,宽约20 m的条带状岩石沿着垂直破裂面向撞击坑内部倾斜。这些条带状的岩石可能是沿着坑缘的一个小撞击坑底部的碎裂带发育的。但是,目前该岩带的倾斜角尚不足以造成坠落。在坑缘以下大约100 m的坑壁上可见散落的岩石,这些石块可能形成于更早的岩石倾倒。由

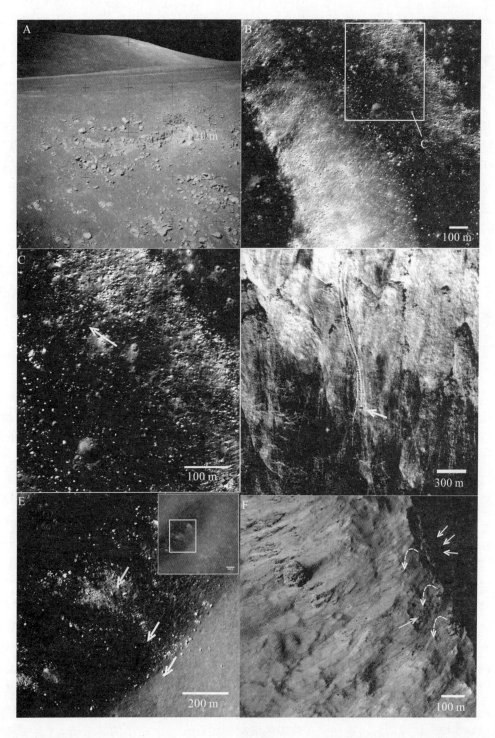

图 4-12 月球表面的坠落(Xiao et al,2013)。(A)阿波罗 15 号着陆点附近的 Hadley 月溪内的坠落;(B)LRO NAC 图像中沿 Hadley 月溪发生的坠落;(C)Hadley 月溪北东侧墙壁上的坠落形成的连续点状坑;(D)布鲁诺撞击坑北部坑壁上的坠落及滚落的岩石;(E)Alphonsus 撞击坑坑底的火山锥内形成的坠落;(F)开普勒撞击坑北东坑缘形成的坠落,伴随有石块倾倒作用(Toppling)

此可见,岩石的倾倒作用可能依然广泛地发育于月球哥白尼纪的撞击坑内,并不断改造撞击坑。

滑动 是指坡面物质沿着破裂面或者相对薄弱的强剪切面发生的滑动,滑动面隔开滑动的物质和下伏稳定的基岩。根据滑动的物质块体大小,滑动可分为岩块滑动(rock slides)和碎屑滑动(debris slides)(Varnes,1978)。在月球上,岩块滑动和碎屑滑动均广泛存在。

地球上典型的岩块滑动是大块的岩石沿着坡面下滑,一般岩块滑动伴随有较强的扰动(如地震)或降雨。岩块滑动一般是顺层形成的,也即滑动的岩石的走向和倾向一般与下伏基岩的相同(Ritter et al,2006)。月球上的岩块滑动一般发生在撞击熔融席中,原因有两点:①撞击熔融固结在下伏基岩上,其交界面一般不稳定;②未固结的撞击熔融一般不是由纯的熔融体组成的,其中夹杂有一定数量的固体碎屑(同见第6.3节)(Melosh,1989)。由于熔融物与固体碎屑的冷却速度不均一,冷凝裂隙在其中广泛发育。因而,冷凝的撞击熔融易受扰动而重力失稳。在大多情况下,月球上的岩石滑动不是整块撞击熔融席全部滑落,而是通过破裂面逐渐增大形成发育的(Cruden and Varnes,1996)。在月球上的撞击熔融席内,一些平行排列的裂隙为后期的岩石滑动提供了破裂面。这些裂隙的密度自岩石滑动的前端向后减小,可能是撞击熔融在冷凝过程中形成的张裂隙,也可能是撞击熔融在重力拖拽作用下形成的破裂带。滑动中的岩石沿坡面下滑并在坡脚沉积,形成碎石堆(图4-13A,B)。另外,根据滑动形成过程中的滑动面是否弯曲,地球上的滑动可分为平面滑动(translational slide)和旋转滑动(rotational slide)。月球上的岩石滑动没有刻入下伏基岩,而是沿基岩运动,因而属于平面滑动。

月球上越老的撞击坑内的岩石滑动的数量越少,对比哥白尼纪的不同复杂撞击坑可发现相似规律。例如第谷撞击坑($\sim$100 Ma)(Stöffer and Ryder,2001)内发育了大量的岩石滑动,阿里斯塔克撞击坑内相对少见($\sim$150 Ma)(Zanetti et al,2013),而哥白尼撞击坑内则非常稀少($\sim$800 Ma)(Stöer and Ryder,2001)。较老的撞击坑中也曾经广泛存在岩石滑动,但由于长时间的风化作用和撞击作用,较老的撞击坑内的熔融物的保存状态较差。因而,不足以形成岩石滑动,或早先的岩石滑动将大部分坡度足够大的地形上的撞击熔融都抹去了(如图4-13B)。

碎屑滑动中的物质颗粒大小一般小于岩石滑动。在月球上,碎屑滑动中的物质粒度小于NAC数据的分辨率(0.5米/像素)。图4-13C和D是月球上的两处碎屑滑动。对比石块滑动和碎屑滑动中的基岩和月壤的反照率,可发现月壤和破碎的基岩均可形成碎屑滑动。

垮塌(Slumps) 是指大量的岩石或碎屑崩塌并运移较短的距离(Ritter et al,2006)。垮塌一般沿着下切弯曲的或平板状的坡面发生。当垮塌的物质容量较小时,其形态与大型的碎屑滑动相似(Cruden and Varnes,1996)。在月球上,垮塌一般发生在撞击坑/撞击盆地形成后不久的坑壁上(Settle and Head,1977),因为当时的坑壁上覆盖的撞击熔融和碎屑物尚未完全固结,处于重力不稳定状态。例如,图4-14A中为布鲁诺撞击坑北部坑壁上发生的垮塌。对比坑底的垮塌沉积物和遗留在坑壁上的熔融物的反照率,可推断垮塌的物质可能大部分是覆盖在原始坑壁和坑缘的撞击熔融。在垮塌的沉积物中存在一个较小的碎石流,这表明垮塌沉积物的粒度较小(图4-14A)。在相对较老的撞击坑壁上也可能发生垮塌作用。例如图4-14B是月球背面的杰克森撞击坑(Jackson;$D=71$ km;197°E,22.4°N)东部坑壁上的一处垮塌。一个小撞击坑形成在杰克森的东部坑壁阶地上,并被后续垮塌的物质覆盖(白色箭头)。

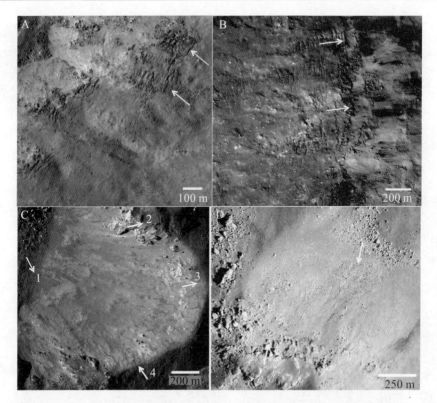

图4-13 月球上的滑动(Xiao et al,2013)。(A)第谷撞击坑南东侧坑壁上的撞击熔融内的岩块滑动；(B)位于阿里斯塔克撞击坑西侧坑壁上的岩块滑动；(C)第谷撞击坑中央峰上的碎屑滑动(箭头1与箭头2、3、4对比月壤和滑动沉积物的反照率)；(D)位于哥白尼撞击坑中央峰上的碎屑滑动(两箭头对比月壤和滑动沉积物的反照率)

另外，在月面其他地貌单元上也发育大量的重力垮塌。例如图4-14C为Schröter月溪上的一处垮塌，将其底部嵌套的一个较小的月溪掩埋；图4-14D为月球正面虹湾东部的拉普拉斯海角(Promontorium Laplace)上形成的垮塌，将其底部的一条地堑/月溪掩埋。

碎石流(debris flows) 是土壤或岩屑在重力作用下沿坡面发生的连续介质流(Highland and Bobrowsky,2008)。碎石流和碎屑滑动的区别是碎石流中的物质颗粒更小，运移距离更长。在地球上，碎石流一般具有低黏度的流动特征，其形成过程一般有液态水的参与。在干燥无大气的月球表面，一些碎石流的形态特征与地球上低黏度的碎石流极其相似。以碎石流的形成过程中是否形成刻蚀的凹槽为区分，月球上的碎石流可分为沟渠状碎石流(channeled flows)和片状碎石流(sweeping flow)。

沟渠状碎石流在火星和地球上常见，典型的碎石流一般都具有明显的三段结构(Malin and Edgett,2000)：沟头(alcove)、沟渠(channel)和沟尾扇(apron)。月球上的沟渠状碎石流与火星和地球上的形态相似，也具有相同的三段结构(图4-15A)。前人曾利用分辨率为～10米/像素的LO数据在月球上发现了三处沟渠状碎石流，并以此推断火星上的沟渠状碎石流的形成可能不需要水参与(Bart,2007)。

利用LRO NAC数据，本书重新研究了这三处沟渠状碎石流，结果发现除了Gambart C撞击坑的坑壁上发育的沟渠状碎石流属实外(图4-15A)，其他两处均不属于沟渠状碎石流。

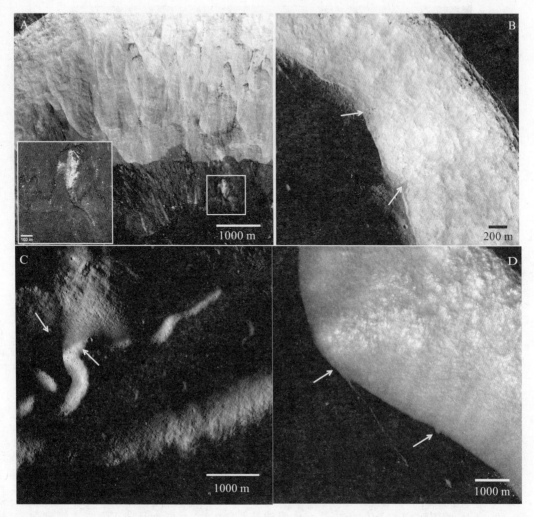

图4-14 月球上的重力垮塌。(A)布鲁诺撞击坑北部坑壁上的垮塌,垮塌沉积物内存在一个小型的碎石流;(B)杰克逊撞击坑东侧坑壁上的一处垮塌,将坑壁上的一个小型撞击坑掩埋;(C)Schröter月溪壁上发育的一处垮塌,将一段较小的月溪掩埋;(D)发育在拉普拉斯海角上的一处垮塌

Gambart C 坑壁上的暗色物质可能是月壤,坑缘以下存在一层近水平分布的高反照率基岩。对比形成碎石流的物质的反照率,可发现形成碎石流的物质既来自月壤,也来自破碎的基岩。碎石流在运动过程中在坡面沉积物中形成沟槽(图4-15A)。

片状碎石流是碎屑快速的下坡运动,在运移过程中不形成沟槽。其运动速度一般比沟渠状碎石流快,且所含的颗粒较小,因而侵蚀能力较弱。月球上的片状碎石流一般位于直径小于40 km的撞击坑坑壁上。有些片状碎石流的形态与地球上的水流极其相似。例如,图4-15B为月球开普勒撞击坑壁上的一处片状碎石流。该碎石流包含了灰色和黑色两种不同反照率的物质。每条碎石流的宽度很小,且相邻的碎石流在移动过程中互不干扰,直至最终在坑底沉积时汇合。这表明该碎石流在形成过程中的速度很大。根据出露在该区域的物质的反照率可判定:黑色的碎石流的物源来自开普勒撞击坑坑壁上的一层暗色物质(图4-15B),该物质可能是原始月海上的玄武岩流,也可能是撞击坑形成过程中高速侵入的撞击熔融;灰色碎石流的

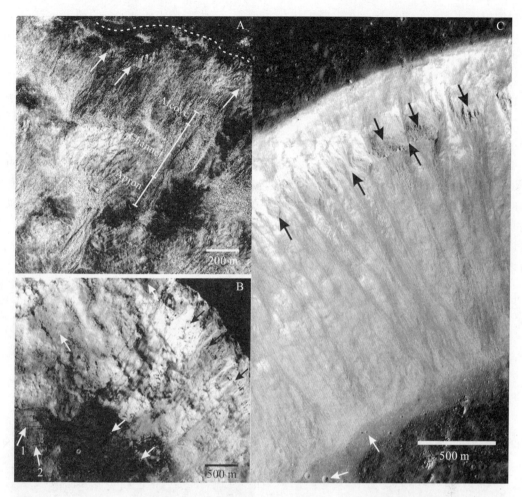

图 4-15　月球上的碎石流(Xiao et al, 2013)。(A)月球 Gambart C 撞击坑坑壁上的沟渠状碎石流;(B)月球开普勒撞击坑北东坑壁上的片状碎石流;(C)月球道斯撞击坑(Dawes)坑壁上的片状碎石流,以及受侵蚀的基岩

反照率与遗留在坑壁上的撞击熔融和月壤相当(图 4-15B),可见后者为其物源。这些碎石流的形态表明其运动过程可能如下:物源从原地脱落,进而与坑壁碰撞后破碎并向下坡方向运动,在运动过程中物质继续破碎形成更细小的颗粒,最终在底部沉积成岩屑堆。有趣的是,图 4-15B 中有些黑色的碎石流的运移距离很长,超过了坑壁底部的岩屑堆的沉积范围。例如箭头 1、2 所示的黑色碎石流的宽度小于 5 m,而在相对平坦的区域,其运移距离超过了 800 m。片状碎石流形态学和运动学特征表明,其形成过程中颗粒之间可能发生了较强的液化作用(fluidization),因而其黏度很小。

　　陡峭的坡度和充足的物源是形成片状碎石流的必要条件。因此,月球上的片状碎石流一般都形成在哥白尼纪的撞击坑内,形成在厄拉多塞纪或更老的撞击坑内的较少。图 4-15C 是道斯撞击坑坑壁上的一些片状碎石流。北部坑壁的坡度大约为 31°。这些碎石流的宽度大多小于 20 m,运移距离超过了 2 km。在道斯撞击坑坑缘之下存在一层厚约数百米的水平岩层,其反照率比碎石流的物质高。这些碎石流源自于坑缘的撞击熔融或月壤,在向下运动的过程中侵蚀坑壁出露的水平岩层。在道斯撞击坑坑壁上，一些直径小于 40 m 的撞击坑部分被碎石流掩盖。在月球上，形态可辨识的、直径小于 100 m 的撞击坑大多形成于哥白尼纪。因而，可推断图 4-15C 中的碎石流形成时间于哥白尼纪，且可能依然正在形成。

月壤蠕移 与地球上的土壤蠕移一样，是月壤沿坡面缓慢稳定的下坡运动，其运动速度一般是非肉眼可察觉的（Highland and Bobrowsky，2008）。月壤蠕移中的颗粒之间的剪应力足以产生永久变形，但是不足以形成剪切破裂。一些学者将月壤蠕移划分为流动地貌的一种（Melosh，2010）。与月球表面典型的碎石流相比，月壤蠕移的运动速度和形态差别很大，因而在本书中对其单独区分。地球上的土壤蠕移形成的典型地貌是土壤波纹（soil ripples）（Anderson and Anderson，2010；Melosh，2010），是由于上坡方向的土壤持续向下运动累积形成的地貌。同样的，月壤蠕移形成的典型地貌是月壤波纹（图 4-16）。月壤波纹早在阿波罗登月点的坡面上就被注意过，由于其独特的形貌特征而被称为"大象皮花纹（elephant hide）"。月壤波纹一般为围绕坡面等高线发育、呈近平行的线性分布，且凸向下坡方向。较老的月面上覆盖的月壤较厚，因而由于月壤蠕移形成的波纹更明显。

本书一共收集了 300 多个月表块体运动例子，图 4-17 为其分布位置。需要注意的是，与

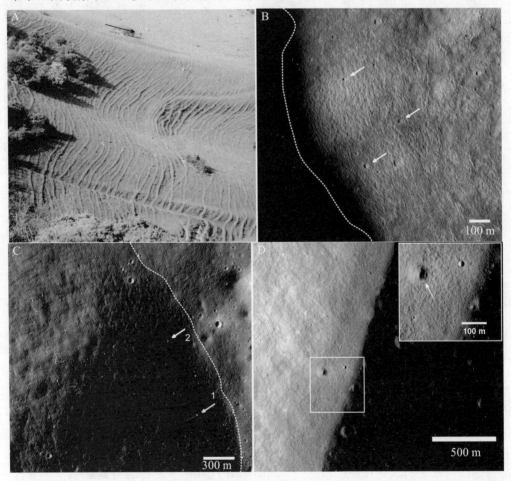

图 4-16 月球表面的月壤蠕移和地球上的土壤蠕移形成的波痕状地貌（Xiao et al，2013）。图中的白色箭头指示被月壤蠕移改造的地貌

地球上的坡面块体运动一样,有些月球坡面块体运动没有明确的分类。例如,当垮塌的物质的体积较小时,它们与较大的碎屑滑动的形态相似。另外,不同类型的坡面块体运动可在同一地点出现。例如,图4-16C中的月壤蠕移和坠落同时发生(箭头1)。因此,以上介绍的月球坡面块体运动的分类只能作为基本的参考。

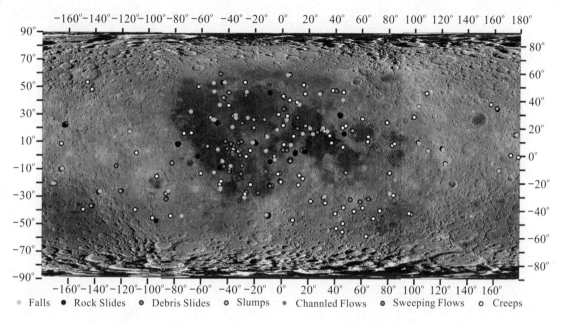

图 4-17　月球上的块体运动的种类和本书研究的例子的分布(Xiao et al,2013)

总体而言,月球上越老的月面单元上的块体运动的数量和种类越少,月球表面的地形在块体运动的影响下变得更加平缓。为全面了解坡面块体运动在改造月球表面地貌中的作用,下面的小节中将分别讨论月表块体运动发生的位置、背景地质单元的地貌的年龄以及坡度。

4.3.3　月表块体运动的年龄

月表块体运动的背景地质单元的年龄从哥白尼纪到前酒海纪不等。但是,这并不代表前酒海纪单元上的块体运动形成于前酒海纪。事实上,除了一些撞击坑坑壁上的垮塌可能与其所发生的撞击坑的年龄相当外,其他所有月表块体运动均非常年轻,形成于哥白尼纪。

每种类型的月表块体运动都在撞击坑内有发现。因而,借助撞击坑的地层年龄可限定其承载的块体运动的相对地层年龄,以及各类块体运动在月球表面可能的活动持续时间。而后者直接指示了月表块体运动的演化方式以及月表地貌的演化规律。撞击坑的地层年龄是根据前人建立的月球地层年代体系确定的(Wilhelms,1987;Losiak et al,2009)。表4-1总结了本书所研究的各类月面块体移动的背景地层的年龄,其特征包括如下几点:

(1)月壤蠕移在每个地层年龄的地质体上均存在,但是它们在更老的月面上更普遍。月壤波纹在哥白尼纪的地质单元上不常见,可能原因是哥白尼纪地质体上的月壤较薄。

(2)坠落、片状碎石流和沟渠状碎石流只在哥白尼纪和厄拉多塞纪的地质体上出现,且以哥白尼纪的居多。可能的原因是参与这些块体运动的物质大部分为撞击熔融,在较老的地质体,撞击熔融的保存状态较差;且较老的地质体的地势较平缓,不足以形成这些快速的块体运动。

(3) 坠落和碎石流在酒海纪以来的地质体上均有发现,且大部分位于哥白尼纪和厄拉多塞纪。较老的月面地质单元缺乏足够多的撞击熔融和/或足够大的坡度形成这些块体运动。

(4) 尽管垮塌能在比雨海纪更老的地质单元上出露,但是其发生的时间一般在撞击坑形成之后不久。

总而言之,速度较快的块体运动(也即坠落、滑动、垮塌和碎石流)一般不在比雨海纪更老的地质体中发育。由于持续的块体运动的削高补低作用,酒海纪和更老的月面可能代表了月球表面地质演化的最后阶段,月壤蠕移是其表面发生的唯一的块体运动种类(表4-1)。

表4-1 月球上的各类块体移动的背景地质体的地层年龄

地层年代	坠落	石块滑动	岩屑滑动	垮塌	片状碎石流	沟渠状碎石流	月壤蠕移
哥白尼纪	√	√	√	√	√	√	√
厄拉多塞纪	√	√	√	√	√	√	√
雨海纪	√	√	√	√	×	×	√
酒海纪	×	×	×	×	×	×	√
前酒海纪	×	×	×	×	×	×	√

注:√表示该类型的块体运动在相应的地层年代内存在,×表示未发现该类型的块体运动

4.3.4 坡度与块体运动

一些速度较大的块体运动出现在坡度较缓的月表单元上。例如,坠落和片状碎石流在坡度大约为10°的地质体上出露。例如,图4-12B、C中Hadley西侧月溪的坡度为~17°,而东侧月溪的坡度仅为10°,坠落及其形成的连续点状坑在这些缓坡上均可见。但是,这并不意味着这些速度较大的块体运动是在小坡度上形成的。这是因为块体运动的物源区域一般较小,例如在Hadley月溪的壁上,形成坠落的源区厚度仅为20 m(图4-12A),几乎垂直出露;而本书测量的地形坡度是利用插值之后的1024像素/度的LOLA全球数字高程模型测量的,其水平精度为~29米/像素。因此,有些月表块体运动源区的坡度不能通过LOLA数据准确的测量。另外,有些块体运动的物质在斜坡而非平坦地形上沉积。例如,布鲁诺撞击坑坑缘的坠落的石块有些最终停留在坑壁上,而不是一直滚落到坑底(图4-12D);道斯撞击坑的坑壁的碎石流沉积在坡面而非坑底(图4-15C)。这表明这些块体运动最初发生的区域的坡度更大,目前的坡度仅代表发生块体运动的物质的最小休止角。

本书测量的块体运动的坡度分布如图4-18所示。每种类型的月表块体运动均在~15°-35°的坡度上发生。但是,不同类型的块体运动优先发生的坡度范围不同。大多数坠落、碎屑滑动、沟渠状碎石流、垮塌和月壤蠕移都集中在~25°-30°的坡度范围内,而片状碎石流集中在~30°-35°的坡度内,岩石滑动集中在~20°-25°坡度内。角度在~25°-35°的坡面上的块体运动的数量最多,而在坡度较大和较小的坡面上相对较少。运动速度较大的块体运动在坡度较大的单元上更多。月壤蠕移形成的波纹在角度大于~35°的单元上少见。这些角度均小于相应的块体运动最初发生时的地形坡角。总体而言,月球表面的块体运动的强度(数量与种类)与坡度成正比,月表地貌演化的最终阶段是平坦地形,唯有月壤蠕移能在坡角小于~10°的单元上发育。

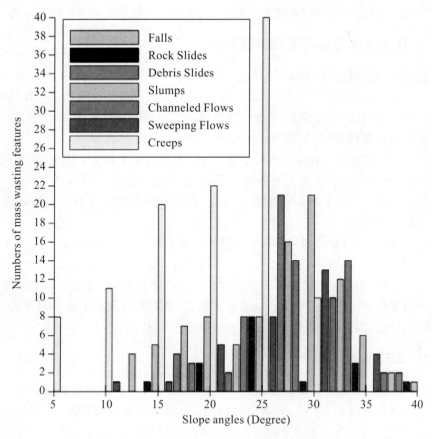

图 4-18　月球表面块体运动的坡度分布(Xiao et al,2013)

4.3.5　月表块体运动的触发机制

形成坡面块体运动的三个必要要素包括：重力、坡度和表面覆盖物。外界触发因素不是形成坡面块体运动的必要条件，但是块体运动在很大程度上受外界条件的触发。在地球上，地震、人为扰动、岩石的风化、降雨等都是块体运动的触发机制(Anderson and Anderson,2010)。在哥白尼纪的月球上，火山活动和构造活动极不活跃(Heiken et al,1991)，因而触发月表块体运动的外部条件与地球上不同。

陨石撞击和月震可能是形成月表块体运动的最重要的外驱动力。陨石撞击，尤其是大量小型陨石撞击，能直接或间接地导致月面块体运动。撞击作用形成的冲击波能在较大范围内扰动月面物质，形成块体运动(Lindsay,1976)。例如图 4-14B 中杰克森撞击坑坑缘的垮塌很可能是在被其埋没的撞击坑形成时触发的。另外，撞击作用形成了大量的底部碎裂，为后期的块体运动提供了先存破裂面。例如，图 4-12F 中的坠落可能沿着开普勒坑缘的一个小撞击坑形成的底部裂隙发育的。

月球上的深源月震和浅源月震的起因尚未完全解决(Wieczorek et al,2006；Jaumann et al,2012)。单次月震的能量可能不足以在月球表层的物质中形成快速的块体运动，但长时间的月震扰动能最终形成块体运动。同时，月球哥白尼纪的壳层构造形迹(例如小型叶片状悬崖;第4.1节)在形成过程中可能释放大量的能量,扰动表面物质形成坡面块体运动。

4.3.6 月表块体运动与表面侵蚀速率

快速的块体运动,如坠落、滑动、碎石流和垮塌,能在较短的时间内快速抹去表面的地形单元,例如小撞击坑。较慢的月壤蠕移在长时间内也能重塑月面地貌。虽然在全球尺度而言,年龄越老的月面单元的月壤厚度越大,例如月球高地的平均月壤厚度比月海大。但是,在区域尺度上,块体运动使地势相对较高的区域的月壤厚度相对较小。

由于块体运动,坡面上的侵蚀速率比周围相对平坦的区域上的大。因此,在年龄相同且背景地质过程相似的区域,坡度较大的区域上的撞击坑密度较小。例如图4-7B中所示的Alphonsus撞击坑坑壁与坑底的撞击坑密度对比,拉普拉斯海角的坡面比周围虹湾月海内的撞击坑密度高(图4-7C)。

块体运动与撞击作用是造成局部区域内月壤厚度差异的主要原因。月壤是由于持续的撞击翻转和碾磨作用形成的(Heiken et al,1991)。同时,月壤的形成过程也受自我的阻碍:月壤在形成增厚的同时也阻碍了后续撞击事件继续挖掘下伏新鲜基岩,接受后续的碾磨改造。因此,坡面上的月壤在重力作用下向下移动的速率较快,并不断将坡面上的基岩裸露出月表,接受后续撞击的破坏。因此,月壤的产生速率也和坡度成正比。

4.3.7 本节小结

以往对月表地质演化过程的研究认为哥白尼纪的月球表面除了有偶尔零星的撞击作用外,再无其他表面地质活动。在 LRO NAC 数据下,月球表面显得异常活跃。虽然没有大气或表面流水,月球表面的物质在重力作用下发生各式各样的块体运动,其形态与地球上的块体运动极其相似。

迄今为止,除了侧向扩张外(lateral spread;也即富含饱和水的物质在极缓的坡度上发生缓慢的分解扩张运动)(Ritter et al,2006),地球上存在的块体运动种类在月球上均有发现,包括坠落、滑动、碎石流、垮塌、碎石流和月壤蠕移。较年轻的、坡度较大的月面单元上发育的块体运动的种类和数量更多。月表块体运动的年龄和保存状态表明块体运动时刻在月球全球发生,且不断在塑造表面地貌。月球上酒海纪和前酒海纪的地貌单元代表了月面地貌演化的最终阶段。由于酒海纪和前酒海纪的月面单元的坡度较小,仅有月壤蠕移在其中发育。

第五章　水星柯伊伯纪的表面地质活动

§5.1　柯伊伯纪的表面岩浆活动

5.1.1　引言

水星表面的大范围岩浆活动形成了大部分的坑间平原和平坦平原,坑间平原和主要的平坦平原(如水星北部平原和卡路里内平原)形成在晚期大轰击事件结束前后,亦即~3.8 Ga前后(Denevi et al,2013)。在晚期大轰击之后,水星表面的大范围的岩浆事件急剧减少(Head et al,2007)。前人对水星的热演化史模拟以及表面地层单元的交切关系的研究表明:水星在晚期大轰击结束之后进入其地质历史的衰竭期,全球收缩主导表面地质过程,大范围的表面岩浆活动不易形成。近年来,利用信使号的水星飞掠计划获取的探测数据,发现在一些双环/多环撞击盆地形成之后,其内环被后期的岩浆物质填充。例如 Raditladi 和 Rachmaninoff 撞击盆地的中央峰环内的岩浆平原的年龄可能是 1 Ga 或者更晚(Prockter et al,2010;Marchi et al,2011)。但是,这些例子稀少,且最终形成的火山平原的物质范围较小。

除了形成平原物质的岩浆活动外,水星表面的岩浆活动还形成了大量的爆发型火山口和火成碎屑沉积物(Kerber et al,2009,2011;Blewett et al,2009;Prockter et al,2010)以及大面积的破火山口(Gills-Davis et al,2009)。这两种不同类型的火山口大部分位于曼苏尔纪或更老的撞击坑/盆地内(Kerber et al,2009,2011;Gills-Davis et al,2009;Blewett et al,2009;Prockter et al,2010)。但是,在信使号飞船入轨之前,尚未在水星表面发现形成于柯伊伯纪的火山口。

本节利用信使号 MDIS 在轨期间获取的较高分辨率的多波段影像数据,研究水星表面柯伊伯纪的岩浆活动。

5.1.2　柯伊伯纪的岩浆活动

根据地层交切关系,本书在水星表面其他区域发现了几处年轻的平原物质(如图 5-1)。这些物质覆盖了周围的形态学第一类撞击坑的溅射物,表明其形成于曼苏尔纪或更年轻。在这些附近未见与之相关的撞击坑或者撞击盆地,表明这些平原物质很可能是由于表面岩浆活动形成的。对比第 4.4 节介绍的水星形态学第一类撞击坑的绝对模式年龄,可推断这些年轻的平原物质形成于~1.26 Ga 之后,表明水星表面在曼苏尔纪依然发生了岩浆活动,验证了前人的发现(Prockter et al,2010;Marchi et al,2011)。但是,目前尚未发现覆盖在撞击坑溅射纹上的平原物质。因而,水星在柯伊伯纪是否发生表面岩浆事件尚不清楚。

水星表面爆发型火山活动形成的火成碎屑沉积物具有较高的反照率,在紫外-近红外波段的反照率曲线比水星表面的平均反照率曲线的斜率陡,因而在 1000-750-430 nm 的 R-G-

图 5-1 水星表面的一处平原物质覆盖了更早形成的一个形态学第一类撞击坑（未命名）的部分二次撞击坑，平原延伸的范围近似于图中虚线所示的区域。该撞击坑的中心在 43.6°S,159.7°W

B 镶嵌图中的颜色更"红"。根据地层交切关系，我们在水星上发现了一些比曼苏尔纪撞击坑更年轻的火成碎屑沉积物。例如，图 5-2 为一处发生在形态学第一类撞击坑的坑壁上的火山口及其火成碎屑沉积物，该火山口的直径大约为 4 km，红色的火成碎屑沉积物的覆盖范围达数百平方千米。在火山口周围未见明显的熔岩流或火山物质堆积，表明形成的火成碎屑沉积物较薄。该图中的火山口形成于曼苏尔纪或柯伊伯纪，年龄小于～1.26 Ga。

有些火成碎屑沉积物覆盖在周围的撞击溅射纹之上，表明这些爆发型火山活动形成于柯伊伯纪，年龄小于～159 Ma。一些柯伊伯纪的火成碎屑沉积物具有高反照率和红色的光谱特征。例如，图 5-3 是 Rachmaninoff 撞击盆地内部和外部的火成碎屑沉积物。几条北斋撞击盆地(Hokusai)的溅射纹切过这两处火成碎屑沉积物，如图 5-3A 中的白色虚线。但在 MDIS NAC 高分辨率影像数据中，图 5-3B、C 中的火山口内部未见与北斋撞击盆地的溅射纹有关的二次撞击坑。该地层交切关系表明图 5-3B、C 中的火山口的活动时间可能在北斋撞击盆地形成之后，亦即这两处火成碎屑沉积物形成于柯伊伯纪，年龄小于～159 Ma，可能小于 40-60 Ma(表 3-1)。

更有意思的是，水星表面大部分的火成碎屑沉积物及其内部的火山口均具有比全球平均值高的反照率和较红的反照率光谱曲线。但是，有些水星柯伊伯纪的火成碎屑沉积物及其火

图 5-2　水星表面一处形态学第一类撞击坑及其坑壁上发育的火山口和红色火成碎屑沉积物。该撞击坑未命名,其中心坐标为 57.6°S,37.3°W。底图为 MDIS NAC EN0238956676M

山口内部的反照率比全球的平均反照率低。例如,图 5-4 是水星南半球的一个小撞击坑及其坑壁上的火山口。这个火山口呈不规则的椭圆形,且未见明显的隆起边缘;其长轴长约 7 km,短轴长约 4 km。这个火山口的大小和形态与水星上的撞击坑(Xiao et al,2013)或白晕凹陷差别很大(Blewett et al,2011,2013)。在多波段影像数据中,该火山口内部及其火成碎屑沉积物的反照率比背景地质体的低。在该撞击坑北部有一个直径约为 4 km 的带有明亮溅射纹的撞击坑(图 5-4B),其溅射纹被该火山口和暗色物质覆盖。表明火山喷发的发生时间较晚,形成于柯伊伯纪。

图 5-5 是水星上的海明威撞击坑($D=132$ km;17.6°N,3°E)及其内部的一个巨型火山口(Kerber et al,2011)。该火山口的周围具有暗色晕状的物质。海明威撞击坑南南东侧有一个具有明亮溅射纹的撞击坑,其溅射纹被海明威坑底的暗色物质覆盖,表明这些暗色物质形成时间在柯伊伯纪。海明威撞击坑的内部未见明显的中央峰/中央峰环。一个大型凹陷坐落于撞击坑中央,其直径约为 20 km,大小与图 5-4 中的撞击坑相当。该凹陷具有隆起的边缘和类似中央峰的内部隆起(图 5-5)。图 5-5B 的分辨率比图 5-4A 的更高,但是,图 5-5B 显示海明威中央的凹陷周围未见明显的二次撞击坑,其保存状态完好,表明该凹陷不可能是撞击事

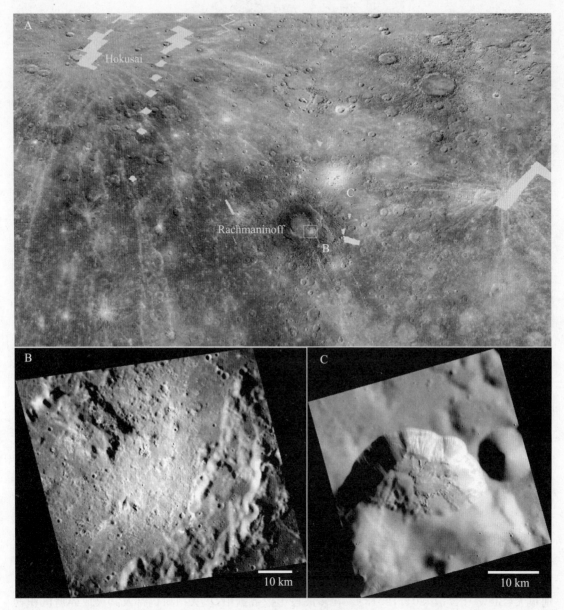

图 5-3 北斋撞击盆地的溅射纹与 Rachmaninoff 撞击盆地内部和外部的火成碎屑沉积物的交切关系。这两处火山口内部未见明显的二次撞击坑,且后期累积撞击坑较少。这表明其活动时间可能在北斋撞击盆地之后。(A)截取于水星 MDIS 全球多波段彩色影像图;(B) 为 MDIS NAC EN0224338598M;(C) 为 MDIS NAC EN0224508427M

件形成的。考虑其周围的晕状物质为火成碎屑沉积物,这个凹陷最可能是一个爆发型火山口(Kerber et al,2011)。在地球上的大型爆发型火山活动的晚期,去气之后的岩浆黏度较高而形成类似安山岩的物质,在上涌的过程中可形成陡峭的隆起地貌。例如,美国的 Mt. St. Helens火山喷发之后形成于火山口内部的中央隆起。另外,在图 5-5B 的火山口内部可见大量无隆起边缘的小型裂隙,其中大部分呈狭长型。这些凹陷可能是更小的火山口。该火山口内部的反照率较低,其火成碎屑沉积物与周围的背景地质单元的反照率类似。

第五章　水星柯伊伯纪的表面地质活动 · 101 ·

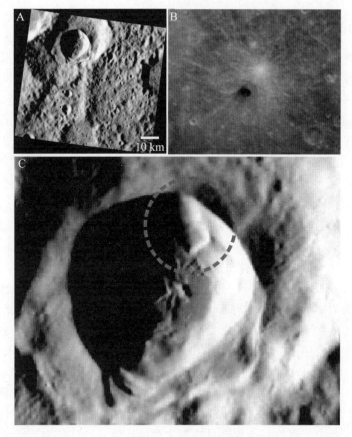

图 5-4　一个未命名的水星形态学第一类撞击坑（$D=24$ km；145°E，25°S）及其北侧坑壁发育一个火山口。火山口长约 7 km，宽约 4 km。火山口的内部及其火成碎屑沉积物的反照率较低。(A)和(C)的底图为 MDIS NAC EN0220635705M

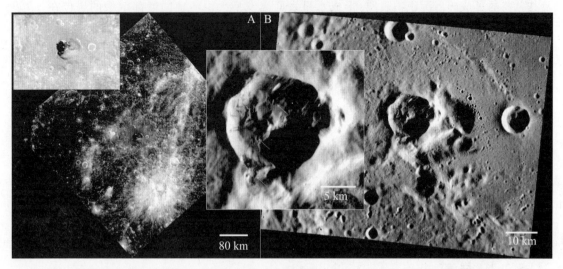

图 5-5　水星海明威撞击坑内的巨型火山口，其直径约为 20 km。火山口内部的反照率较低，而周围的火成碎屑沉积物反照率较高。(A)底图为 MDIS WAC EW0225312342G；(B)底图为 MDIS NAC EN0220847851M

5.1.3 讨论与结论

在水星上发现了几处形成于曼苏尔纪以来的岩浆平原。这些平原物质覆盖了附近的形态学第一类撞击坑或其溅射物。相比典型的水星平坦平原,例如北部平原和卡路里内、外平原,这些曼苏尔纪以来的平原物质的面积较小,但依然覆盖了数百平方千米的范围(图 5-1)。由于信使号上搭载的 XRS 的水平分辨率较低,因此这些小平原的火山物质的元素含量尚不可获取。在这些岩浆平原的表面未见与平原物质形成有关的物源结构,例如火山口或岩墙裂隙。因而,其岩浆侵位方式尚无确切的定论。对比其他的水星平坦平原和月海平原的形成机理,这些小平原可能是通过大量、快速的岩浆喷发事件侵位的,而原始物源构造可能被掩埋在平原物质以下(Head et al,2011)。曼苏尔纪的平坦平原表明在大约 1.26 Ga 之后,水星全球收缩尚未完全封闭内部岩浆上升运移到表面的通道,在水星上依然零星地发生表面溢流型火山活动。

柯伊伯纪的火成碎屑沉积物和爆发型火山口表明水星表面在~159 Ma 之后依然存在活跃的火山活动。这些火成碎屑沉积物的覆盖范围可达数百平方千米,表明形成时期的物源富含大量的挥发分(Kerber et al,2011)。更重要的是,与水星上更古老的爆发型火山活动不同,有些柯伊伯纪的火成碎屑沉积物具有不同的光谱特征,在紫外-近红外波段具有较低的反照率。这表明其物源的物质成分与其他爆发型火山活动的不同。月球上的火成碎屑沉积物的反照率比月球全球平均反照率低,因为其中的 FeO 和 TiO_2 含量较高。如果水星上的暗色火成碎屑沉积物的 FeO 或 TiO_2 的含量比水星壳层以及其他高反照率的火成碎屑沉积物的高,其物源可能来自于不同深部的水星幔中。但是,目前 MASCS 尚未在水星上探测到 1 μm 波段的 FeO 的吸收峰,表明水星壳层内的平均 FeO 含量可能小于~2 wt%。另外,信使号的光谱探测表明硫元素含量的差异可能是造成水星表面主要地质单元的反照率差异的原因。水星内部的硫元素含量可能较壳层的高(Smith et al,2012)。因此,可能形成这些柯伊伯纪的火成碎屑沉积物的物源区的硫元素含量较高,故其反照率较低。不管如何,柯伊伯纪的爆发型火山活动及其独特的火成碎屑沉积物表明:形成水星表面爆发型火山活动的幔部熔融的层位在~159 Ma 之后可能发生了变化。

另外,有些柯伊伯纪的火山口内部的反照率比全球平均反照率低,而其周围的火成碎屑沉积物的反照率较高,与典型的水星火成碎屑沉积物相当。相比之下,大部水星爆发型火山口内部的反照率较高。爆发型火山口内部的物质可能是喷发晚期形成的物质,也可能是围岩坍塌在火山口的物质。目前,对水星表面物质的成分解译工作进度缓慢。信使号上搭载的 MASCS 光谱仪的探测波段为~400-1100 nm。在该波段内,水星表面的火成碎屑沉积物缺乏典型的矿物吸收峰。因而难以使用 MDIS 和 MASCS 获取的数据研究水星的表面物质成分。对水星柯伊伯纪的火成碎屑沉积物及可能的岩浆物质的成分分析有待于进一步工作。

§5.2 柯伊伯纪的表面构造活动

5.2.1 引言

水星表面广布着与挤压作用有关的构造形迹以及少量的伸展构造。其中,叶片状悬崖是由于水星内部的冷凝造成表面收缩而形成的挤压构造。叶片状悬崖记录了水星壳层的形变历史。利用水手 10 号和信使号的水星飞掠计划获取的影像数据,前人在水星表面发现了比坑间平原年轻,且与平坦平原同时形成的叶片状悬崖。这些叶片状悬崖形成于卡路里纪(见第 2.4 节)或晚期大轰击事件结束左右。但是,水星表面叶片状悬崖形成的持续时间,以及其与年轻的平坦平原的空间关系依旧不详。该问题对了解水星表面的构造演化史,内部热状态及演化具有重要的指示意义(见第 2.5 节)。

本书使用信使号 MDIS 在轨期间获取的较高分辨率的影像数据研究水星表面柯伊伯纪的伸展与挤压构造。

5.2.2 柯伊伯纪的挤压构造

水星表面的形态学第一类撞击坑形成于曼苏尔纪或柯伊伯纪,最年轻的形态学第一类撞击坑是具有明亮溅射纹的撞击坑(见第 2.4 节)。在信使号 MDIS 获取的在轨数据中,有些不带溅射纹的形态学第一类撞击坑被叶片状悬崖切割,例如,图 5-6 中长达数百千米的叶片状

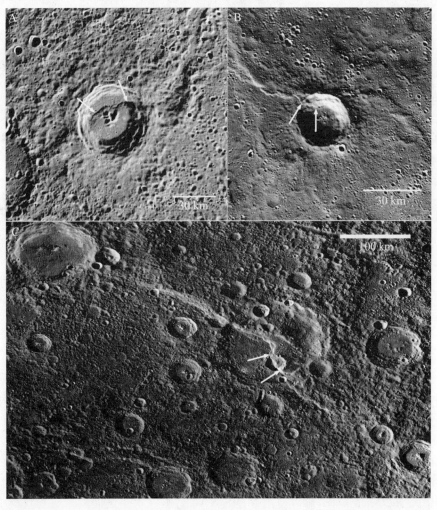

图 5-6 水星表面曼苏尔纪的叶片状悬崖。(A)叶片状悬崖切割中心坐标为 68.44°N,179.4°E 的形态学第一类撞击坑;(B)叶片状悬崖切割中心坐标为 77.51°N,93°W 的形态学第一类撞击坑;(C)一条长近 1 000 km 的叶片状悬崖切割数个形态学第一类简单撞击坑

切割了形态学第一类撞击坑。这表明在曼苏尔纪,水星全球收缩形成的挤压应力依然足以形成壳层内的大型叶片状悬崖。该发现将水星全球收缩的历史从卡路里纪推迟到曼苏尔纪,与水星内部存在熔融层的事实吻合(见第2.3节),且与水星在曼苏尔纪发生过表面岩浆活动吻合。

水星表面可能存在一些柯伊伯纪的火山活动,例如图5-3中所示的爆发型火山活动。这表明水星在柯伊伯纪的表面地质活动比同期的月球的更活跃。由于水星的持续冷凝收缩,柯伊伯纪可能也形成了类似图5-6中所示的大型壳层挤压构造。但是,目前在水星上尚未明确发现具有溅射纹的撞击坑被大型叶片状悬崖切割。有些可能的例子仍需要进一步通过更高分辨率的MDIS NAC数据确认。例如,图5-7中显示了两条大型叶片状悬崖可能切割了具有溅射纹的撞击坑。

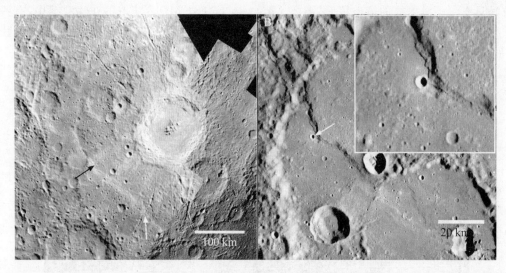

图5-7 有些水星表面的大型叶片状悬崖可能切割柯伊伯纪的撞击坑。(A)Sur Das撞击坑(49.82°S,264.29°E)具有溅射纹,其南西侧的二次撞击坑可能被一条叶片状悬崖切割。Sur Das的南侧的二次撞击坑覆盖在该叶片状悬崖(白色箭头)上,而黑色箭头所示的叶片状悬崖可能切割了Sur Das的二次撞击坑。这表明该叶片状悬崖的某一段在柯伊伯纪发生过运动。(B)位于44.7°N,116.4°E的一个具有明亮溅射纹的撞击坑可能被附近的叶片状悬崖切割

在月球上,直径小于3 km的年轻撞击坑大部分形成于哥白尼纪(Trask,1971;Stöffler and Ryder,2001)。按照月面侵蚀速率估算,直径小于50 m的月球撞击坑的年龄小于800 Ma (Trask,1971)。水星表面的撞击频率、重力加速度和平均撞击速度均比月球上的大,因而水星表面的侵蚀速率更大。虽然水星表面的绝对侵蚀速率尚不可知,可以确定的是直径小于3 km的水星撞击坑若形态完整,很有可能形成于1 Ga以来。LRO NAC数据在月球上发现了大量的哥白尼纪的小型叶片状悬崖。如果水星上可能存在柯伊伯纪的挤压构造,那么是否也存在相似的叶片状悬崖?信使号NAC相机的最佳分辨率可达12米/像素,但大部分NAC数据的分辨率大于25 m。因而,难以使用MDIS NAC数据在水星表面发现切割直径小于50 m的撞击坑的叶片状悬崖。图5-8A为一处小型叶片状悬崖可能切割了直径约为80 m的小撞击坑;其形态与阿波罗17号着陆点附近的月球叶片状悬崖极其相似(图5-8B)(Watters et al,2012)。该交切关系尚需更高精度的影像数据进一步证实。图5-8C为另一处小型叶片状

悬崖切割以直径约为 650 m 的撞击坑。该叶片状悬崖与所切割的撞击坑的保存状态均较差。因而,该叶片状悬崖是否形成于柯伊伯纪尚不可知。

参照第 3.4 节讨论的水星形态学第一类撞击坑坑群和具有溅射纹的撞击坑坑群的绝对模式年龄,本书的结果表明水星全球收缩在 1.26 Ga 之后的曼苏尔纪依然足以形成大尺度的叶片状悬崖,有些叶片状悬崖的活动可能持续到~159 Ma 之后的晚柯伊伯纪。

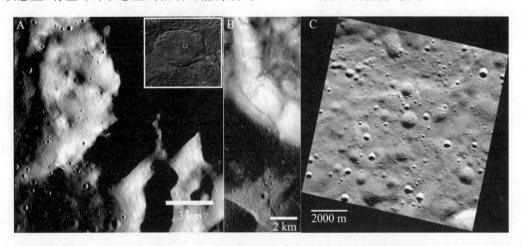

图 5-8　水星表面的小型叶片状悬崖与小撞击坑的切割关系

5.2.3　柯伊伯纪的伸展构造

水星上的伸展构造的种类、数量和分布有限(第 2.1 节)。一些伸展构造形成于撞击盆地内的平坦岩浆平原上,例如卡路里内平原(图 3-11)和伦布兰特盆地(Rembrandt basin)内平原上的地堑(Watters et al ,2009)。这些地堑可能与撞击盆地的演化和形成平坦平原的岩浆事件有关。这些地堑形成于卡路里纪之后,比平坦平原年轻。但是其具体形成时间与持续时间不详。尚未发现形态学第一类撞击坑或具有溅射纹的撞击坑被这些地堑切割。另一类水星上的伸展构造和岩浆冷凝收缩以及熔岩平原的重力沉降有关(Blair et al ,2012)。此类裂隙属于伸展构造,一般在表面岩浆事件发生后不久形成,其年龄可视为与其所在的表面岩浆单元的年龄相同。迄今为止,水星上最年轻的表面岩浆单元是位于 Rachmaninoff 和 Raditladi 撞击盆地内的晚曼苏尔纪岩浆物质,形成时间在大约 1 Ga 左右。因此,水星上迄今尚未发现明确的证据表明柯伊伯纪的伸展构造在壳层内发育。

月球哥白尼纪的地堑(Watters et al ,2012)大多是在其附近的小型挤压构造运动时造成的局部拉张应力作用下形成的(第 4.1 节)。因而,大多数月球上的哥白尼纪地堑可用月球的晚期月球收缩解释(第 4.1 节)。虽然尚未发现明确的证据,水星在柯伊伯纪很可能正在发生了全球收缩。因此,水星晚期的全球收缩也可能形成了表面的伸展构造。但是,目前尚未发现可靠证据表明此类伸展构造在水星上形成过。

5.2.4　讨论与结论

水星表面大约 27% 的区域被平坦平原物质覆盖。大部分平坦平原是由于岩浆活动形成的。由于岩浆从源区上涌至表面的过程受全球挤压应力的限制,因此,在全球收缩的背景下,水星表面的大范围的岩浆事件随时间变化越来越难。水星上有些叶片状悬崖被形态学第一类撞击坑和更老的撞击坑叠加，表明这些叶片状悬崖在曼苏尔纪内没有活动。而本书发现有些叶片状悬崖则切割非常年轻的、甚至有可能是带溅射纹的撞击坑，表明这些逆冲断层的活动持续至曼苏尔纪，甚至到达柯伊伯纪。水星表面大部分的岩浆成因的平坦平原形成于晚期大轰击之后（～3.8 Ga），于卡路里纪的晚期和曼苏尔纪的早期（Denevi et al，2013）。因此，对比水星表面的岩浆平原的形成时间与水星表面大型叶片状悬崖的形成年龄，表明水星在～1.26－3.8 Ga之间，由于全球收缩，表面不再发生大范围的岩浆事件。

§5.3　水星壳层的挥发分活动1：白晕凹陷

5.3.1　前言

前人在分析水手10号获取的多波段（355－755 nm波段）影像数据时，发现水星表面的一些撞击坑底部具有反照率较高的物质，其紫外到可见光波段的反照率曲线的斜率比水星的平均反照率曲线的小，也即光谱更"蓝"（Dzurisin，1977；Schultz，1977；Rava and Hapke，1987）。30多年后，信使号上搭载的MDIS WAC镜头在三次水星飞掠计划中获取了大量的多光谱影像数据。MDIS多光谱数据的光度校正和波长范围比水手10号的好很多。信使号的水星飞掠计划中也观测到了水手10号发现的与撞击坑有关的蓝色高反照率物质（Robinson et al，2008；Blewett et al，2009，2010），例如Sander撞击坑底部和Raditladi中央峰环（图5－9和图5－10）。但是，由于水手10号和信使号飞掠计划获取的数据分辨率很低，因而这些高反照率的"蓝色"物质的特性一直无定论。

图5－9　信使号的首次水星飞掠计划发现Sander撞击坑底部存在高反照率蓝色物质（Blewett et al，2013）

自信使号入轨后，MDIS一直在采集水星表面的多波段影像图，有些NAC数据的分辨率高达12米/像素。目前，MDIS已经数次覆盖了水星的整个表面，获取了不同波段、太阳入射角和分辨率的全球影像数据（超过99.9%的区域）。在MDIS在轨期间获取的数据中，这些高

第五章 水星柯伊伯纪的表面地质活动 · 107 ·

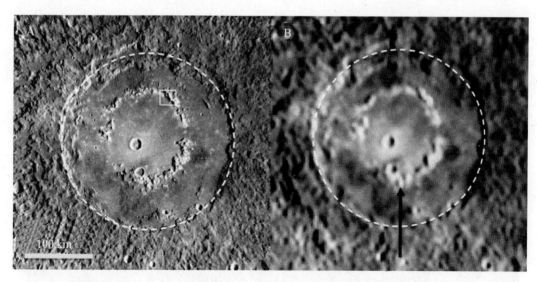

图 5-10 信使号的首次水星飞掠计划发现 Raditladi 撞击盆地的中央峰环上存在该反照率的蓝色物质(Blewett et al,2013)

反照率的蓝色物质的形态被首次完整地揭露出来：由环绕较浅的无隆起边缘的平底凹陷的高反照率物质大片连接组成的(Blewett et al,2011)。这些凹陷被称为"白晕凹陷(hollows; bright-haloed hollows)"，用以区别水星上的其他类似形态的负地势地貌。例如第4.2节中的爆发型火山口(Head et al,2008；Murchie et al,2008；Kerber et al,2009,2011)和熔岩回退时的火山口(Gillis-Davis et al,2009)。有些凹陷缺乏周围环绕的白色物质，但其附近一般都有典型的白晕凹陷。白晕凹陷的形态保存完好，未受风化，表明其非常年轻，有些可能依然在活动(Blewett et al,2011；Xiao et al,2012)。白晕凹陷可能是由于壳层的挥发分损失形成的(Blewett et al,2011；Vaughan et al,2012)。该解释与前人对水星早期历史的认识相悖：水星的早期演化模型表明该星球应该极度缺乏挥发分(Boynton et al,2007)。

在2012年3月18日，水星信使号完成了一年的指定任务阶段，进入两个为期分别为一年拓展任务阶段。至此，MDIS正常开机近一年，获取的全球数据足以更深入地研究水星白晕凹陷的形态及其可能成因。信使号在轨期间获取的影像数据表明所有原先在水手10号中发现的高反照率蓝色物质均为白晕凹陷。本节介绍水星白晕凹陷的背景地质单元，建立全球的白晕凹陷数据库，分析其光谱特征及其可能的成分，最后讨论其成因机制。本书认为形成白晕凹陷的物质富含挥发分，在水星表面的高温、低压、强风化的环境中不稳定，极易失稳、分解，并最终散失而形成白晕凹陷。

5.3.2 白晕凹陷的地质背景

信使号的飞掠计划发现水星上的蓝色高反照率物质(现确认为白晕凹陷)都形成于撞击坑底部(Robinson et al,2008；Blewett et al,2009,2010)。但是MDIS在轨运行期间获取的数据发现，白晕凹陷几乎形成在所有水星表面的地质单元中(包括严重撞击区、坑间平原、撞击坑、构造形迹、火山口等)，除了高反照率的平坦平原物质。

很多撞击坑底部分布有大面积的白晕凹陷(图5-11)，例如 Sander($D=47$ km)、Kertész

($D=32$ km),de Graft($D=68$ km;图 5 - 12),Tyagaraja($D=98$ km) 和 Eminescu($D=130$ km)撞击坑/盆地。大量的白晕凹陷相互连接形成了凹凸相间的撞击坑底部(Blewett *et al*,2011)。在有些例子中,白晕凹陷似乎最初从地势较高的区域(例如中央峰、撞击坑边缘或坑壁)开始形成,后慢慢地在坑底扩张(Vaughan *et al*,2012)。这些撞击坑大部分形成于曼苏尔纪或柯伊伯纪。

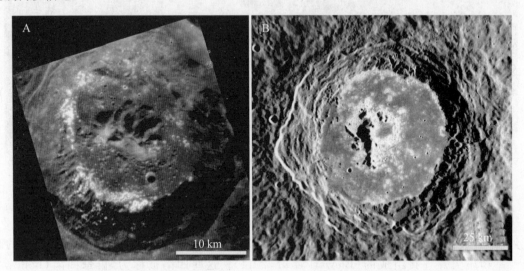

图 5-11 水星上一个未命名的撞击坑($D=98$ km;37.8°N,321.2°E)(A)和 Warhol 撞击坑内的大面积坑底白晕凹陷(B)(Blewett *et al*,2013)

有些撞击坑底部的白晕凹陷则分布相对离散,尤其是在较老的撞击坑(如图 5 - 13)。大部分这些撞击坑形成于早曼苏尔纪或者更老。这些撞击坑底部被较厚的水星土壤、撞击溅射物或火山物质覆盖。

在撞击坑/撞击盆地的坑壁或者坑壁的垮塌沉积物上也发育有白晕凹陷(图 5 - 14)。有些凹陷似乎沿着陡峭的撞击坑坑缘阶地发育,有些则在较缓的坑壁上。图 5 - 15 中的撞击坑面向太阳的坑壁上的白晕凹陷密度较高,表明这些凹陷的形成可能受太阳照射加热的影响。撞击坑/盆地的中央峰和中央峰环也是水星白晕凹陷常发育的区域。例如图 5 - 16 中的白晕凹陷位于 Raditladi 盆地的中央峰环上。其底部的物质平滑,可能是白晕凹陷形成过程中的沉积物或背景地质单元上的块体运动的沉积物。这些物质埋没了中央峰环底部直径~100-200 m 的小撞击坑。Raditladi 盆地可能形成于~1 Ga,而水星上的小撞击坑的保存年龄(第 6.2 节)表明这些白晕凹陷可能形成于柯伊伯纪。图 5 - 17 是另外两个中央峰上发育白晕凹陷的水星撞击坑。

在水星上的一些碗形简单撞击坑内、外也发育白晕凹陷(如图 5 - 18 和图 5 - 19)。这些白晕凹陷发育在小型撞击坑的溅射物内,也可能形成于撞击坑的坑壁上。有意思的是,有些白晕凹陷所在层位的高程相当,表明形成白晕凹陷的物质可能是原始地层的一部分。

白晕凹陷发育的背景地质单元的反照率比水星的全球平均反照率低(Blewett *et al*,2011;Vaughan *et al*,2012)。低反照率物质(Low-reflectance material,LRM)是水星壳层内广泛分布的物质单元,在紫外到近红外波长的反照率曲线的斜率较水星的全球平均值小(Robinson

第五章 水星柯伊伯纪的表面地质活动

图 5-12 de Graft 撞击坑底部大面积的白晕凹陷(Blewett *et al*,2013)

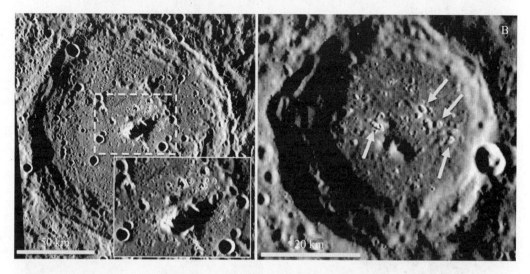

图 5-13 水星 Abu Nuwas 撞击坑($D=117$ km;17.6°N,338.8°E)(A)和一个未命名撞击坑($D=98$ km;14.4N,333.2°E)底部离散分布的白晕凹陷(B)(Blewett *et al*,2013)

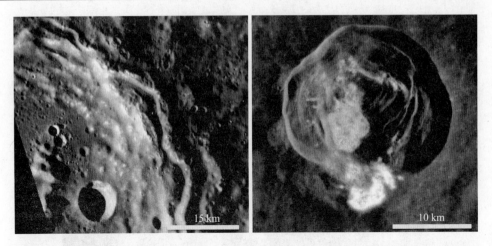

图 5-14 一些白晕凹陷出现在撞击坑的坑壁上,且大部分白晕凹陷发育在面向太阳入射的坡面上(Blewett et al,2013)

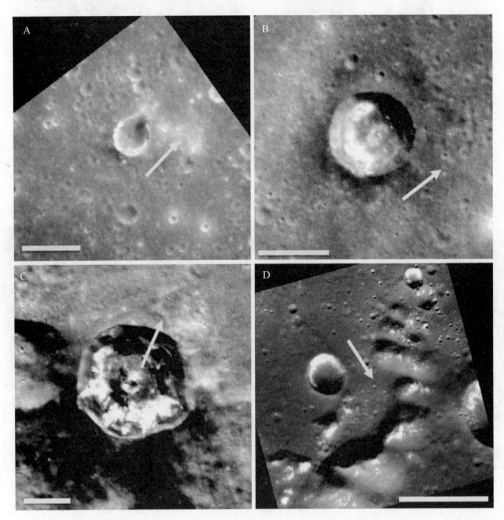

图 5-15 在一些撞击坑中,白晕凹陷更多地发育在正对太阳入射的坡面上(Blewett et al,2013)

第五章 水星柯伊伯纪的表面地质活动 · 111 ·

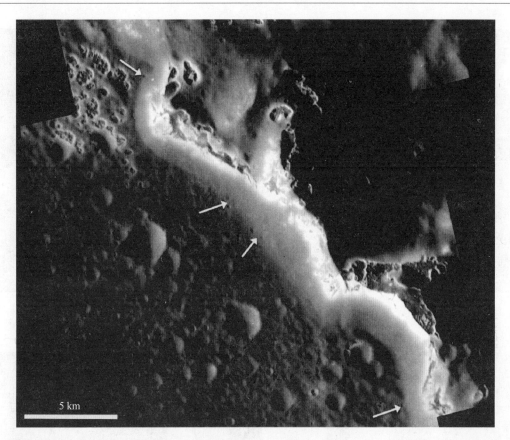

图 5-16 水星 Raditladi 撞击盆地中央峰环上的白晕凹陷。白色箭头指示白晕凹陷形成过程中的物质埋没了部分坡脚的小撞击坑(Blewett et al,2013)

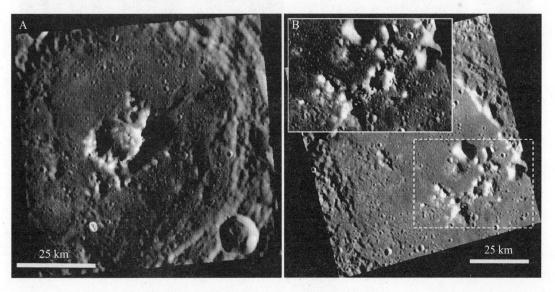

图 5-17 水星撞击坑的中央峰上发育的白晕凹陷(Blewett et al,2013)。(A)Mickiewicz 撞击坑($D=$ 102 km;23.1°N,257°E)中央峰顶端上的白晕凹陷。(B)Velázquez 撞击坑($D=$128 km;37.8°N,304.2° E)中央峰上的白晕凹陷

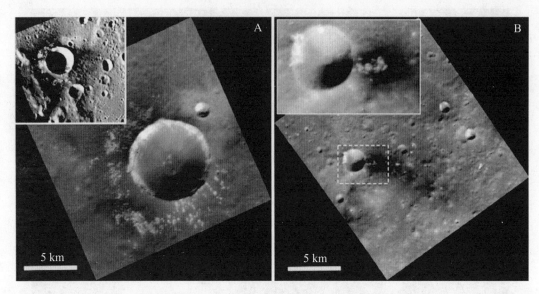

图 5-18 水星上的一些小型简单撞击坑坑内和坑外溅射物中发育的白晕凹陷(Blewett et al,2013)

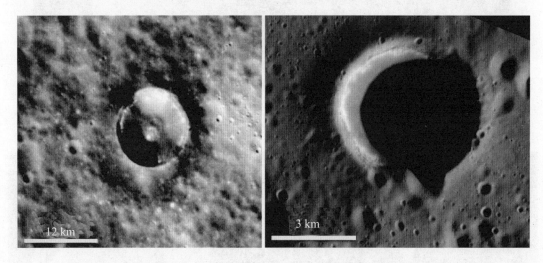

图 5-19 水星上的一些小型简单撞击坑壁上发育的白晕凹陷(Blewett et al,2013)

et al,2008;Blewett et al,2009;Denevi et al,2009)。例如,图 5-18 中的两个小撞击坑边缘具有低反照率物质,这些物质可能是撞击挖掘的下伏暗色物质,也可能是与白晕凹陷同时形成的暗斑(第 5.4 节)。因此,LRM 内的某种矿物可能形成了水星上的白晕凹陷。

有些白晕凹陷与水星表面的高反照率的火成碎屑沉积物同时出现。但是,仔细观察发现白晕凹陷并不形成在这些火成碎屑沉积物内,而是位于其下伏的火山口基岩上。因此,火成碎屑沉积物不是形成白晕凹陷的物质。另外,这些火山口的基岩的反照率一般比全球的平均反照率低,故水星上的 LRM 与白晕凹陷的物源具有普遍的联系。

除此之外,少部分白晕凹陷单个产出,例如图 5-20 中白晕凹陷并非成片出现,且与周围的撞击构造无明显的空间关系。

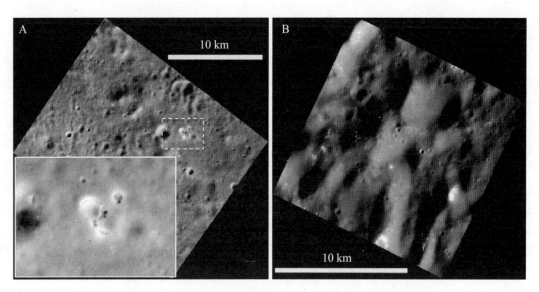

图 5-20　水星表面单独存在的白晕凹陷(Blewett et al，2013)

5.3.3　白晕凹陷的分布特征

目前已发现的(截至 2012 年 5 月)水星白晕凹陷的全球分布见图 5-21(Blewett et al，2013)。由于信使号的大椭圆轨道使飞船在靠近水星北半球时的轨道高度较低，故信使号在北半球获取的影像数据的分辨率较高。因而，目前发现的水星白晕凹陷更多地分布在北半球。白晕凹陷在水星表面各个经度上均存在。不过，白晕凹陷很少出现在平坦平原上(图 5-21)。那些标记在图 5-21 的平坦平原上的白晕凹陷均与挖掘了下伏 LRM 的撞击坑有关。

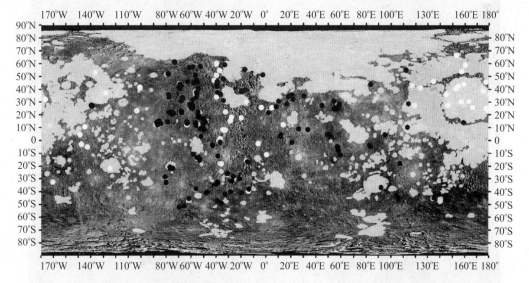

图 5-21　水星表面的白晕凹陷分布图(Blewett et al，2013)。白点为 2011 年 11 月之前发现的白晕凹陷(Blewett et al，2011)；黑点为之后发现的白晕凹陷(Blewett et al，2013)。灰色的覆盖区代表了水星表面的平坦平原(Denevi et al，2013)

5.3.4 成因机制

水星上的白晕凹陷具有平坦的底部和无隆起的不规则边缘,与一般撞击坑的形态不同。白晕凹陷也不同于水星上的火山口(见第 3.2 节)。相反,月球上的 Ina 构造和水星白晕凹陷的形貌特征比较相似(图 5-22)。Ina 构造为月球 Lacus Felicitatis 上一个较浅的凹陷,其宽度约为 2 km,常被称为"D-型火山口"(D caldera)。但目前其成因机制尚无定论(Schultz,2006)。Ina 的底部平坦,反照率比周围的月海玄武岩高;其内部出露平顶且边缘呈球形的高地势。月球上还存在许多与 Ina 类似的构造。根据 Ina 的光谱特征和其内外的撞击坑密度统计,Schultz et al(2006)认为 Ina 非常年轻,可能是由于爆发型的脱气作用(outgassing)造成的。Robinson et al(2010)利用 LRO NAC 数据研究了 Ina 构造,通过统计 Ina 底部的撞击坑数量,认为 Ina 不像前人认为的那么年轻。LRO NAC 数据发现与 Ina 有关的高反照率是由于散落的石块造成的,其底部的光谱特征与未受风化的高钛玄武岩类似(Staid et al,2011)。在 Ina 周围未见明显的高反照率沉积物。

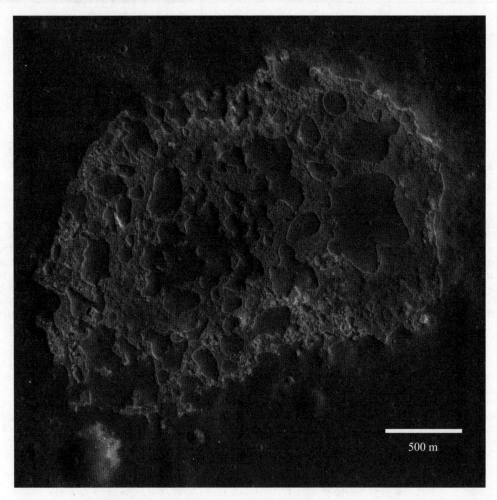

图 5-22 月球上的 Ina 构造,其形态与水星上的白晕凹陷相似,但二者具有不同的成因机制。Ina 内部的高反照率物质是零散分布的新鲜石块造成的

Ina与水星上的白晕凹陷具有很多不同点。最显著的区别是白晕凹陷能在很多地质单元上形成(第5.3.2小节),而月球上类似Ina的构造仅出现在平坦的月海区域(Stooke,2012)。该差异表明白晕凹陷是在原地物质中发生的地质过程中形成的,而Ina则可能是与月海玄武岩的特殊侵位方式有关的,如岩浆膨胀流动时形成的鼓丘坍塌(Garry et al,2012)。另外,除去高反照率的石块后,Ina内的物质与其周围新鲜的月海玄武岩的反照率相当(Staid et al,2011),这表明Ina与其周围的月海玄武岩的成分类似,可能是某种机械坍塌作用形成的。但是,水星上的白晕凹陷则比附近具有溅射纹的撞击坑的反照率曲线更缓,也即更"蓝"(Robinson et al,2008;Blewett et al,2009,2011),而形成白晕凹陷的物质则与其背景地质单元的成分不同。

水星上的白晕凹陷与壳层内挥发分物质的散失有关,原因包括:①信使号探测发现水星表面的挥发分元素含量较高,如S、Na和K等(Nittler et al,2011;Peplowski et al,2011,2012;Evans et al,2012;Weider et al,2012)。②白晕凹陷的形态与火星南极冰盖上的季节性二氧化碳干冰层内形成的瑞士奶酪(Swiss-cheese)地貌非常相似(Blewett et al,2011);都是由不规则的无隆起边缘的凹陷组成的。火星南极的瑞士奶酪地貌是由于CO_2干冰升华形成的(Malin et al,2001;Byrne and Ingersoll,2003)。③白晕凹陷在朝向太阳入射的坡度上密度更大,表明其形成与阳光直射形成的高温有关。

那么,形成白晕凹陷的挥发分来自何处?在水星历史上曾发生了大量的表面岩浆事件,包括熔岩流与爆发型火山活动(见第3.3节)。水星的自转速度较慢,故夜晚时间很长且温度在~ -170℃。因而,大量的火山气体和火山喷气携带的矿物沿裂隙在水星的夜半球沉积,而后续的岩浆事件则将其掩埋,形成局部富含挥发分的沉积物。后续的撞击事件将其挖掘出来。进而,暴露在溅射物、坑壁、坑缘和中央峰上的挥发分升华形成凹陷,在局部坍塌和坡面块体运动的作用下最终扩大形成较大的凹陷。该假说的理论模式请见图5-23。

在该假说中,携带挥发分的物质可能受到撞击产生的热接触变质作用(图5-24)而具有较高的反照率(Dzurisin,1977)。在水星表面高温和强烈风化的环境下,这些薄层的高反照率物质最终被分解破坏,形成水星上一些未见白晕的凹陷。如果该假说成立,水星高反照率平原物质上未发现白晕凹陷,则意味着这些岩浆物质中的挥发分含量比水星LRM中的低。

氯是地球火山气体中的一种常见的挥发分元素。含氯的化合物可能以火山气体或脱气作用形成于围岩的裂隙中。氯元素在中子仪中具有较大的吸收信号且能发射较强的伽马射线。但是,信使号上搭载的伽马仪在水星表面并未探测到明显的氯元素(Evans et al,2012)。信使号的X射线仪探测表明水星表面的氯含量最多是$0.2 wt\%$(Nittler et al,2011)。因而水星壳层中的氯元素含量不足以形成白晕凹陷。当然,有可能信使号的伽马仪和X射线仪的探测步长较大,分辨率较大,尚未检测到与白晕凹陷有关的氯元素信号。

在信使号进入水星轨道之前,典型的白晕凹陷是位于撞击坑/盆地底部的大面积高反照率蓝色物质,这些物质被称为"高反照率坑底沉积物(bright crater-floor deposits)"(Blewett et al,2009)。前人曾提出这些物质可能是其所在的撞击坑形成过程中产生的撞击熔融分异后的产物(Blewett et al,2009)。尤其是考虑到水星撞击体的速度较高,有些可达135 km/s(Le Feuvre and Wieczorek,2008,2011),有些撞击作用可能在坑底形成大量的撞击熔融并经历分异事件(Vaughan et al,2012)。

信使号探测发现水星表面的硫元素的含量很高(Nittler et al,2011;Weider et al,2012),

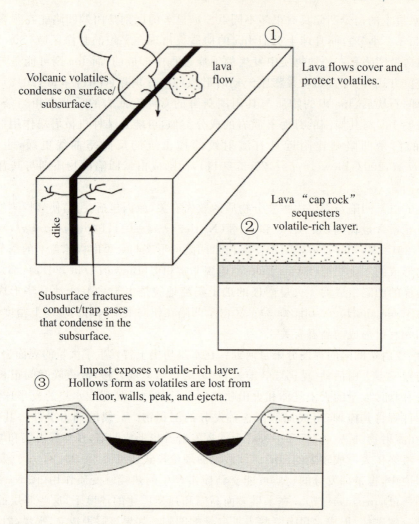

图 5-23　火山活动携带的挥发分在壳层的裂隙中沉积(步骤 1 和 2),在撞击作用下暴露于水星表面(步骤 3),最终挥发分散失形成白晕凹陷(Blewett et al,2013)

一些硫化物在水星表面的高温条件下很不稳定。Vaughan et al(2012)认为当撞击事件发生在富含铁镁质的科马提质岩中时,产生的熔融物发生分异,富含硫化物的物质较轻,故上浮至表层。Helbert et al(2012)认为富镁的科马提质岩浆在水星壳内上涌时,可能从围岩中将富含硫化物的物质吸附出来,形成的 MgS、CaS 或 MnS 并最终上浮至喷出的科马提质岩的表层。

当然,除了岩浆活动携带或撞击熔融分异形成的挥发分,有可能富含挥发分的物质本身就存在于某种表面地质单元中。后期的表面岩浆加热、侵入岩加热或撞击熔融加热坑底周缘或围绕中央峰的物质,挥发分进而由此散失开始形成白晕凹陷(图 5-24)。

水星表面的高能粒子和/或微陨石的撞击作用可能导致一些白晕凹陷的高反照率物质最终分解而高反照率特性消失(图 5-25)。爱神号小行星(Eros)表面的硫元素相比正常的球粒陨石低(Trombka et al,2000;Nittler et al,2001)。一般球粒陨石中的硫元素主要以硫化亚铁(FeS)的形式存在,FeS 比硅酸岩更容易气化(Killen,2003;Kracher and Sears,2005)。实验室模拟微陨石撞击气化(通过激光脉冲加热)和太阳风辐射表明 FeS 会气化分解,硫元素最后在

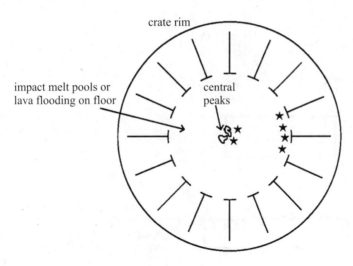

图 5-24　撞击熔融和岩浆的接触加热作用可能在撞击坑底部或中央峰周缘形成白晕凹陷

离子撞击作用下散失。CaS 和 MgS 也可能经历类似的分解过程。Eros 表面的平均撞击速度为~9 km/s(Killen,2003),比水星表面的平均撞击速率(~45 km/s)低数倍。微陨石撞击的频率在水星表面也较高。因此,硫化物在水星表面的分解速度比 Eros 上更快。即使在水星的磁层稳定时,太阳风粒子也可直接注入水星表面(Sarantos et al,2007)。当水星磁暴发生时,水星的整个白昼面都将在短期时间内暴露于太阳风的轰击下。受太阳风激发的粒子最后随着水星磁力线在水星阴暗面沉积(Slavin et al,2010)。由于水星表面的重力加速度较大,从白昼面损失的硫元素将不能轻易地逃逸水星。

水星表面的硫元素的分布与 Ca 和 Mg 的分布对应(Nittler et al,2011;Weider et al,2012)。水星表面较老的坑间平原和严重撞击区的硫元素丰度比北部平坦平原和卡路里内平原高。白晕凹陷不出现在平坦平原的物质中。那些标记在北部平坦平原和卡路里内平原上的白晕凹陷一律形成在挖掘了下伏 LRM 的撞击坑中。北部平坦平原和卡路里内平原的反照率较高,在紫外-近红外的反照率曲线较陡。这表明区域硫元素含量的差异可能是形成表面地质单元反照率差异的主要原因(Nittler et al,2011;Weider et al,2012),也可能是形成白晕凹陷的主要元素。

信使号在水星表面发现了 Na 和 K 元素(Evans et al,2012;Peplowski et al,2011,2012)。水星全球的 Na 元素丰度为 2.9 wt ‰(Evans et al,2012),岩石学结晶模拟表明水星壳层可能存在富钠的斜长石。Na 也是水星外逸层中的主要元素,外逸层中的元素是在热蒸发和/或空间风化的作用下从水星表面物质中激发的(Potter and Morgan,1985)。因而,当水星表面富钠的物质散失时,也可能形成这些凹陷。但是,信使号目前仅获取了全球的平均钠密度,若未来的探测计划发现钠元素和白晕凹陷的空间分布存在对应关系,那么形成白晕凹陷的物质很可能富含钠元素。钾元素也是水星表面(Peplowski et al,2011,2012)和外逸层(Potter and Morgan,1986)中的物质。但是钾元素在水星表面的丰度较低(水星北部平原为~2 000×10^{-6},周围的物质为~500×10^{-6})。因而,富钾的长石可能不是水星表面的主要矿物,也不是形成白晕凹陷的主要物质。富硫和/或富钠的矿物更可能是形成白晕凹陷的物质。

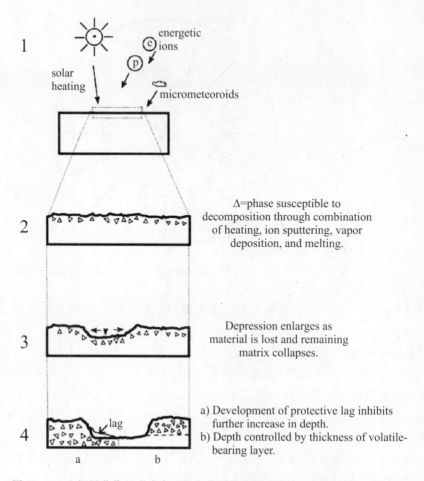

图 5-25 空间风化作用形成水星上白晕凹陷的假说模式图(Blewett et al,2013)

5.3.5 光谱特征

地基观测表明水星表面的反照率在紫外-近红外波段(~400—1 000 nm)没有明显的吸收峰(McCord and Clark,1979;Vilas,1988;Warell,2003;Warell and Blewett,2004;Warell et al,2006)。该发现被信使号的观测证实(Robinson et al,2008;McClintock et al,2008)。水星表面的不同地质单元的主要反照率差异在其反照率的绝对值和光谱曲线的斜率上。

为研究水星白晕凹陷的光谱特征,这里利用信使号在轨期间获取的 MDIS WAC 多波段数据选取 de Graft 撞击坑区域为研究对象(图 5-25)。信使号的 MASCS 上设置了一个分光计,可见光与近红外光谱仪(Visible and InfraRed Spectrograph;VIRS),可获取~300—1400 nm 波段范围内的高分辨率光谱数据。但是,VIRS 的水平步长过大(分辨率较大),不足以研究白晕凹陷的具体光谱特征。MDIS WAC 在轨期间获取了水星表面八波段的影像数据,波长分别为 433,480,559,629,749,828,899 和 996 nm。使用 ISIS 对这些数据进行几何校正、投影变换和光度校正。MDIS WAC 的光度校正目前不适用于相位角大于 110°、入射和发射角大于 70°的 MDIS 数据(Domingue et al,2011)。图 5-26 中的 de Graft 撞击坑的多波段数据采集时的相位角为 39.3°,入射角为 26.8°,发射角为 22.5°。目前 MDIS 的光度校正算法在处理

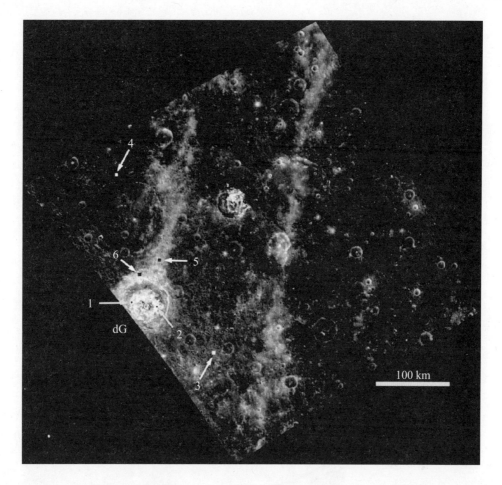

图 5-26　WAC 多波段影像数据中的水星 de Graft(dG)撞击坑及其附近的地质单元(Blewett et al, 2012)

不同轨的影像镶嵌图时仍存在较大的不确定度(Domingue et al, 2011)，因此图 5-26 中的多波段数据为单轨获取的 8 幅 WAC 数据。

图 5-26 中包含了水星表面的大部分地质单元，其中包括坑间平原(IT)、LRM、红色单元、明亮溅射纹和白晕凹陷。各地质单元的反照率见图 5-27。所有的反照率曲线具有正的斜率，在长波段的反照率更高。白晕凹陷在 749 nm 波段的反照率是水星坑间平原的 2 倍，其绝对反照率是目前水星所有地质单元最大(图 5-27B)。各地质单元相对水星坑间平原的反照率(relative reflectance)对比见图 5-27B。其中，白晕凹陷的相对反照率谱线为负斜率，表明其反照率曲线(图 5-27A)的绝对斜率值更大。

由于缺乏紫外到近红外波段的吸收峰，因而很难判断水星表面各地质单元中所含的可能矿物成分。图 5-28 对比了 de Graft 区域各地质单元和实验室样品的反照率。前人注意到水星表面物质的反照率很低(Denevi and Robinson, 2008; Denevi et al, 2009; Warell et al, 2010; Lucey and Riner, 2011; Riner and Lucey, 2012)，这在图 5-28 中也有体现。例如 IT 和 LRM 的反照率与钛铁矿(Ilmenite; Fe_2TiO_3)相当。虽然白晕凹陷是水星上反照率最高的物质，其绝对反照率也比阿波罗 16 号采集的成熟高地月壤的低(图 5-28)。

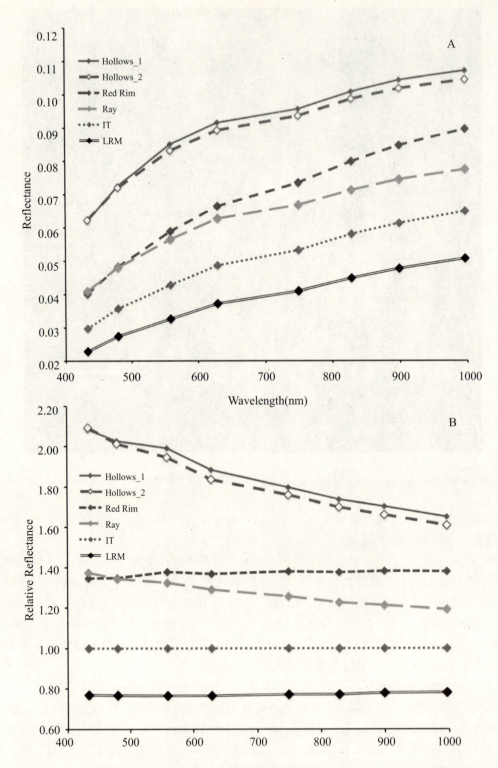

图 5-27 (A)图 5-26 中标记的各地质单元的反照率(Blewett et al,2012)。(B)图 5-26 中标记的各地质单元与坑间平原的反照率比

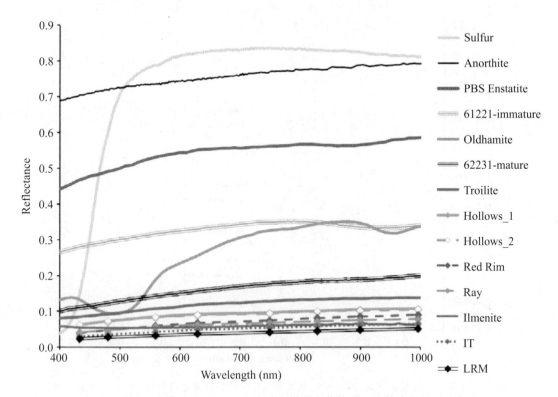

图 5-28 水星上不同地质单元(图 5-26)和实验室样品在紫外到近红外波段的反照率对比(Blewett et al,2012)

在 MDIS 采集的光谱范围内,水星表面物质的成分差异主要通过反照率和反照率曲线的斜率判别。图 5-29 对比了 de Graft 区域的各地质单元(图 5-26)和实验室样品在 750 nm 和 433 nm/750 nm 的反照率比。水星表面缺乏 1000 nm 波段的吸收峰,表明其壳层物质主要是铁含量很低的硅酸岩(Vilas,1988;Blewett et al,1997,2002;Warell,2003;Warell and Blewett,2004;Warell et al,2006;Robinson et al,2008;Blewett et al,2009)。图 5-29 显示 Peña Blanca Spring(PBS)的顽火无球粒陨石中的顽火辉石(Burbine et al,2002)和钙长石(而这都为低铁硅酸岩)的 750 nm 反照率和 433 nm/750 nm 的反照率比均比水星表面各地质单元的大。

若在 PBS 顽火辉石中添加一定的暗色和"红色"(反照率曲线较陡)物质,其光谱特性与水星表面的物质相近。硫化亚铁(Troilite;FeS)较暗较红,但信使号的 XRS 探测发现水星壳层的铁元素含量的上限为~4%(Nittler et al,2011)。因此,FeS 在水星表面的数量非常有限。钛铁矿(Fe_2TiO_3)的反照率较低,是造成富钛的月海玄武岩的低反照率的主要矿物。但是与硫化亚铁一样,钛铁矿在水星表面非常少,不是主要的壳层物质成分。况且,XRS 探测表明水星表面的钛含量很小,平均仅为 0.8 wt%(Nittler et al,2011)。陨硫钙石(Oldhamite;CaS)存在于某些陨石中(Burbine et al,2002),图 5-29 中的对比表明陨硫钙石的反照率过高,且在~500 nm 波段有一个较强的吸收峰,在~950 nm 有一个较弱的吸收峰。在模拟的水星环境中,其他硫化物(MgS,MnS)在 500-600 nm 波段也具有一定的吸收峰(Helbert et al,2012)。

单晶体的硫可能是形成白晕凹陷的物质,但是其反照率过高过红。尽管硫的单晶体的同

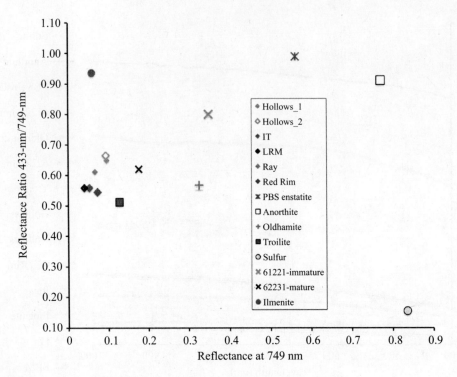

图 5-29　水星上不同地质单元(图 5-27)和实验室样品的特征光谱值对比(Blewett et al,2013)

素异形体可能具有不同的反照率和光谱特性(Nash,1987;Greeley et al,1990;Moses and Nash,1991),但是单晶体硫的沸点很低,在一个大气压下大约为 440℃。因此,在水星的最高表面温度下,单晶体硫不稳定,不会长时间在水星表面存在。

纳米或者微米级的低反照率物质(opaque phase)能降低反照率,造成更陡的反照率曲线,减少吸收峰的深度(Hapke,2001;Noble and Pieters,2003;Noble et al,2007;Lucey and Noble,2008;Lucey and Riner,2011)。因此,很细的硫化物(CaS、MgS 和/或 FeS)有可能存在于水星 LRM 岩石中,导致其反照率较低。当这些硫化物存在于撞击熔融或者富镁的熔岩中时,可能提供白晕凹陷形成的物质。另外,由于白晕凹陷总是存在于 LRM 中,因而 LRM 的反照率可能主要是由于含硫的矿物造成的。

水星表面的不同地质单元的光谱差异较小,最亮与最暗(暗斑;第 6.4 节)的物质的绝对反照率差比成熟的高地月壤与不成熟的高地物质的差异小。前人认为水星表面物质的不同反照率是由于含铁量较低的硅酸岩在空间风化作用下形成的纳米相和微米相的暗色物质共同造成的(Lucey and Riner,2011,Riner and Lucey,2012),也可能是由于伟晶型(肉眼可见的)的暗色物质造成的,如钛铁矿伟晶(Riner et al,2009,2010)。这些暗色的物质被认为可能是造成水星表面 LRM 的反照率较低的原因(Lucey and Riner,2011;Riner and Lucey,2012)。

白晕凹陷形成于 LRM 中,为什么白晕凹陷具有较高的反照率？可能的原因包括:①白色的物质是受过热变质的物质,如第 5.3.3 小节介绍的岩浆热变质作用;②高反照率物质是凹陷形成时的气体沉积物;③暗色物质分解形成的反照率较高的物质(Helbert et al,2013);④白晕凹陷周围的高反照率物质具有独特的物理特征,例如其颗粒较小或形状较特殊造成了不同的光散射特征。白晕凹陷是挥发分散失形成的,无论其具体成因机制如何(见第 5.3.4 小节),挥发分散失形成的颗粒大小与撞击作用形成的水星表层的土壤的颗粒大小很可能不同。蒸发作用可以形成较小的颗粒粒径,导致物质的反照率较高(Hapke,2012)。该解释恰好对应了图 5-16 中所示的与白晕凹陷形成有关的平坦堆积物。

最终,白晕凹陷周围的高反照率物质在撞击和空间风化的作用下逐渐消失,形成不具有白色反照率的凹陷。因而,那些内部和周围均为高反照率的凹陷最年轻,可能依然处于活跃状态;而那些内部和外部的反照率与背景地质单元一样的凹陷则可能处于不活跃状态。

5.3.6 本节小结

水星上的白晕凹陷是太阳系其他具有硅酸质壳层的天体上独一无二的构造。白晕凹陷在水星上除高反照率平坦平原物质之外的各种地质单元上均存在。在小尺度上,白晕凹陷所在的物质单元比水星全球的平均反照率低。在中高纬度地区,白晕凹陷在面向太阳的坡面更发育。

白晕凹陷是由于壳层内的挥发分散失形成的。这些挥发分可能是火山活动在壳层的裂隙中形成的沉积物,后续的撞击事件将其重新露出表面,挥发分升华形成白晕凹陷。这些挥发分也可能是原岩中的固有成分,后被暴露在水星表面分解形成凹陷。也有可能原岩中的挥发分在撞击熔融中发生分异,形成富含挥发分的分异层。

本书的光谱分析表明,水星壳层的物质比实验室样品的反照率更低、反照率曲线斜率更陡。细小的硫化物(如 CaS、MgS 或 FeS)可能造成水星上的 LRM 的反照率更低。而白晕凹陷的高反照率则是由于相应的暗色物质受破坏或者该暗色物质具有不同的颗粒物理性质(颗粒大小和形状)。

§5.4 水星壳层的挥发分活动 2:暗斑

5.4.1 前言

早在水手 10 号之前,地基望远镜的观测就发现水星表面的反照率比月球表面低(Veverka et al,1988;Warell,2004)。水手 10 号探测发现水星表面具有不同反照率的物质(Murray et al,1974;Robinson and Lucey,1997;Denevi and Robinson,2008)。信使号对水星的三次飞掠计划返回的数据证实,水星表面的新鲜物质的反照率比月球高地上新鲜物质的反照率低 10%-20%,表明水星壳层一定存在大量的暗色物质(McClintock et al,2008;Robinson et al,2008;Blewett et al,2009;Denevi et al,2009)。

信使号的飞掠计划发现水星表面有两种地质单元的反照率比水星的全球平均反照率低(Robinson et al,2008;Denevi et al,2009)。首先是以卡路里盆地的外平原为例的平坦平原(Denevi et al,2009,2013),其反照率比全球平均反照率低~15%,且在紫外到近红外波段的反照率曲线比全球的平均反照率曲线的斜率小,因而更"蓝"。所以,这些平原被称为低反照率蓝色平原(low-reflectance blue plains;LBP)(Denevi et al,2009)。LBP 可能是撞击盆地形成过程中产生的熔融物覆盖造成的,也可能是表面岩浆活动形成的(Strom et al,2008;Fassett et al,2009;Denevi et al,2009,2013)。

水星上的第二类低反照率物质覆盖表面至少15%的区域,其反照率比全球平均反照率高~30%(Robinson et al,2008)。这些物质被命名为低反照率物质(low-reflectance material;LRM)。LRM的覆盖范围一般较大,有些LRM被平坦平原物质覆盖(Denevi et al,2009)。LRM在水星上的出露形式多样,例如卡路里内平原上的一些撞击坑的溅射物;大型撞击盆地如Derain(Denevi et al,2009),Rachmaninoff(Prockter et al,2010),Tolstoj(Robinson et al,2008)和Sobkou(Denevi and Robinson,2008)的溅射物;以及条状的撞击坑/盆地的溅射物,如Mozart(Robinson et al,2008)。单个LRM的面积可达$4 \times 10^6 \text{ km}^2$(Denevi et al,2009)。尽管LRM大多与撞击坑/盆地有关,但是有些LRM具有暗淡的边缘且周围没有相应的撞击构造。LRM可能之前是岩浆作用形成的,后来被撞击作用改造和混染(Denevi et al,2009)。LRM的出露形式表明水星壳层在水平和垂直方向上具有不均一性,其低反照率不是由于空间风化造成的(Robinson et al,2008;Denevi et al,2009)。

水星上的大部分平坦平原物质的反照率比水星全球的平均反照率高,在紫外到近红外波段的反照率曲线坡度较陡。这些平原被称为高反照率红色平原(high-reflectance red plains;HRP),典型的例子包括卡路里内平原和水星北部平原。HRP与LRM的光谱特征的差异是由于二者具有不同含量的暗色物质(Denevi and Robinson,2008;Robinson et al,2008;Denevi et al,2009;Riner et al,2009;Blewett et al,2009;Lucey and Riner,2011)。信使号上搭载的XRS探测表明水星上的低反照率物质中的硫含量更高(Nittler et al,2011;Weider et al,2012)。但是,硫含量的差异是否是造成LRM和HRP光谱差异的主要原因尚无定论。

信使号在轨期间获取的MDIS数据表明:之前注意到的"坑底高反照率蓝色物质"(Dzurisin,1977;Robinson and Lucey,1997;Robinson et al,2008)由很多不规则形态的无隆起边缘的白晕凹陷组成(第5.3节)(Blewett et al,2011,2013)。白晕凹陷是壳层挥发分散失形成的产物,原始挥发分物质可能是某种或多种硫化物(Blewett et al,2011)。白晕凹陷总是出露在反照率较低的物质中(LRM和LBP),表明它们在成分上可能有内在的关联(第5.3.4小节)(Blewett et al,2011,2013;Vaughan et al,2012;Helbert et al,2013)。

本节介绍一种独特的水星低反照率物质、暗斑。暗斑由目前发现的水星上反照率最低的物质组成的,其反照率曲线的斜率与其他的LRM(撞击挖掘的LRM)类似。每个水星暗斑的中心都有一个白晕凹陷。因此,暗斑为了解水星壳层的低反照率物质特征以及白晕凹陷的演化提供了窗口。

在信使号的指定任务和第一个拓展任务期间,MDIS WAC获取了多幅750 nm波段的全球影像数据(250米/像素)和八波段全球彩色影像数据。MDIS NAC数据的分辨率(最高12米/像素)足以研究水星暗斑的精细形貌特征。利用以上数据,本节讨论水星表面暗斑的形态、分布、年龄特征。根据其与白晕凹陷和撞击挖掘的LRM的关系,分析暗斑物质的成分以及可能的成因机制和演化过程。

5.4.2 暗斑的形态

水星上的暗斑是围绕白晕凹陷发育的薄层状、具有暗淡边缘的小型、低反照率物质。图5-30是水星上的几个典型的暗斑的形貌特征。组成暗斑的物质的反照率比卡路里外平原的低(图5-30A的南东侧)。同一区域的不同暗斑的反照率不同。例如,图5-30E中的两个暗斑在750 nm的反照率分别为0.03和0.02。

单个暗斑的面积一般小于 100 km², 比水星上典型的 LBP 和撞击挖掘的 LRM 的面积小。例如图 5-30 中的暗斑的面积一般小于 10 km²。相邻的暗斑一般分布相对离散, 在大比例尺的图像中呈现为点状暗斑(图 5-30B)。组成暗斑的物质较薄, 可透过暗斑辨识其所覆盖的背景地质单元的形态, 尤其是在靠近边缘的位置(图 5-30)。

当影像数据的分辨率足够大时, 可见每个暗斑构造的中心都有一个形态不规则、无明显隆起边缘的凹陷。这些凹陷的底部比周围物质的反照率更高(图 5-30A—E), 表明这些凹陷不是撞击坑。相反, 这些凹陷的形态与第 5.3 节中介绍的水星白晕凹陷一致(Blewett et al, 2011, 2013)。在暗斑中心未见撞击构造, 表明这些暗斑物质不是由于撞击挖掘形成的暗色溅射物。另外, 图 5-30E 中的两个暗斑的对比(红色箭头)也表明暗斑的面积与其中央的白晕凹陷的面积不成正比, 也即较大的暗斑中央的白晕凹陷可能较小, 反之亦然。

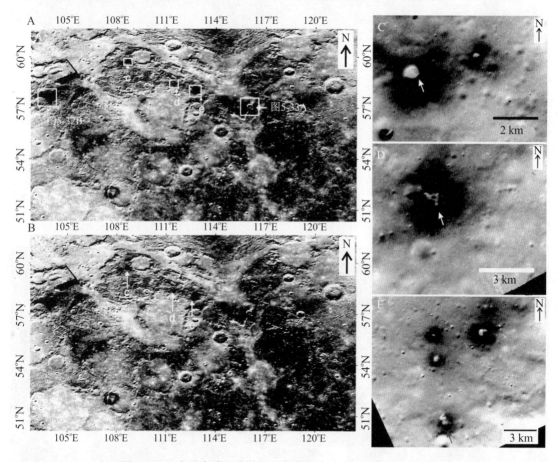

图 5-30 水星卡路里盆地北西侧的几个暗斑(Xiao et al, 2013)

5.4.3 暗斑的分布特征

利用 MDIS 获取的全球多波段影像数据和高分辨率 NAC 数据, 在水星表面共发现 34 个暗斑。其分布图如图 5-31。与水星上的白晕凹陷的分布特征一样, 暗斑分布在水星的各经度上(Blewett et al, 2013)。这些暗斑在水星表面的各种地质单元中均发育, 其中包括 LBP、坑间平原、严重撞击区域和撞击坑内。图 5-32A 为一个位于 Odin 平坦平原(Fassett et al,

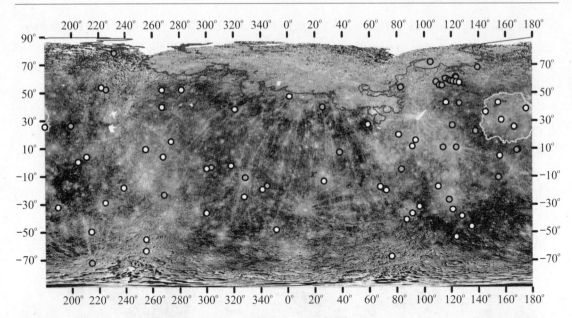

图 5-31　水星全球的暗斑分布。白点为可能的暗斑,绿点为确定的暗斑。底图为 R-G-B 是 1000-750-430 nm 波段的 MDIS WAC 全球多波段镶嵌图(Xiao et al,2013)

2009)上的暗斑。暗斑的中心可见反照率较高的凹陷。图 5-32B 是水星坑间平原上的一个暗斑,大量的小凹陷出现在该暗斑中,其中较大的凹陷内部的反照率较高。图 5-32C 是严重撞击区的暗斑,周围的物质的反照率相对较低,可能是撞击挖掘的 LRM。图 5-32D 是 Eminescu 撞击盆地底部($D=130$ km;$10.7°$N,$114.3°$E)典型的白晕凹陷及其周围的暗斑。

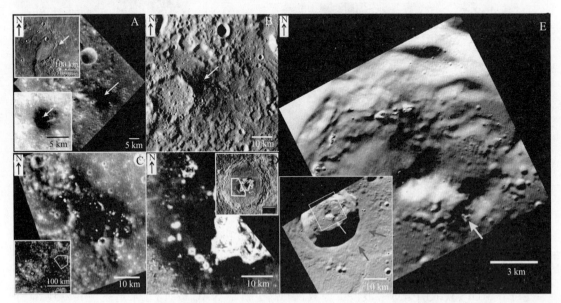

图 5-32　暗斑出现在水星表面的各种地质单元上(Xiao et al,2013)。(A)卡路里外平原上的暗斑及其内部的白晕凹陷。(B)水星北半球的坑间平原上的暗斑及其内部的白晕凹陷。(C)水星严重撞击区域的暗斑。(D)Eminescu 撞击盆地内的暗斑和白晕凹陷。(E)北部火山平原上的一个撞击坑挖掘了下伏的 LRM,白晕凹陷和暗斑在坑底发育

在高反照率红色平坦平原物质中尚未发现暗斑。图 5-31 中的一些暗斑的坐标位于北部平坦平原和卡路里内平原的覆盖区域,但是这些暗斑一律形成在挖掘了下伏 LRM 的撞击坑内。例如图 5-32E 是迄今为止在北部平原上发现的唯一一个暗斑。它位于一个挖掘了下伏 LRM 的撞击坑底部,在暗斑的内部可见白晕凹陷发育(见图 5-32E 中的彩色插图)。

另外,在水星表面也发现了 48 个尚未被确认的暗斑。虽然其形态特征与确定的暗斑相似,但其真实性质尚未完全确认。这些单元的位置在图 5-31 中用不同颜色的符号标识。这些地质体也是由较薄的暗色物质组成的,且其中央也具有白晕凹陷。但是,它们都出现在挖掘了下伏 LRM 的撞击坑内。因而不能确定这些暗色物质是撞击挖掘的 LRM 还是与图 5-32 中介绍的暗斑相似。图 5-33 为几个可能的暗斑的例子。图 5-33A 是水星北半球的一个撞

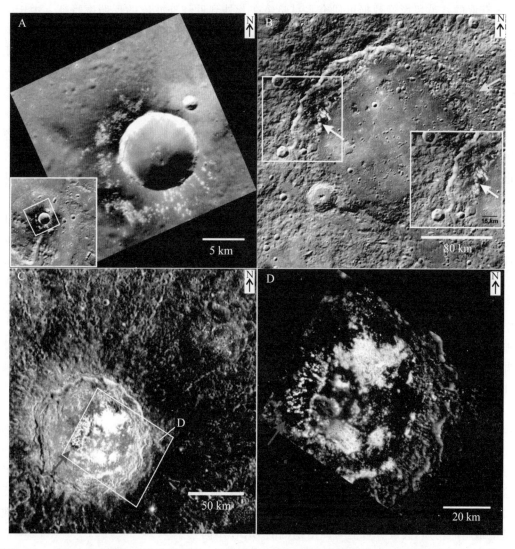

图 5-33 水星上尚未被确认的暗斑(Xiao et al,2013)。图中彩色数据的 R-G-B 的波段为 1000-750-430 nm。(A)水星北半球的一个可能的暗斑;(B)水星 Sholem Aleichem 撞击盆地西侧坑壁上的白晕凹陷及其周围的暗色物质,这些暗色物质可能是暗斑;(C)Tyagaraja 撞击坑内的红色火成碎屑沉积物、白晕凹陷和可能的暗斑,坑缘被撞击挖掘的 LRM 覆盖;(D)Tyagaraja 撞击坑内可能的暗斑的形态

击坑($D=9$ km;57.1°N,126.0°E)及其溅射物上的可能暗斑,这些暗色物质也可能是撞击挖掘的 LRM。有些水星撞击坑挖掘了下伏的 LRM 且白晕凹陷形成于这些 LRM 中。这些白晕凹陷的周围被反照率更低的物质包围,后者可能是暗斑,也可能是集中分布的撞击挖掘的 LRM,例如图 5-33 中的 Sholem Aleichem($D=196$ km;51°N,270°E)和 Tyagaraja($D=96.9$ km;3.9°N,221.3°E)撞击盆地。

5.4.4 暗斑的反照率特征

反照率光谱特征可反映具有硅酸质壳层的行星表面的物质成分(Hapke,1977;Fischer and Pieters,1994;Lucey et al,1998;Warell and Valegård,2006;Blewett et al,2009)。使用 MDIS 获取的八波段影像数据可研究水星暗斑在紫外到近红外波段的反照率特征。由于大多数暗斑的面积很小,这里选用八个相对较大的例子研究以获取可靠的光谱信息。另外,选取四处典型的 LBP 平原物质和八处撞击挖掘的 LRM 与暗斑的反照率做对比。LBP 平原物质位于卡路里外平原,撞击挖掘的 LRM 位于一些撞击坑/盆地的沉积物中,例如 Basho,Atget,Titian,Derain,Rachmaninoff 和 Tolstoj。反照率分析使用的数据和光谱采集的地点请参见 Xiao et al(2013)。

为避免 MDIS 在拼接不同轨的 WAC 数据时造成的光度校正的不确定性,每个采样点的光谱分析均采用单轨获取的 WAC 八波段影像图。使用 ISIS 对影像数据进行标准处理、投影变化和光度校正后(Domingue et al,2011),其光谱特征见图 5-34a 所示。为避免单像素测量的不确定性,每个采样单元由至少四个像素点的平均值组成。

与水星上的典型地质单元的光谱曲线相似,图 5-34 中的暗斑、LBP 和撞击挖掘的 LRM 的光谱曲线具有正的斜率,且在 1 000 nm 的波段未见二价铁的吸收峰。该结果验证了早期的发现:表明水星表面的物质缺乏 FeO(Vilas,1988;Blewett et al,2002,2009;Strom and Sprague,2003;Warell and Blewett,2004;Robinson et al,2008;Denevi et al,2009)。图 5-34A 显示不同暗斑的绝对反照率相差达~2 倍,与在图 5-30E 中 NAC 图像中的观察结果一致。造成不同暗斑的反照率差异的原因可能是不同暗斑的物理特征不同,如厚度和颗粒大小;也可能是由于其年龄不同,因而受后期改造或混染的程度不同。相反,图 5-34B、C 中的 LBP 和撞击挖掘的 LRM 的反照率相对集中。这验证了前人的发现:水星上的 LRM 的反照率曲线受其年龄和大小的影响较小(Denevi et al,2009)。

对比图 5-34A、B 可发现反照率最高的暗斑和有些撞击挖掘的 LRM 的反照率相当。因此,不能仅根据反照率区分暗斑和 LRM。事实上,LRM 的定义是水星上的一切低反照率物质(Robinson et al,2008;Denevi et al,2009)。因此,暗斑和撞击挖掘的 LRM 都只是 LRM 的一部分。图 5-34D 是本书采集的暗斑、LBP 和撞击挖掘的 LRM 的平均反照率曲线。对比可发现这三种暗色物质的反照率曲线斜率相当,最大的差别是其绝对反照率的差别。LBP 的反照率最高,而暗斑的反照率最低,比撞击挖掘的 LRM 低~50%。该结果证明暗斑是目前发现的水星上最暗的物质,其成分可能与撞击挖掘的 LRM 不同。

值得注意的是,MDIS 在轨期间获取的 WAC 数据有些存在异常(尤其是在 2011 年 5 月至 2011 年 9 月之间获取的影像数据),其光度校正有待于进一步改进(Keller et al,2013)。因而,图 5-34 中得到的反照率数据在将来有可能得到进一步改进。另外,信使号搭载的 MASCS 获取了水星表面目标区域的高精度光谱数据。未来利用 MASCS 数据分析暗斑的反照率特性

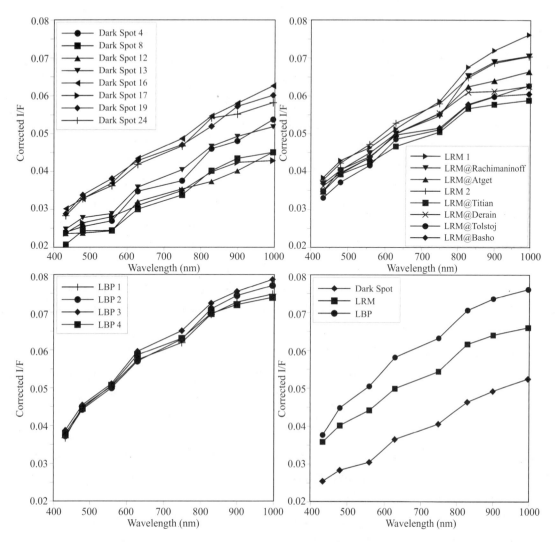

图 5-34 水星上的暗斑、LBP 和撞击挖掘的 LRM 的反照率曲线（Xiao et al，2013）。光度校正采用的底图数据为 MDIS WAC 八波段影像数据

可进一步了解其可能的物质特性。

5.4.5 暗斑与白晕凹陷的关系

水星上的每一个暗斑的中心都具有白晕凹陷（图 5-30 和图 5-32）。高分辨率的 MDIS 影像数据发现这些凹陷的内部和外部的反照率比背景地质体的高。当暗斑内的凹陷较小时，很难判断其内部的高反照率是来自于凹陷坡面上的镜反射现象还是由于其内部物质的独特反照率特性，例如图 5-32A 中的凹陷。当凹陷足够大时，其内部的高反照率更明显地来自于其物质的独特反照率特性，例如图 5-30D 中的凹陷。再大的凹陷则发育明显的高反照率环绕的物质，呈现典型的白晕凹陷的形貌。暗斑内最大的凹陷是类似火星南极的瑞士奶酪构造，其内部和外部的物质的反照率均比背景地质体的高，例如 Eminescu 撞击盆地底部的暗斑内的白晕凹陷（图 5-32D）。

影像数据采集时的太阳入射角(i,入射光线与表面垂线的夹角)及其像素分辨率是识别暗斑及其内部的凹陷是否是白晕凹陷的关键。一般而言,为判别暗斑内的凹陷是否是白晕凹陷,所需的分辨率是~30米/像素或更高。例如,图5-35A的多波段彩色影像图分辨率为665米/像素,图5-35B的WAC 750 nm的影像数据的分辨率为294米/像素($i=74°$),暗斑在这两幅图中可见,但未见中间的凹陷。图5-35C显示该暗斑中央存在两个高反照率的亮点(36米/像素;$i=66°$),但是其具体形态不清楚。图5-35D的分辨率为26米/像素($i=48°$),暗斑中心的两个亮点为明显的白晕凹陷。再如,图5-35E,F为Eminescu撞击盆地和Xiao Zhao撞击坑内的暗斑($D=24$ km;$10°$N,$124°$E),在太阳入射角较大的数据中,暗斑不可见。

虽然每个暗斑内部均发育白晕凹陷,但是,并非每个水星白晕凹陷周围都有暗斑。在第5.3节中识别的白晕凹陷中,仅有不到30%的具有暗斑。例如Eminescu撞击盆地底部发育大量的白晕凹陷,但只有围绕中央峰的白晕凹陷周围才有暗斑,其他较小的白晕凹陷没有环绕的暗斑(图5-31D)。该现象表明:①所有的白晕凹陷在形成时均发育了暗斑,但是由于水星表面的昼夜温差很大,水星表面的空间风化强度较高(Lucey and Riner,2011),暗斑很快会在撞击挖掘和空间风化的混合作用下混染和/或分解散失,最终与背景地质单元的反照率一致。如果该理论正确,那么具有暗斑的白晕凹陷要比那些不具有暗斑的白晕凹陷年轻。②有些白晕凹陷在形成过程中可能不形成暗斑。

判断以上两种假说的真伪关键在于寻找刚形成后不久的白晕凹陷,观察其周围是否一定存在暗斑。水星上最年轻的地质单元是具有明亮溅射纹的撞击坑。如果形成在具有溅射纹的撞击坑内的所有白晕凹陷都发育有暗斑,那么该观测支持所有的白晕凹陷在形成之初均产生了暗斑。柯伊伯撞击坑($D=62$ km;$11.3°$S,$328.6°$E)是水星表面最显眼的撞击坑之一,其溅射纹的覆盖范围很广,且柯伊伯撞击坑未挖掘明显的LRM(图5-36A)。在柯伊伯撞击坑底部,白晕凹陷发育在坑底与坑壁、坑底与中央峰的接触带上,这些凹陷的周围发育暗斑。类似的现象在其他具有溅射纹的撞击坑内也出现。例如Han Kan撞击坑($D=50$ km;$72°$S,$214°$E;MDIS EN0214987546M)。

但是,有些具有溅射纹的撞击坑内部发育白晕凹陷,但是这些凹陷却没有暗斑。例如图5-36B中的撞击坑具有溅射纹,但溅射纹相对柯伊伯撞击坑的较暗淡,其中央峰上的白晕凹陷的面积大约为2 km^2。在该白晕凹陷周围未见明显的暗斑。另外,Eminescu撞击盆地也具有隐约可见的溅射纹(Schon et al,2011),但是Eminescu盆地底部的大部分白晕凹陷没有发育暗斑(图5-32D)。

以上例证的对比不能证明所有的水星白晕凹陷在形成之初都发育暗斑。同时,由于图5-36B中的撞击坑的溅射纹较暗淡,其年龄可能比柯伊伯撞击坑的更大。如果图5-36B中的撞击坑的中央峰上的白晕凹陷曾经形成了暗斑,那么,可能那些暗斑物质的低反照率已经消褪,消褪的速率比其所在的撞击坑的溅射纹的消褪速率快。因此,以上例证也不能否认所有的水星白晕凹陷在形成之初都形成了暗斑。

5.4.6 暗晕的年龄

暗斑代表了水星表面最年轻的地质单元之一。那些形成在具有溅射纹的撞击坑内的暗斑一定是最年轻的、晚柯伊伯纪的物质(Spudis and Guest,1988)。根据第3.4节中的撞击坑统计结果,水星暗斑的年龄远远小于~159 Ma,可能甚至至今依然在形成。

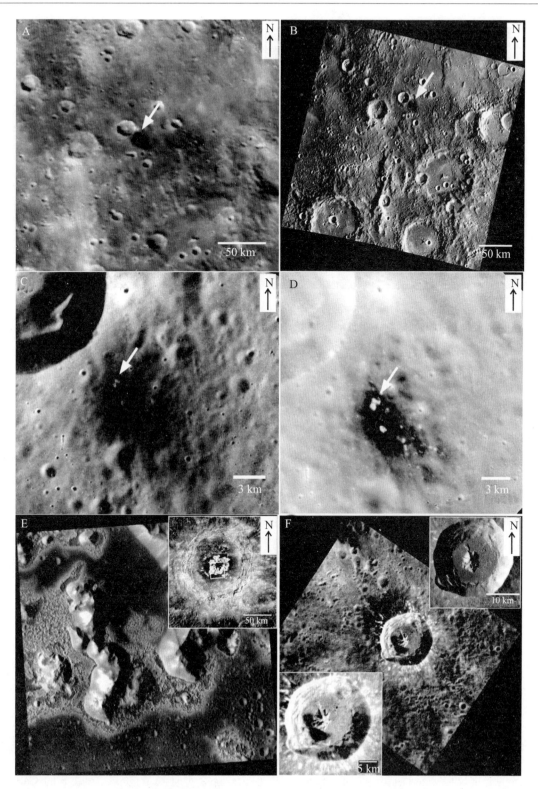

图 5-35　太阳入射角和影像数据的分辨率是识别暗斑内的白晕凹陷的关键(Xiao et al., 2013)。图中的彩色数据的 R-G-B 均为 1000-750-430 nm。见第 5.4.5 小节的详细讨论

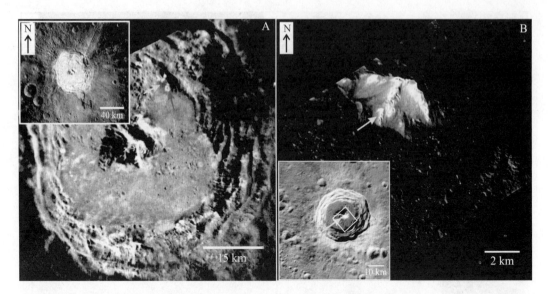

图 5-36　具有溅射纹的撞击坑内的白晕凹陷可能发育暗斑,也可能不发育暗斑(Xiao et al,2013)

通过对比暗斑和白晕凹陷的背景地质单元的地层年龄,可限制其相应的最大地层年龄。白晕凹陷和暗斑都是很小的表面地质单元,它们广泛存在于年龄大于 3.8 Ga 的严重撞击区和坑间平原上。但是,发生在较老的地质单元上的暗斑和白晕凹陷可能非常年轻,形成于柯伊伯纪;其年龄不一定小于那些形成在柯伊伯纪撞击坑内的暗斑。因而,不能根据暗斑或者白晕凹陷的背景地质单元的相对年龄对比不同暗斑或白晕凹陷的年龄。

5.4.7　暗晕的可能物质成分

水星上已确认的和可能但未确认的暗斑均未在 HRP 物质上出现。相反,暗斑和白晕凹陷的背景地质单元的反照率均低于水星的全球平均反照率,例如 LBP 和撞击挖掘的 LRM。第 5.3 节已经讨论过,水星上的硫元素的丰度较高,可达 4 wt ％(Nittler et al,2011),且硫元素的分布极不均匀,在水星北部平原和卡路里内平原上相对较低(二者均为 HRP),而在坑间平原和低反照率物质上较高。因而,富含硫元素的矿物可能是造成水星 LRM 和 HRP 的反照率差异的主要原因。鉴于水星上的暗斑、白晕凹陷和硫元素分布的一致性,富含硫的矿物可能是形成暗斑和白晕凹陷的挥发分内的主要物质。

信使号上搭载的 XRS 发现水星表面的硫元素和 Ca 元素的分布规律对应(Nittler et al,2011;Weider et al,2012),表明 CaS 可能是水星壳层内的重要矿物。尽管最近提出 CaS 和 MgS 可能是形成水星上的白晕凹陷的物质(见第 5.3 节),但是,在实验室将 CaS 和 MgS 加热至水星的表面温度,冷凝后测量的反照率光谱特征表明,这些硫化物的反照率并不低(Helbert et al,2013)。相反,暗斑是水星表面反照率最低的物质。因此,其他富含硫的暗色物质可能是造成暗斑低分辨率的主要原因。另外,在水星表面的真空、高温、强空间风化的环境下,CaS 和 MgS 的光谱反照率特性尚不可知。目前尚未能在实验室实时测量 500℃ 高温下的 CaS 和 MgS 的反照率(Helbert et al,2013)。另外,暗斑形成于脱气作用(第 5.4.8 小节),该地质过程形成的物质的颗粒大小和形状可能比较特殊,导致暗斑物质独特的光散射现象,形成较低的分辨率。随着信使号计划的深入和实验室模拟实验的进行,对形成暗斑的挥发分物质中的硫化物的研究将会更深入。

5.4.8 暗晕的可能成因机制

基于对暗斑的形态分析,可排除三种不可能的成因机制:①暗斑内部没有相应的撞击坑,因而暗斑物质不是撞击挖掘的 LRM。②暗斑的大小和反照率与 LBP 物质截然不同,因而暗斑不是局部的 LBP 物质。③大部分水星上的火成碎屑沉积物的反照率较高,而有些反照率较低的火成碎屑沉积物内部都有较大的火山口(Kerber et al,2009,2011;Goudge et al,2012),这些火山口内部的反照率与暗斑内的白晕凹陷截然不同(Blewett et al,2013)。因此暗斑也不是火成碎屑沉积物。

水星暗斑的形态与火星南极冰盖上的暗斑(Kieffer et al,2006)形态相似(但大小和具体的结构不完全一致),均是由低反照率的薄层物质围绕中央凹陷形成的。在火星南极,每年冬季沉积的 CO_2 干冰和尘埃形成厚约 8 m 的季节性干冰层。其底部的尘埃较多,因而底部受太阳辐射热的作用比相对透明的 CO_2 干冰层内强。所以,CO_2 干冰最先从季节性冰层底部发生升华并累积,当 CO_2 的气体压力达到一定值时,会与尘埃一起以大于 10 m/s 的速度喷出形成表面的暗斑(dark spot)。而干冰喷出的裂隙后演化成为不规则的凹陷(Thomas et al,2010),被称为"蜘蛛状凹陷"(Spider)。该模式图如图 5-37 所示。

与白晕凹陷的高反照率沉积物一样,暗斑也可视为其内部凹陷的薄层沉积物。但是,白晕凹陷的高反照率物质和暗斑截然不同,例如高反照率物质实际上是由小型的浅层点状凹陷组成的,代表了白晕凹陷生长的前锋面(图 5-35E);而暗斑则延伸数千米。这表明白晕凹陷的高反照率物质和暗斑的形成机制不同。不管形成暗斑的挥发分物质的成分如何,这些物质需要某种机制使其分布范围达数千米。由于每个水星暗斑的中心都有白晕凹陷,表明它们在成因上可能是相互关联的。暗斑物质可能源自于其中心的凹陷,以脱气作用在凹陷周围沉积,其形成过程可能类似于火星南极的暗斑,但并非完全一致。

根据几个典型的水星暗斑的大小(表 5-1),利用无大气天体上的弹道轨迹方程可估算形成暗斑的物质的初始运动速度。假设所有形成暗斑的物质在离开其中央凹陷时(后成长为白晕凹陷)的角度为 45°,表 5-1 列举了估算的结果,表明有些暗斑形成时的脱气速度可超过 100 m/s。如果暗斑物质的实际初始运动角度大于或者小于 45°,则其速度则更大。因而,脱气说认为暗斑形成是剧烈的地质过程,那么形成暗斑的物质在喷出前,其汇集区在水星表面以下应具有相当大的压力和较高的挥发分含量。如果暗斑是以剧烈的脱气作用形成的,那么在形成过程中会产生一个表面的凹陷。另外,形成暗斑的挥发分物质从汇集区脱离后会造成减压坍塌,形成表面凹陷。根据暗斑与白晕凹陷的空间关系以及前文观测到的暗斑中央凹陷形态,这个初始形成的凹陷可能代表了白晕凹陷的最初形态,后续白晕凹陷的扩张在此基础上进行。

但是,形成暗斑的脱气说并不意味着后期的白晕凹陷的生长也是通过如此剧烈的脱气作用进行的。实际上,前人估算了一些白晕凹陷的水平生长速度,仅为 ~0.14 μm/a(Blewett et al,2011)。因此,本书认为白晕凹陷的最初形成过程是伴随暗斑形成时的剧烈脱气作用,后期的生长则是非常缓慢的。另外,前文提到过有些白晕凹陷在形成过程中可能并未伴随暗斑,因而,以上的脱气说仅适用于那些具有暗斑的白晕凹陷。

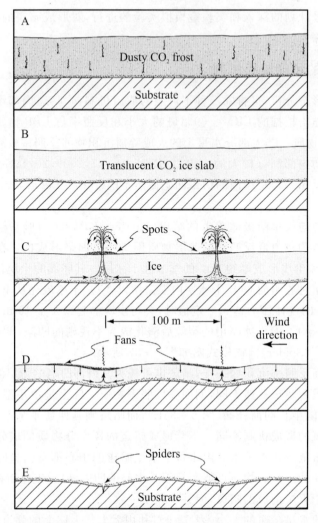

图 5-37 火星南极季节性 CO_2 冰盖上暗斑是在脱气作用下形成的(Kieffer et al, 2006)

表 5-1 利用几个典型的水星暗斑的面积换算其距离白晕凹陷的径向距离,进而计算形成暗斑时的挥发分的脱气速度(Xiao et al, 2013)

暗 斑	表面积(km^2)[①]	平均径向距离(km)[②]	喷出速度(m/s)[③]
图 5-32C(左)	8.5	1.7	79
图 5-32D	10.2	1.8	82
图 5-32E(右)	8.6	1.7	79
图 5-32A	52.4	4.1	123
图 5-32B	72.0	4.8	133

注:①由于暗斑具有晕状边缘,表面积 s 是粗略测量的值。

②平均径向距离 r 是从面积 s 计算的。假设暗斑为原型,即有 $s=\pi r^2$,$r=s^{0.5}/\pi$。

③无大气天体上的弹道轨迹的水平运移距离为 $r=(v^2/g)\sin(2\theta)$,其中 r 是水平距离,v 是喷出速度,g 是水星表面的重力加速度(3.7 m/s²),θ 是从水平线测量的溅射角,假设一律为 45°。对某一水平距离而言,更大或者更小的溅射角将需要更大的溅射速度

脱气说在解释暗斑的成因时有一些尚未完全解决的细节。例如形成暗斑的物质是如何在水星浅表层汇集的？形成白晕凹陷的挥发分可能是在岩浆或撞击熔融的接触热作用下释放的（Blewett *et al*，2013；Helbert *et al*，2013），形成暗斑的物质可能是在相同的作用下聚集的。造成脱气作用的驱动机制如何？其形成可能与形成火星南极的暗斑相同，是由于下伏挥发分富集的压力超过上覆岩层的压力时造成的。周围的撞击作用或地震作用也可能促发挥发分物质沿裂隙喷发形成暗斑。但这些细节问题有待于进一步解释和完善。

根据暗斑的形貌、分布特征及其与白晕凹陷之间的空间关系，暗斑的演化过程可分为以下三个阶段。如图 5-38 所示，每个演化阶段用水星表面的实际地貌作为例证。首先，暗斑物质以脱气作用在水星表面形成，同时在其内部形成一个不规则形态的、无隆起边缘的中央凹陷，凹陷的内部在高分辨率的影像数据中呈现较高的反照率。与此同时，暗斑在形成之后立即受水星表面真空、高温、强空间风化、高撞击频率和速度的影响，逐渐分解和/混合（图 5-38A）。暗斑内部的凹陷逐渐缓慢的成长，其内部和生长前锋面比背景地质单元的反照率高，白晕逐渐形成（图 5-38B）。在此期间，暗斑继续受撞击混染和/或分解作用而褪去反照率。最后，暗斑

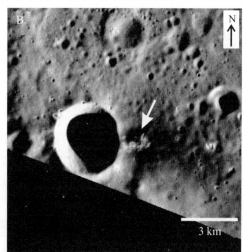

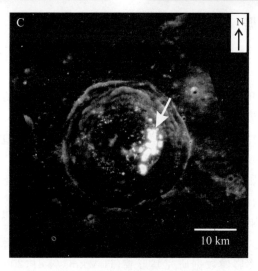

图 5-38　水星暗斑的演化过程及其与白晕凹陷的空间关系（Xiao *et al*，2013）

完全在表面消褪(图5-38C),其存在时间可能比撞击坑的溅射纹的消褪时间短。此时,暗斑中央的白晕凹陷则更加明显,其面积继续扩张直至形成白晕凹陷的挥发分殆尽。

5.4.9 本节小结

本书报道了水星表面一类特殊的低反照率物质:暗斑。暗斑是围绕白晕凹陷发育的薄层状物质,其反照率是水星表面最低的。暗斑出现在水星的各个经度上,在坑间平原、低反照率蓝色平原、严重撞击区和撞击坑上均有发现,但尚未在水星高反照率平坦平原物质中发现。有些撞击坑位于水星高反照率的平坦平原上,且挖掘了下伏的暗色物质,暗斑也在这些撞击坑内发育。暗斑不是撞击挖掘溅射的物质,也不是火成碎屑沉积物,形成暗斑的物质富含挥发分,其中硫元素的丰度较高。证明水星壳层内依然大量富含挥发分。在分辨率和太阳入射角合适的影像数据中,所有的暗斑内部均存在白晕凹陷,且白晕凹陷的大小与其周围的暗斑的大小没有比例关系。相反,并非所有的白晕凹陷周围都存在暗斑。有可能所有的水星白晕凹陷在形成之初都伴随有暗斑,而后期的改造作用抹去了年龄较大的白晕凹陷周围的暗斑;也有可能有些白晕凹陷自形成时就不发育暗斑。

暗斑可能是水星壳层内富含挥发分的物质在脱气作用下形成的。与此同时,脱气作用形成一个中央凹陷,也即原始的白晕凹陷。由于暗斑的延伸范围可达数千米,因而本书估算脱气作用的速度可超过100 m/s。在暗斑形成之后,中央凹陷缓慢生长且周围逐渐发育白色的晕状物质。

暗斑代表了水星表面最年轻的地质单元,根据撞击坑统计技术估算的绝对模式年龄,暗斑的年龄远小于159 Ma,很可能至今依然在形成。形成暗斑的物质在水星表面的环境中极不稳定,受后续撞击挖掘或空间风化作用的影响很快失去反照率特性,其保存时间可能小于撞击溅射纹抗侵蚀的时间,且一定小于其中央的白晕凹陷的演化周期。

§5.5 柯伊伯纪撞击熔融内的冷凝裂隙

5.5.1 方法与数据

第4.2节选取几个月球表面哥白尼纪撞击坑研究其内部的撞击熔融中发育的冷凝裂隙。由于水星表面的撞击频率、撞击速度和重力均比月球上的大,因而水星表面的风化强度比月球上的大。因此,本节选取几个柯伊伯纪的复杂撞击坑研究其内部的冷凝裂隙的形态、大小和平面分布模式,其中包括阿贝丁(Abedin)、窦加(Degas)和北斋(Hokusai)撞击坑。

本节测量各水星撞击坑底部熔融物内发育的每条冷凝裂隙的长度与宽度,并利用长度-宽度比代替其大小。冷凝裂隙的深度一般小于MLA的水平分辨率(Cavanaugh *et al*, 2007),且冷凝裂隙一般较陡,故阴影-深度测量法不能准确估算对比不同冷凝裂隙的深度。因而,本节将不讨论水星撞击熔融内的裂隙的深度。

由于水星撞击熔融内的裂隙宽度一般小于数百米(见第5.5.2小节),而信使号MDIS WAC相机获取的全球影像镶嵌数据的平均分辨率为250米/像素,因此,本书使用MDIS NAC相机获取的高分辨率影像数据研究其形貌(Hawkins *et al*, 2007),部分数据的分辨率高达14米/像素。

5.5.2 水星撞击熔融物内的冷凝裂隙的形貌特征

窦加撞击坑($D=55$ km；37.1°N；128°W) 位于水星 Sobkou 平原(Sobkou Planitia)上，其撞击溅射纹非常明显。在撞击坑底部的熔融物内嵌有大量的石块(图 5-39)。整体而言，窦加撞击坑的坑底比相似大小的月球阿里斯塔克撞击坑底部更平坦(图 4-10A)。窦加撞击坑的东部坑底比西部坑底更平坦(图 5-39A)。

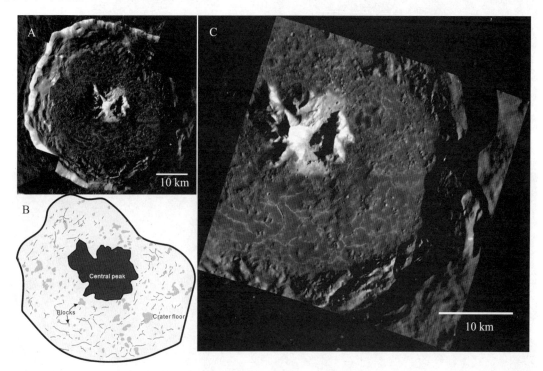

图 5-39 窦加撞击坑坑底的冷凝裂隙(Xiao et al，2013)。(A)MDIS NAC 获取的窦加撞击坑影像镶嵌图；(B)窦加撞击坑底部的裂隙分布；(C)裂隙的详细地貌

窦加撞击坑底部存在大量的冷凝裂隙，其走向各异，在坑底构成了大量多边形地貌(图 5-38B)。这些裂隙一般不环绕坑底的边缘发育，而形成在靠近坑底中央的部分，因而等同于月球撞击坑底部发育的坑内裂隙(Interior Fractures；IFs)。与月球撞击坑底部发育的坑内裂隙不同，窦加撞击坑内的冷凝裂隙都是单条产出的。单条裂隙的长度一般小于 3 km，宽度大约为 100-200 m，其长度-宽度比大约为 4-18，平均值为 10。不同的裂隙的夹角一般为 90°或更大。有意思的是，有些冷凝裂隙的边缘镶有高反照率的物质，在坑底南侧尤为明显(图 5-39C)。该现象与在地球熔岩湖的冷凝过程中形成的位于裂隙两侧的气化冷凝物相似。

在已有分辨率的 MDIS NAC 图像中，窦加撞击坑坑底周缘未见类似于月球撞击坑底部的近平行排列的坑底周缘裂隙。

阿贝丁撞击坑($D=116$ km；61.8°N；11°W) 位于水星的北部平原上(Head et al，2011)，其溅射纹很不明显。阿贝丁的坑底具有一簇中央峰(图 5-40A)。坑底南东侧相对崎岖，可见大量隆起的丘陵。在坑底平坦的区域发育了大量的冷凝裂隙，这些裂隙具有不同的走向(图 5-40C)，在坑底形成多边形地貌(图 5-40C)。单条裂隙的长度一般小于 2 km，宽度大于 100

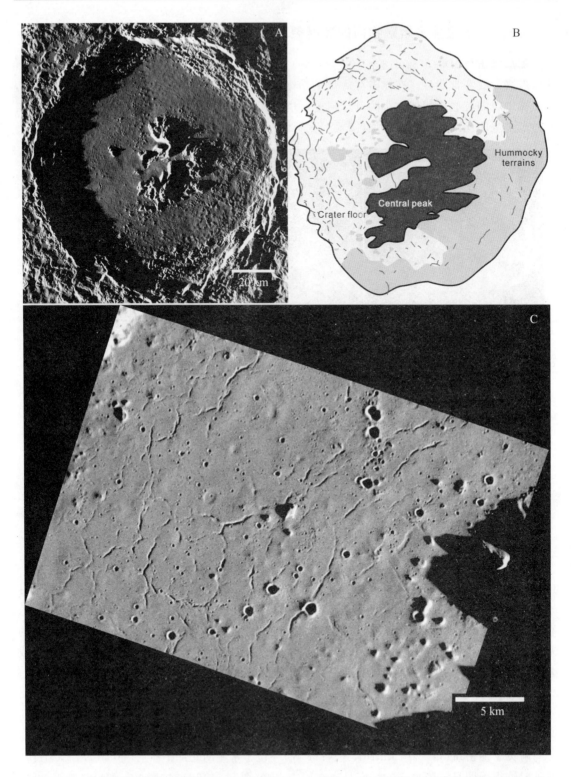

图 5-40 水星阿贝丁撞击坑底部的冷凝裂隙(Xiao et al,2013)。(A)MDIS NAC 获取的阿贝丁撞击坑影像镶嵌图;(B)阿贝丁撞击坑底部的裂隙分布;(C)裂隙的详细形态

m。其长度-宽度比在 3—12 之间,平均值为 8。在现有的高分辨率图像中,撞击坑坑底的边缘没有发现类似月球上 MFs 的裂隙。

北斋撞击盆地($D=95$ km;57.8°N;17°E) 是水星表面最显著的撞击构造单元之一,位于北部平原上,其溅射纹的延伸距离超过 4 000 km(图 2 - 17)。相比其他类似大小的水星撞击坑,北斋撞击盆地具有一些奇特的地貌特征。例如,北斋撞击盆地比相邻的阿贝丁撞击坑小约 20 km,但是北斋撞击盆地的底部发育有原始的中央峰环(图 5 - 41A),而阿贝丁撞击坑则是典型的复杂撞击坑。由于水星上撞击体的撞击速度差异较大,前人的研究认为北斋撞击盆地形成于一次超高速(速度大于水星上的平均撞击速度)的撞击事件(Xiao et al,2014)。

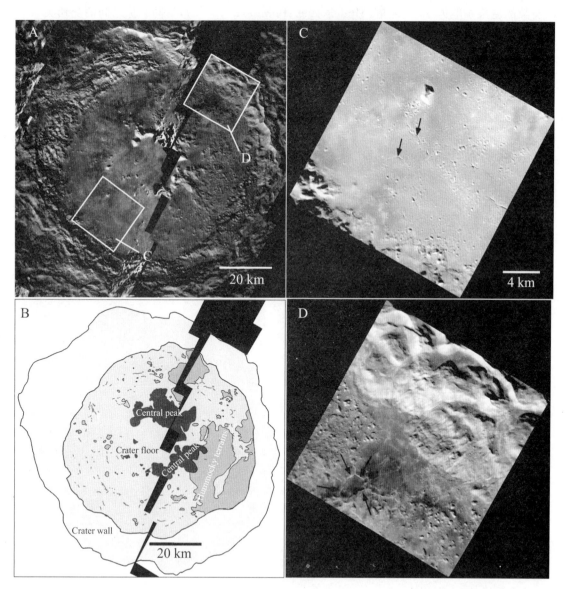

图 5 - 41 水星北斋撞击盆地及其坑底撞击熔融内的冷凝(Xiao et al,2013)。(A)MDIS 镶嵌图中的北斋撞击盆地;(B)北斋撞击盆地中的坑内裂隙的分布;(C)北斋撞击盆地内的裂隙的形态;(D)北斋撞击盆地底部极少见由坑内裂隙构成的多边形。图中黑色箭头所示为一个少见的例子

北斋撞击盆地的坑底西侧相对平坦,撞击熔融中的冷凝裂隙也大多位于西侧坑底。这些裂隙一般位于靠近坑底中央的区域,因而可称为坑内裂隙(IFs)。北斋撞击盆地内单条裂隙的长度一般小于 2 km,宽度一般在 70－150 m。其长度-宽度比在～5－35,平均值为～13。这些裂隙的宽度一般向两端减小(图 5-41C)。由于撞击速度较大,北斋撞击盆地形成时应产生了更多的熔融。但是,北斋撞击盆地底部的裂隙数量比阿贝丁和窦加撞击内的都少,因而在坑底少见多边形的地貌(图 5-41D)。

水星表面的撞击熔融在冷凝的过程中表面积恒定,冷凝收缩形成的拉张应力是图 5-39 到图 5-41 中所示的张裂隙。这些裂隙与地球岩浆湖中形成的裂隙有极多相似之处,例如坑内裂隙的夹角一般为 90°或钝角(Müller,1998;Bohn et al.,2005),不同裂隙之间的交切关系表明撞击熔融内的裂隙也经历了逐渐生长的过程。因此,水星上的撞击熔融的冷凝过程在某种程度上能类比地球岩浆湖的冷凝过程。另外,水星撞击熔融中形成的冷凝裂隙的拉张应力是在热辐射降温的作用下形成的,将这些裂隙与月球撞击熔融中的冷凝裂隙类比将为了解热辐射的效率提供对比视角。具体类比请见第 6.3 节。

第六章　月球与水星表面年轻地质活动的对比及其对行星表面地质过程的指示意义

§6.1　柯伊伯纪的水星与哥白尼纪的月球的相对活跃程度

从水星撞击坑统计得到的绝对模式年龄(见第 3.4 节)可发现：水星曼苏尔纪(~1.26 Ga)与月球的哥白尼纪(0.8 Ga)的绝对起始时间相当；水星柯伊伯纪的起始时间(~159 Ma)与月球阿里斯塔克撞击坑的形成时间(150 Ma)(Zanetti et al.,2013)相当。根据第四章和第五章介绍的月球和水星表面的年轻地质活动，对比水星和月球上年轻地质活动的普遍性与活跃程度，可发现进入柯伊伯纪以来，水星表面比月球表面的地质过程更活跃。

岩浆活动　水星表面在曼苏尔纪依然存在多处小范围的岩浆活动，在柯伊伯纪依然存在爆发型火山活动(见第 5.1 节)。这表明水星内部依然存在强烈的部分熔融事件，水星幔部的熔融物在曼苏尔纪可穿过壳层到达表面，形成溢流型岩浆事件；有些幔部的熔融物内富含挥发分，在柯伊伯纪依然能喷出水星表面，并形成爆发式的火山喷发。并且，一些柯伊伯纪的爆发式喷发的岩浆物质的熔融深度或内部的挥发分成分不同，因而形成不同反照率的火成碎屑沉积物。相比之下，月球表面在厄拉多塞纪晚期以来，尤其是在哥白尼纪，表面岩浆活动已基本停止，尚未发现确定的哥白尼纪火成碎屑沉积物或表面熔岩单元。对比水星柯伊伯纪的绝对模式年龄与月球表面的地层年代，可发现自阿里斯塔克撞击坑形成后(模式年龄约为 150 Ma)，月球表面未见岩浆活动的痕迹。前人曾提出月球在~50 Ma 前，月壳浅部的熔岩侵位形成岩盖，其生长过程顶托表面地形造成局部拉张应力，并形成小型伸展构造(见第 5.1 节)，哥白尼纪以来的壳层岩浆侵入活动不是解释表面小型地堑的成因机制。更可能的是，月球内部在哥白尼纪的热状态不足以在月壳中形成次表层的岩浆侵入活动。

构造活动　目前可确认水星表面在曼苏尔纪依然形成了大规模的挤压构造，如逆冲推覆断层形成的叶片状悬崖。相比之下，月球表面在~1.2 Ga 前，大规模的叶片状悬崖(与月海沉降有关的长达数百千米的构造形迹)不再形成(Watters and Johnson,2010)。自柯伊伯纪以来，月球和水星的外核依然处于熔融状态，因而，由于星体的持续冷凝造成的全球收缩在水星和月球上依然在发生。在月球表面已发现了超过 2 000 条与全球收缩有关的小型叶片状悬崖(长度远小于 10 km 叶片状悬崖)，有些年龄小于 100 Ma。在水星上，有些大规模的叶片状悬崖可能切割具有溅射纹的撞击坑，而有些小型叶片状悬崖切割小型水星撞击坑，故可能形成于柯伊伯纪(见第 5.2 节)。但是，目前在水星表面发现的小型叶片状悬崖比月球上的少很多。可能原因是 MDIS NAC 影像数据的分辨率比 LRO NAC 数据差至少一个数量级，因而，很多水星上的小型叶片状悬崖尚未被发现或确认。

撞击作用　水星表面的撞击频率和平均撞击速度比月球上的大。虽然水星表面的重力加速度较大，故同一速度的溅射物在水星上的运移距离较小。但是，水星表面更大的平均撞击速度产生了更大的溅射速度,溅射物在重新返回水星表面的过程中,形成的二次撞击坑比月球上的大(见第6.2节)。二次撞击坑的挖掘作用在混合行星表面的物质时至关重要。因此,在进入哥白尼纪和柯伊伯纪之后,水星上的撞击作用对表面的挖掘和改造作用比月球上的更强。

壳层挥发分 月球壳层内缺乏挥发分,但月幔中的挥发分含量曾经相对较高,月幔熔融曾足以在月球表面形成爆发型火山活动,形成火成碎屑沉积物。持续的撞击翻转和空间风化使月球和水星壳层的挥发分含量逐渐减小。在月球表面未见与壳层的挥发分活动有关的地貌单元。水星也曾一度被认为与月球一样,极度缺乏挥发分(Boyton et al,2007)。但近年来的信使号探测发现,水星表面广布着与壳层挥发分活动有关的地貌单元,例如白晕凹陷和暗斑。这些地貌单元现在依然在水星表面存在和发生,且不断地塑造水星的局部地貌。水星上的挥发分可能影响曼苏尔纪以来撞击挖掘过程,造成较大的溅射角,形成较圆的二次撞击坑。水星壳层经历了近46亿年的撞击翻转和挖掘,太阳风不断分解并剥离水星壳层内的挥发分(如K和Na),其含量应该持续下降。但是,水星在曼苏尔纪还能保持如此高的挥发分含量以形成白晕凹陷与暗斑。这暗示着水星壳层内的挥发分可能以一定的驱动机制在某些单元内相对汇集,或者含量未曾减少。在水星表面,在太阳风和水星磁场的作用下,硫元素可以从阳面运移至阴面,该循环大体上保持了壳层中硫元素的稳定性。若考虑挥发分元素从外逸层逃逸至空间,那么水星壳层内的挥发分可能存在某种补偿机制。在地球上,大气循环和火山活动是补偿壳层内的挥发分的主要机制。而水星缺乏大气循环,因而水星内部可能存在的地质活动(如岩浆侵入等)持续地补充水星壳层内的挥发分。

坡面块体运动 LRO NAC数据证明月球表面广布着各式各样活跃的坡面块体运动,这些物质运动是在重力驱动下进行的。由于水星表面的重力加速度比月球上的大,坡面块体运动在改造水星表面中的作用更大。另外,由于水星表面的其他地质活动更活跃(岩浆、构造和撞击活动等),因而水星表面块体运动的触发机制更多。所以,块体运动在柯伊伯纪水星表面应该更活跃。由于MDIS数据的分辨率相对较低,目前仅发现少数几处坡面块体运动的痕迹(Xiao and Komastu,2013),因而尚不可直接从影像数据中对比水星和月球表面在~159 Ma以来坡面块体运动的强弱程度。

§6.2 月球与水星年轻撞击坑的对比及其对撞击挖掘过程中的主控因素的指示意义

6.2.1 引言

视觉上看,水星和月球非常相似,表面布满了大大小小的撞击坑。年轻的撞击坑及其二次撞击坑的形态保存完好,受后期侵蚀改造的影响较小,因而是研究撞击过程中形态和尺度参数的最佳对象。月球和水星表面的撞击过程未受到大气的影响,因而是类比研究撞击过程的理想实验室(Gault et al,1975;Schultz and Singer,1980)。

当研究撞击速度、表面重力和撞击体与被撞击体的物质特性对月球和水星上的撞击坑的大小、形态的影响时,前人的观念未曾达到一致。例如,Murray et al(1974)认为对于相同大小的撞击体,水星上较大的平均撞击速度能克服较大的表面重力,形成更大的撞击坑。Gault et al(1975)则认为控制水星和月球撞击坑大小差异的主要原因是重力加速度,而被撞击体的物质特性、撞击速度和可能的热演化历史等作用较小。Cintala et al(1976)和 Smith and Hartnell(1978)等认为重力、被撞击体的物质特性以及撞击速度共同决定了类地行星和月球上的撞击坑的大小。Head(1976)、Cintala et al(1977)和 Malin and Dzurisin(1978)进一步提出被撞击体的物质特性是控制撞击坑坑缘阶地的大小以及简单-复杂撞击坑的过渡直径的重要参数。而 Pike(1988)和 Schultz(1988)则认为表面重力和撞击速度是控制简单-复杂撞击坑的过渡直径的主要因素。

天体表面的撞击过程可分为三个阶段(Gault et al,1968；Melosh,1989)：接触耦合阶段(coupling stage)、挖掘阶段(excavation stage)和改造阶段(modification stage)。当撞击体接触到被撞击体(target)表面时，接触耦合阶段开始，撞击体的动能耦合至被撞击体中，与此同时发生撞击气化和熔融。在熔融腔之外，向外扩张的冲击波严重地破坏并溅射被撞击体中的物质，撞击挖掘阶段开始。冲击波快速向外传播，能量不断减弱，溅射速度不断下降。当冲击波的能量不足以继续溅射物质时，撞击挖掘阶段结束。进而，改造阶段开始。在此过程中，溅射的物质返回被撞击体表面，开挖腔坍塌。因而，撞击坑的直径在改造阶段继续增大，而其深度则减小。相比撞击接触和挖掘阶段，改造阶段的持续时间较长(Melosh,1989)。

撞击过程的每个阶段中的控制因素不同(Holsapple,1993)。因此，撞击坑的不同部位(撞击坑的直径、坑壁阶地的宽度和数量、中央峰的直径和高度等)的形态与大小的控制因素也不同(Schultz,1976)。例如，年轻撞击坑内部的组构形成于撞击过程中，但后来被垮塌或其他地质过程改造(Melosh,1989)，因而内部组构记录了从初始接触耦合阶段到改造阶段的所有地质过程。前人对比月球和水星撞击坑的工作大部分都是针对撞击坑的内部组构，因而，这些研究中发现的形态和大小差异很多反映的是整个撞击过程中的控制因素。为了全面了解撞击过程，对其各阶段的主控因素应都有了解。例如，撞击挖掘阶段的主控因素可通过其产生的熔融和气化物的数量反映(Cintala,1992)；改造阶段的主控因素可通过坑缘阶地的宽度和数量来表示(Pike,1980)。

年轻撞击坑的外部结构，包括连续溅射物和二次撞击坑，形成于撞击挖掘阶段。相比坑内结构，外部结构受后期改造阶段的影响较小。因此，年轻撞击坑的外部结构准确地记录了撞击挖掘阶段的主控因素。通过对比月球和水星上的年轻撞击坑的外部结构，前人认为仅有重力(Gault et al,1975；Schultz and Singer,1980)，或重力与撞击速度共同控制了撞击挖掘阶段(Pike,1980；Schultz,1988)。但是，这些研究使用单次测量的径向距离代替撞击坑的外部结构，而撞击坑的沉积物往往在不同方位上的径向长度不等。因而，单次测量的结果可能会造成解释上的误差。另外，在对比月球和水星上的年轻撞击坑时，早期的研究数据受限于水手10号获取的影像资料(Murray et al,1975；Gault et al,1975；Cintala et al,1977)。水手10号仅获取了水星表面45%的影像数据，且其中含有很多低太阳入射角的数据，因而不利于解译水星表面的地貌(Murray et al,1974；Strom,1979)。

信使号在2011年3月入轨水星，MDIS已经获取了水星表面超过99%的影像数据，其分辨率以及获取数据时的光照条件均比水手10号有较大的提升。因而，MDIS在轨期间获取的数据有利于研究水星表面的撞击坑的地貌。本书尝试利用信使号数据和LRO数据，对比水星和月球表面年轻撞击坑的外部形态，结合撞击过程的尺度方程，研究重力、撞击速度和被撞击体的物质特性对撞击挖掘过程的影响。

6.2.2 研究目标、方法和数据

撞击挖掘阶段的示意图如图6-1所示。撞击过程将被撞击体的物质从开挖腔内溅射出去,并沉积在坑缘之外。早期的学者使用不同的方法对撞击坑的外部结构进行分类,例如Gault et al(1975)将撞击坑的溅射物分为连续和不连续溅射物(continuous ejecta and discontinuous ejecta facies),其中连续溅射物即为溅射毯(ejecta blanket),不连续溅射物为二次撞击坑;Schultz and Singer(1980)将撞击坑的外部结构划分为连续溅射沉积物、连续二次撞击坑相(continuous secondaries facies)和不连续二次撞击坑相(discontinuous secondaries facies)。这里采用与Schultz and Singer(1980)相同的方式划分撞击坑的结构,如图6-2为一个例子。

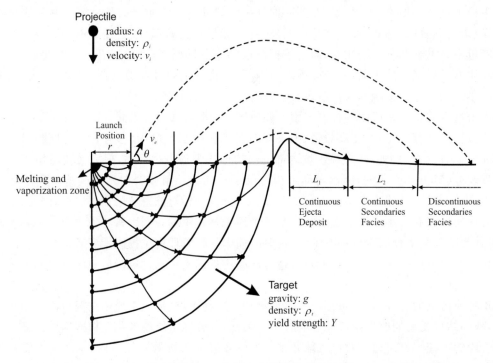

图6-1 行星表面的撞击挖掘过程示意图。图中各参数以及符号请见第6.2.2小节的描述(Xiao et al,2014)。开挖腔内的同心环状实线代表了同一时刻到达的冲击波前锋面;带箭头的实线代表了开挖腔内的物质溅射的轨迹,具有相同发射位置的溅射碎片的溅射速度相等;虚线代表了溅射物运移的弹道轨道

连续溅射沉积物上没有明显的二次撞击坑串或链,它起始于撞击坑的边缘,具有凹凸不平的形态,向外逐渐过渡至辐射状的皱脊区域(Schultz and Singer,1980)。这两个区域没有明显的界线,共同组成了连续溅射沉积物。连续二次撞击坑相的典型地物是成串或成链的二次撞击坑,位于连续溅射沉积物之外。当与撞击坑的中心超过一定距离后,二次撞击坑孤立存在,形成不连续二次撞击坑相。这些二次撞击坑是由于撞击挖掘最开始的阶段,撞击碎块的溅射速度足够大,以至于能运移较远的距离形成孤立分布的二次撞击坑,又称远二次撞击坑(distant secondaries)(Xiao and Strom,2012)。有些撞击坑形成的不连续二次撞击坑相的分布范围很广,甚至达到全球分布。例如水星上的北斋撞击盆地和月球上的第谷撞击坑(图2-17)。

年轻撞击坑的外部结构主要形成于撞击挖掘阶段,受后续改造阶段的影响较小,因而其大小主要由溅射物的运动轨迹控制。在水星和月球上,由于没有大气的拖拽作用,溅射物的运动轨迹遵从弹道轨迹的运动规律,其控制因素包括(图6-1)溅射物的发射位置(r),溅射速度(v_e)和溅射角度(θ)。撞击体的撞击速度(v_i)、表面重力(g)、撞击体与被撞击体的物质特性影响这些参数。因而,通过对比月球和水星上的年轻撞击坑的外部结构的大小,可研究月球和水星上的撞击挖掘阶段的控制因素。

前人的研究使用单次测量的径向距离代替连续溅射沉积物和连续二次撞击坑相的大小(Gault et al,1975;Schultz and Singer,1980)。但是,现实中,天体表面很少有撞击体垂直撞击天体表面(Hermalyn and Schultz,2010),因此其溅射物的分布范围很少围绕撞击点对称分布(Gault and Wedekind,1978;Schultz,1992;Schultz et al,2007),往往在不同的区域存在很大差异(如图6-2)。单次测量径向距离不能准确地代表撞击坑的外部结构的大小。这里,本节测量溅射物的面积大小而不是单次测量的径向距离。S_1是连续溅射沉积物的面积,S_2是连续二次撞击坑相的面积。

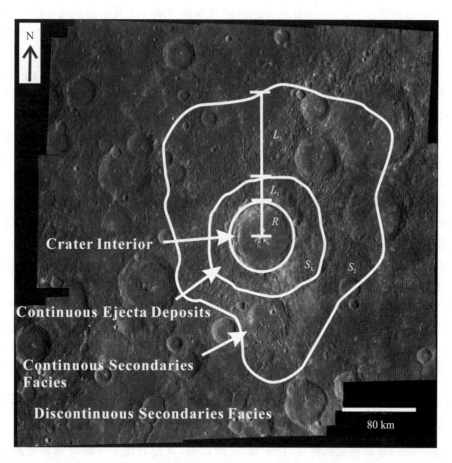

图6-2 水星上的一个典型撞击坑,其溅射物的分布并不呈中心对称式分布(Xiao et al,2014)

另外,为了验证重力是否是复杂撞击坑形成过程中的挖掘阶段的唯一主控因素,本书使用重力域的撞击过程的尺度方程(Gravity-regime cratering scaling laws)与测量的结果对比。

由于该尺度方程中使用的是径向长度而非面积，根据本书测量得到的 S_1 和 S_2，分别计算了连续溅射沉积物和连续二次撞击坑相的等效径向长度（分别为 L_1 和 L_2）。

另外，撞击挖掘过程中形成的溅射物在返回被撞击体表面时形成大小不一的二次撞击坑。每个原始撞击坑形成的二次撞击坑的最大直径为 d_{max}，d_{max} 的影响因素包括表面重力、溅射速度、溅射角度、溅射物大小和溅射物状态（也即固态或液态）(Schultz and Gault, 1985)。这些参数均与其原始撞击坑的挖掘过程有关。因而，通过对比月球和水星上相似大小的年轻撞击坑形成的最大二次撞击坑，可反映其撞击挖掘过程中的主控因素。连续二次撞击坑相上的二次撞击坑的密度取决于二次撞击坑的数量及该相的面积(S_2)。故本书也通过对比相似大小的月球和水星撞击坑的连续二次撞击坑相的密度，研究其原始撞击坑形成时挖掘阶段的主控因素。

本书选择月球和水星上的年轻复杂撞击坑($D>20$ km)。其坑缘鲜明，未受破坏，二次撞击坑区域完整，连续溅射沉积物上无太多后期形成的撞击坑。这些撞击坑属于 LPL 形态学第一类撞击坑(Arthur et al, 1963; Wood and Anderson, 1978)。一些大型的($D>300$ km)撞击盆地的二次撞击坑保存完好，虽然这些盆地可能比形态学第一类复杂撞击坑年轻，本书也将其纳入比较的范围。另外，为避免月球和水星上不同的背景地质单元对撞击挖掘过程的影响，这里分别处理月海和月球高地上的撞击坑，水星平原和严重撞击区域的撞击坑。

本书选取 10 个直径在 20—90 km 的月海撞击坑、17 个直径在 20—190 km 的月球高地撞击坑、21 个直径在 40—260 km 的水星平原撞击坑和 32 个直径在 40—300 km 的水星严重撞击区域的撞击坑。所选取的撞击坑的基本信息请参见 Xiao et al (2014)。

为准确测量撞击坑的 S_1 和 S_2，使用 ISIS 软件处理 MDIS 数据制作了每个水星撞击坑的区域影像镶嵌图，投影中心为每个撞击坑的中心点坐标，投影方式为正弦曲线投影。由于本书选取的月球撞击坑均位于月球的中低纬度区域(60°N—60°S)，测量月球撞击坑的 S_1 和 S_2 使用了 LRO WAC 全球影像镶嵌图(http://wms.lroc.asu.edu/lroc/global_product/100_mpp_global_bw/about)。该镶嵌图分为 12 幅，中低纬度的投影为等长方形投影。使用该数据集在测量 S_1 和 S_2 的误差可以忽略，因为测量的面积和使用国际天文协会(International Astronomical Union; IAU)规定的相应月球撞击坑的直径计算的面积在～15%的误差范围内。对应的 L_1 和 L_2 的误差在 7% 以内。

这里使用开源软件 ImageJ (http://rsbweb.nih.gov/ij/) 测量 S_1、S_2 和 d_{max}，并统计二次撞击坑的大小-频率分布。所有的 MDIS 和 LRO WAC 数据的太阳高度角（太阳入射角与月面垂线的夹角）在 69°—82°，以避免由于光线差异误判连续溅射沉积物和连续二次撞击坑相的边界。

6.2.3 对比月球和水星表面年轻撞击坑的连续溅射沉积物与连续二次撞击坑相的大小

为避免不同的地质单元的物性对 S_1 和 S_2 的影响，首先对比了月球高地和月海区域的撞击坑的 S_1 和 S_2。图 6-3A 为对比结果。由于月海比与月球高地年轻，故月海表面缺乏形态学第一类复杂撞击坑，尤其是在 $D>100$ km 的直径区间。在直径大于 30 km 的区间内，月海和月球高地上相同大小的撞击坑的连续溅射沉积物的大小相当，连续二次撞击坑相的大小相当。但是，在～20—200 km 的直径区间，月海和月球高地上的 S_1 vs D 和 S_2 vs D 分布具有不同的拟合曲线(表6-1)。造成该差异的原因可能是使用LRO WAC数据(100米/像素)不能准确的判定直径为20-30 km的撞击坑的连续溅射沉积物和连续二次撞击坑的界线。由于图6-3A中只有2个撞击坑的直径在20-30 km,因而这两个例子将从接下来对月球和水星上的S_1 vs D 和S_2 vs D中剔除。

对比水星严重撞击区和水星平原上的数据发现相同大小的撞击坑的S_1和S_2相当(图6-3B),也不受背景地质单元的影响。但是,水星和月球表面的可能物质差异对S_1和S_2的影响依然需要进一步考虑。

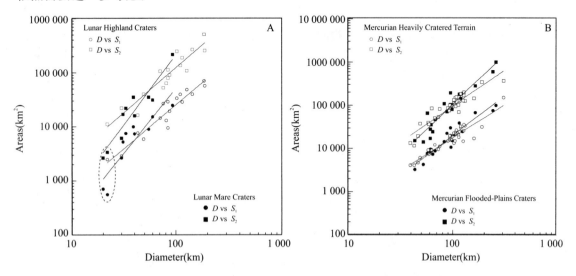

图6-3 (A)月海(Lunar Mare)和月球高地(Lunar Highland)上的撞击坑的外部溅射物类比;(B)水星平原(Flood-Plains)和严重撞击区的外部溅射物大小类比(Xiao et al,2014)

将所有的水星撞击坑与月球撞击坑对比,图6-4A和6-4B是其S_1 vs D和S_2 vs D的对比结果。总体而言,月球撞击坑的连续溅射沉积物和连续二次撞击坑相的面积均比相同大小的月球撞击坑的大。自然的,月球撞击坑从坑缘至连续二次撞击坑相最外围的面积(S_1+S_2)也比相同大小的水星撞击坑的大(图6-4C)。在直径为30-200 km时,相同大小的月球和水星撞击坑的S_1 vs D,S_2 vs D和S_1+S_2 vs D的比值可根据其拟合直线的方程(参数见表6-1)计算为:

$$\frac{S_{1_M}}{S_{1_L}} = 0.58 - 0.78, \quad \frac{S_{2_M}}{S_{2_L}} = 0.69 - 0.82, \quad \frac{(S_1+S_2)_M}{(S_1+S_2)_L} = 0.66 - 0.83 \quad (6-1)$$

根据S_1和S_2的测量值,利用公式(6-2)可计算L_1和L_2的值。

$$S_1 = \pi(R+L_1)^2 - \pi R^2, \quad S_2 = \pi(R+L_1+L_2)^2 - \pi(R+L_1)^2 \quad (6-2)$$

其中R为撞击坑的半径,等于$D/2$。图6-4D为相应的L_1 vs D和L_2 vs D的关系。L_1 vs D和L_2 vs D的数据点较为分散,其确定系数(coefficients of determination)相对较小(见表6-1),表明相同大小的月球和水星撞击坑的连续溅射沉积物和连续二次撞击坑相的大小差异较大。但大体而言,月球撞击坑的连续溅射沉积物和连续二次撞击坑相的径向长度均比相同大小的水星撞击坑的大。在直径为30-200 km时,相同大小的月球和水星撞击坑的L_1 vs D和L_2 vs D的比值可根据其拟合直线的方程(参数见表6-1)计算为:

$$\frac{L_{1_M}}{L_{1_L}} = 0.60 - 0.84, \quad \frac{L_{2_M}}{L_{2_L}} = 0.68 - 0.81 \tag{6-3}$$

公式(6-1)和公式(6-3)中的结果验证了前人的观点:由于水星上的重力加速度相对较大,水星上的连续溅射沉积物和连续二次撞击坑比相同大小的月球撞击坑的小(Murray et al, 1974,1975;Guest and O'Donnell,1977)。Gault et al(1975)也估算了相同大小的水星和月球撞击坑的 L_1 的比值,其结果为 $L_{1_M}/L_{1_L} = 0.65$。该结果在本书的测量范围内(公式(6-3)),但本书的结果的值域更大,这表明水星上有些撞击坑能形成更宽阔的连续溅射沉积物和连续二次撞击坑相。

从撞击坑的中央到连续溅射沉积物的最外围的等效径向距离(L_1+R)以及从撞击坑中央到连续二次撞击坑相最外围的等效径向距离(L_1+L_2+R)可根据测量的 S_1 和 S_2 计算。图 6-4D 对比了月球和水星上的结果。

$$\frac{(L_1+R)_M}{(L_1+R)_L} = 0.85 - 0.88, \quad \frac{(L_1+L_2+R)_M}{(L_1+L_2+R)_L} = 0.81 - 0.83 \tag{6-4}$$

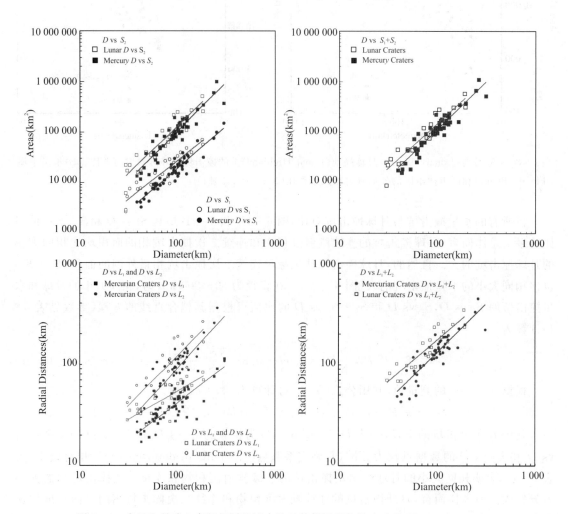

图 6-4　水星和月球上直径相同的撞击坑的外部沉积物的大小比(Xiao et al,2014)

表 6-1　月球和水星上的形态学第一类复杂撞击坑的外部溅射物
结构的大小与其直径的幂律拟合直线的系数(Xiao et al,2014)

撞击坑的外部结构	幂律拟合直线的系数[①]		
	a	b	R^2
月球高地撞击坑 S_1	2.65	1.63	0.91
月球高地撞击坑 S_2	4.05	1.67	0.88
月海撞击坑 S_1	−0.2	2.34	0.81
月海撞击坑 S_2	0.34	2.59	0.88
水星严重撞击区域的撞击坑 S_1	2.68	1.54	0.87
水星严重撞击区域的撞击坑 S_2	3.73	1.68	0.86
水星平原上的撞击坑 S_1	1.33	1.86	0.91
水星平原上的撞击坑 S_2	0.87	2.32	0.90
月球撞击坑 S_1	3.19	1.52	0.88
月球撞击坑 S_2	3.20	1.86	0.87
水星撞击坑 S_1	2.12	1.67	0.88
水星撞击坑 S_2	2.52	1.95	0.86
月球撞击坑 S_1+S_2	3.72	1.79	0.90
水星撞击坑 S_1+S_2	2.90	1.91	0.88
月球撞击坑 L_1	1.43	0.56	0.64
月球撞击坑 L_2	0.28	0.98	0.77
水星撞击坑 L_1	0.30	0.74	0.71
水星撞击坑 L_2	−0.41	1.07	0.69
月球撞击坑 $R+L_1$	0.48	0.91	0.92
月球撞击坑 $R+L_1+R_2$	0.96	0.97	0.92
水星撞击坑 $R+L_1$	0.42	0.89	0.95
水星撞击坑 $R+L_1+R_2$	0.72	0.98	0.88
月球高地撞击坑 d_{max}	−6.27	1.72	0.84
月海撞击坑 d_{max}	−5.41	1.51	0.91
水星严重撞击区域的撞击坑 d_{max}	−3.28	1.11	0.92
水星平原上的撞击坑 d_{max}	−3.57	1.17	0.82
月球撞击坑 d_{max}	−5.81	1.60	0.92
水星撞击坑 d_{max}	−3.39	1.13	0.86

注:①幂律函数的关系式为 $X=e^a \times D^b$。其中,a 和 b 是系数,D 为撞击坑的坑缘直径。R 的平方(R^2)为确定系数。

总体而言,本书的测量结果与前人的观点一致(Gault et al,1975),并支持水星表面更大的重力加速度对撞击挖掘过程具有重要影响。同时,本书的测量结果具有一定的值域(公式(6-3)),且比前人的结果更大(Gault et al,1975)。这表明除了重力之外,其他因素也严重影响了水星和月球撞击挖掘阶段的溅射物的运移距离。

6.2.4　对比月球和水星撞击坑的二次撞击坑

典型的月球二次撞击坑具有鱼骨状形貌(herringbone morphology)、极不对称的溅射物分布、皱脊状边缘和底部隆起(Oberbeck and Morrison,1974)。这些特征在连续二次撞击坑相上体现得尤为明显(Schultz and Gault,1985)。有些连续二次撞击坑甚至由于紧密相连而呈沟槽状。不连续二次撞击坑相中的二次撞击坑为远二次撞击坑,其形态可能迥然不同。

前人曾对比了水星 Alencar 撞击坑和月球哥白尼撞击坑的二次撞击坑的形态(Schultz and Gault,1985),他们测量了 11 个哥白尼撞击坑的二次撞击坑和 5 个 Alencar 撞击坑的二次撞击坑的长度和宽度,并利用长度-宽度比代表其曲率。结果发现 Alencar 的二次撞击坑稍圆(Schultz and Gault,1985)。但是,该统计结果基于较少的样品,且二次撞击坑的形态极其复杂,不能简单通过长-宽比表示。

本书发现,在水星上,尽管二次撞击坑距离坑缘更近,但是在很多水星撞击坑的连续二次撞击坑相上,那里的二次撞击坑具有更圆的形态,且相邻的二次撞击坑的分布相对离散,与典型的月球二次撞击坑完全不同。图 6-5 对比了两组的水星和月球撞击坑的二次撞击坑的形

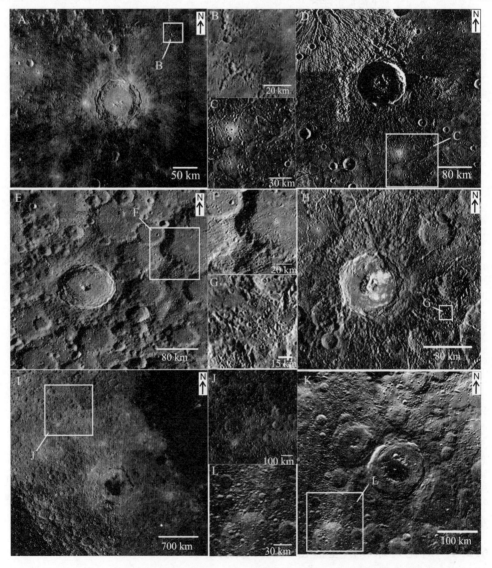

图 6-5 对比水星和月球上(瞬间撞击坑)大小相当的撞击坑的二次撞击坑(Xiao et al.,2014)

貌特征,每组的两个撞击坑的瞬间坑(transient craters:是挖掘阶段结束时形成的抛物线形的开挖腔)大小相当。其中哥白尼撞击坑($D=93$ km;$10°N,20°W$;图6-5A)位于月海上,Atget撞击坑($D=103$ km;$26°N,166°E$;图6-5D)位于水星卡路里内平原(Murchie et al,2008;Strom et al,2008)。哥白尼的连续二次撞击坑相上的二次撞击坑以链状或串状出现,具有典型的鱼骨状形态。相反,Atget撞击坑的很大一部分二次撞击坑都是相对孤立分布的,且其边缘较圆。在月球高地和水星严重撞击区上,相同大小的撞击坑的二次撞击坑的形态也有类似的差异。例如月球第谷撞击坑($D=86$ km;$43°S,11°W$)的二次撞击坑形态极不规则,而水星Tyagaraja撞击坑则有相当一部分的二次撞击坑具有圆形的边缘和相对离散分布的特征。当然,很多Atget和Tyagaraja的二次撞击坑也呈串状和链状分布。

水星上具有圆形二次撞击坑的撞击坑在平原和严重撞击区内都存在。在大型的撞击盆地中尤为广泛。例如图6-6为水星Rachmaninoff($D=306$ km;$28°N,58°E$;图6-6A),Raditladi($D=258$ km;$27°N,119°E$;图6-6B)和Mozart($D=241$ km;$8°N,170°E$;图6-6C)撞击盆地的圆形二次撞击坑。但并非所有的水星撞击坑都具有圆形和相对孤立分布的二次撞击坑。例如图6-5D中的水星撞击坑与月球撞击坑类似,其二次撞击坑呈典型的链状和串状。

相反,本书选取的所有月球撞击坑均没有圆形的二次撞击坑;目前在月球上仅发现东海盆地和南极艾肯盆地最低处的Antoniadi撞击坑具有类似的圆形二次撞击坑(图6-5I—L)。

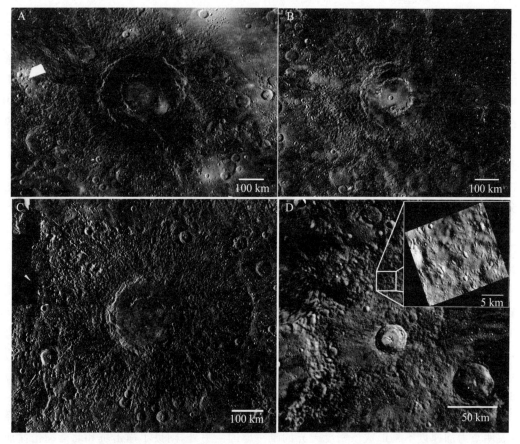

图6-6 水星上的大型撞击盆地的连续二次撞击坑形态较圆,分布离散;而有些水星撞击坑的二次撞击坑也成串分布,具有典型的鱼骨状形态(Xiao et al,2014)

图 6-7 对比了月球和水星撞击坑的最大二次撞击坑(d_{max})的大小。在月球和水星上,相同大小而不同地质单元(也即月海和月球高地,水星平原和严重撞击区域)的撞击坑的 d_{max} 并无明显的差异。这表明月球上不同地质单元的物质差异不影响相同大小的撞击坑形成的二次撞击坑的大小。该规律对水星平原和严重撞击区的对比上也一样(图 6-7)。但是,月球和水星之间的物质差异对 d_{max} 的影响尚不可排除。图 6-7A 显示,在 $D<\sim40$ km 的直径范围内,月球上相同大小的撞击坑的 d_{max} 的差别较大,可达~5 倍。可能原因包括:①相同大小的月球撞击坑可形成了不同大小的 d_{max};②LRO WAC 数据的分辨率为 100 米/像素,而直径小于 40 km 的撞击坑的 d_{max} 最大为 1 km,因而测量其直径可能存在较大的误差。不管如何,由于只有 4 个月球撞击坑的直径小于 40 km,这些例子将在对比水星撞击坑时剔除。

对比所有月球和水星撞击坑的 d_{max} 发现(图 6-7C),在 $D<\sim170$ km 时,水星撞击坑的 d_{max} 普遍较大。而在更大的直径范围内,相同大小的水星和月球撞击坑的最大二次撞击坑大小相当。但是,月球上直径大于 170 km 的撞击坑较少,因而,该直径区间内的比较结果不具有普遍意义。在 $D=40-170$ km 时,相同大小的水星与月球撞击坑的最大二次撞击坑有如下结果关系:

$$\frac{d_{max}^M}{d_{max}^L} = 1.0 \sim 2.0 \tag{6-5}$$

Schultz and Singer(1980)对比了水星 Alencar 撞击坑($D=116$ km)和月球上的哥白尼纪与阿里斯塔克撞击坑的二次撞击坑的大小-范围分布。其测量范围是每个撞击坑的连续二次撞击坑相的 30°范围(整个连续二次撞击坑相为 360°),结果发现哥白尼的 d_{max} 比 Alencar 撞击坑的大,而阿里斯塔克撞击坑的 d_{max} 最小。本书的测量范围覆盖了所有撞击坑的整个连续二次撞击坑相,结果发现月球撞击坑的 d_{max} 比相同直径的水星撞击坑的小(公式(6-5))。其中,哥白尼撞击坑的 d_{max} 为 4.3 km,阿里斯塔克撞击坑的 d_{max} 为 1.4 km,而 Alencar 的 d_{max} 为 7.5 km(Xiao et al,2013)。

本书还对比了月球哥白尼撞击坑、水星阿贝丁和北斋撞击盆地的连续二次撞击坑相上的撞击坑的密度。这三个撞击坑的大小相当,且均具有明亮的溅射纹。其二次撞击坑的大小-频率分布在相对分布法中表示,图 6-8 是对比的结果。这三个撞击坑的二次撞击坑的大小-频率分布在相对表示法中均为较陡的曲线,相互平行,差分斜率大约为-4。其中阿贝丁撞击坑的二次撞击坑的密度最大,北斋撞击盆地的密度最小。该分布特征与行星表面典型的二次撞击坑坑群的分布曲线一样(第3.3节)。

比起相同大小的月球撞击坑,水星撞击坑的二次撞击坑均看似更靠近坑缘,因而其密度看似较大。前人的研究也注意到了该现象(Murray et al,1974;Gault et al,1975;Guest and O'Donnell,1977;Scott,1977),并认为水星上较大的表面重力加速度使溅射物的运移距离减小,因而更靠近其坑缘。Melosh(1989)曾为此写到:"水星表面的重力加速度约为月球的两倍,因此,将二次撞击坑的分布范围减小一半,并将二次撞击坑的密度增大四倍。"该观点与本书的部分观察结果一致:阿贝丁的二次撞击坑的密度大约是哥白尼的四倍(图 6-8C)。

但是,北斋撞击盆地的二次撞击坑的密度却比哥白尼撞击坑小,这显然与前人的解释不同:表明重力加速度不是形成该密度差异的唯一原因。另外,阿贝丁撞击坑和北斋撞击盆地具有相似的直径,且均位于水星的北部平原上。但是,阿贝丁撞击坑的二次撞击坑密度是北斋的 3-8 倍。进一步证明重力加速度不是影响二次撞击坑的密度的唯一要素。

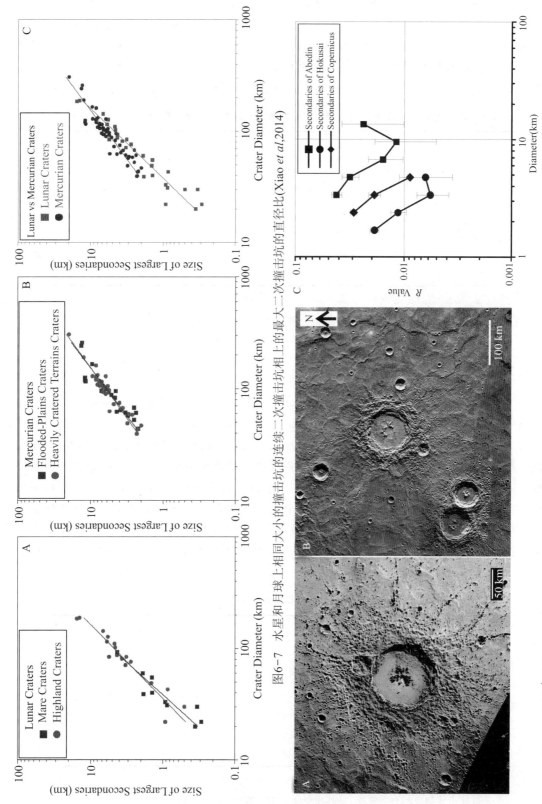

图6-7 水星和月球上相同大小的撞击坑的连续二次撞击坑相上的最大二次撞击坑的直径比(Xiao et al,2014)

图6-8 水星表面的阿贝丁撞击坑(A)、北斋撞击盆地(B)与月球哥白尼撞击坑的连续二次撞击坑区域的二次撞击坑密度比(C)(Xiao et al,2014)

表6-2总结了本书观察到的月球和水星表面形态学第一类撞击坑的外部结构的形态和大小特征差异。其中有些发现支持前人的观点，认为表面重力加速度是撞击挖掘过程中的重要控制参数。例如，水星撞击坑的连续溅射沉积物和连续二次撞击坑相比相同大小的月球撞击坑的小。然而，有些发现则与前人的观点相悖，表明重力加速度不是复杂撞击坑形成的撞击挖掘阶段的唯一控制参数。其他因素也影响了撞击挖掘过程，因而影响了溅射物的分布。

表6-2　水星与月球撞击坑的外部溅射物的大小与形态的对比结果(Xiao et al，2014)

	对比条目	月球	水星
原始撞击坑	连续溅射沉积物的面积($S^①$)	$S_{1_L} > S_{1_M}$	
	连续二次撞击坑相的面积($S^①$)	$S_{2_L} > S_{2_M}$	
二次撞击坑	圆形边缘	少见	较普遍②
	分布特征	高度集中	相对离散②
	空间密度	阿贝丁＞哥白尼＞北斋	
	$d_{\max}$	$d_{\max}^L < d_{\max}^M$ ③	

注：①S_1和S_2的对比见图6-3，其大小关系式见公式(6-1)。
②并非所有的水星撞击坑的二次撞击坑都是圆形和相对离散分布的。
③该关系式对直径$D<\sim170$ km的水星和月球撞击坑成立(见公式(6-5))

6.2.5　重力域的撞击尺度方程

为了解撞击过程中的物理机制，前人提出了不同的幂律方程代表撞击的各阶段的地质过程。这里使用目前被广泛接受和采用的Buckingham π 理论(Buckingham，1914)，描述撞击挖掘过程中的物理和数学关系。Buckingham π 理论与七个参数有关(Housen et al，1983)：撞击体的大小(a)、撞击体的速度(v_i)、被撞击体的强度(Y)、表面重力加速度(g)、溅射物的发射位置(r)，以及撞击体和被撞击体的密度(ρ_i 和 ρ_t)。假设撞向月球和水星的撞击体的物质特征都一样，本书仅考虑水星和月球表面被撞击体的物质差异。表6-3列举了不同的被撞击体的物质特性(Holsapple，1993)。由于本书研究的撞击坑均为复杂撞击坑，因而遵照惯例，重力加速度是其挖掘过程中的主控因素，被撞击体的物质强度Y则不考虑在重力域的撞击尺度方程中(Housen et al，1983；Holsapple，1993)。

表6-3　本书的撞击坑尺度方程中用到的参数(Holsapple，1993)

物质	K_1	μ	Y/MPa	ρ_t/(kg/m³)
水	2.30	0.55	0.0	1 000
沙	0.24	0.41	0.0	1 750
干燥土壤	0.24	0.41	0.18	1 500
潮湿土壤	0.20	0.55	1.14	2 000
低强度岩石	0.20	0.55	7.6	2 250
高强度岩石	0.2	0.55	18.0	2 500

注：μ 是与被撞击体的物质特征有关的尺度系数。
Y是被撞击体物质的有效强度，是其屈服强度的倍数(Holsapple，1993)

撞击挖掘阶段的晚期形成的开挖腔称为瞬间撞击坑。使用重力域的撞击尺度方程，瞬间撞击坑的体积(V)可定义为(Holsapple and Schmidt, 1987; Holsapple, 1993)：

$$V = K_1 \left(\frac{m_i}{\rho_t}\right) \left(\frac{ga}{v_i^2}\right)^{-\frac{3\mu}{2+\mu}} \left(\frac{\rho_t}{\rho_i}\right)^{\frac{\mu}{2+\mu}} \tag{6-6}$$

其中 K_1 是和被撞击体的物质特性有关的常数(表6-3)，m_i 是撞击体的质量，其关系式如下：

$$m_i = \frac{4\pi}{3}\rho_i a^3 \tag{6-7}$$

理想情况下，V 与瞬间撞击坑的直径(D_t)的关系如下：

$$V = \frac{1}{24}\pi D_t^3 \tag{6-8}$$

瞬间撞击坑形成之后迅速在改造阶段坍塌，发生坑缘外扩、坑底反弹与回填(Gault $et\ al$, 1975)。最终形成的撞击坑的直径(D)与瞬间撞击坑的直径的关系如下(Croft, 1985)。

$$D = 1.3 D_t ; \quad \text{if } D_t \leqslant \frac{D_0}{1.3} \tag{6-9}$$

$$D = 1.4 \frac{D_t^{1.18}}{D_0^{0.18}} ; \quad \text{if } D_t \geqslant \frac{D_0}{1.3} \tag{6-10}$$

其中 D_0 是简单撞击坑-复杂撞击坑的过渡直径。在水星上，$D_0=10.3$ km(Pike, 1988)，在月球上 $D_0=15-20$ km(Pike, 1977)，这里取 $D_0=17.5$ km。

在撞击挖掘过程中，开挖腔内的物质的溅射过程组从麦克斯维尔 Z 模式(Maxwell Z-model)，其示意图如图 6-1 所示(Maxwell, 1977)。溅射物的溅射速度 v_e 和距离撞击点的发射位置(r)有关，可通过公式(6-11)表示(Richardson $et\ al$, 2007)。

$$v_e(r) = \frac{\sqrt{2}}{C_T}\frac{\mu}{\mu+1}\sqrt{gR_t}\left(\frac{r}{R_t}\right)^{-\frac{1}{\mu}} \tag{6-11}$$

其中 C_T 是 0.75—0.95 之间的常量，这里取中间值为 0.85。R_t 是瞬间撞击坑的半径，相当于 $D_t/2$。理论上讲，撞击溅射物的发射距离可以是 0 到 R_t 的任意值(图6-1)。

一旦溅射物离开开挖腔之后，大多数遵从弹道轨迹重新返回被撞击体的表面。当然有些溅射物的速度足以克服被撞击体表面的重力约束而逃逸出去。溅射物的水平飞行距离与其溅射速度和离开开挖腔时的溅射角度 θ 有关(Melosh, 1989)。

$$R_e = 2R_p \tan^{-1}\left[\frac{\left(\frac{v_e^2}{R_p g}\right)\sin\theta\cos\theta}{1-\left(\frac{v_e^2}{R_p g}\right)\cos^2\theta}\right] \tag{6-12}$$

其中 R_p 是被撞击体的天体半径，月球的半径为 $R_p=1\ 737$ km，水星的半径为 $R_p=2\ 440$ km。如果溅射距离 R_e 远小于 R_p，那么上式可简写为：

$$R_e = \frac{v_e^2}{g}\sin 2\theta \tag{6-13}$$

在本书的研究中(第6.2.3小节)，月球和水星撞击坑的连续溅射毯的径向距离(L_1 和 $R+L_1$)一般至少是月球和水星半径的 1/10(图6-3)，因而公式(6-13)足以用来计算形成连续溅射毯的碎块的溅射距离。同理，由于本书测量的连续二次撞击坑相的径向距离有些大于

500 km,需使用公式(6-12)来估算形成这些二次撞击坑的溅射碎块的初始发射速度。

撞击过程中的溅射角度可在～27°—63°的范围变化(Maxwell and Seifert,1974;Richardson et al,2007)。撞击过程的物理模拟发现溅射角度大部分集中在40°—45°(Gault et al,1968,Hermalyn and Schultz,2010),因此公式(6-13)中的 sine2θ 接近1,进而该式可简化为:

$$R_e = \frac{v_e^2}{g} \tag{6-14}$$

以上公式(6-6)—公式(6-14)来自于重力域的撞击尺度方程。使用这些公式,下节中将结合本书的观测数据验证重力是否是撞击挖掘阶段中的唯一主控因素。

6.2.6 重力在撞击挖掘阶段中的作用

对于相同直径的水星和月球撞击坑($D>20$ km),撞击挖掘阶段结束时的瞬间撞击坑的直径比可通过公式(6-10)获取:

$$\frac{D_t^M}{D_t^L} = 0.92 \tag{6-15}$$

由此可见,水星上的撞击坑的瞬间撞击坑直径较小,而最终的撞击坑直径相同,表明水星撞击坑在改造阶段的变化较大。另外,在直径大于40 km 的水星撞击坑底部,熔融物覆盖的面积比相同大小的月球撞击坑的大(Ostrach et al,2012)。造成该差异的可能原因是:水星表面的平均撞击速度较大,因而相同大小的水星撞击坑形成了更多的熔融物。水星撞击坑在接触与耦合阶段形成的熔融物更多。因此,参照图6-1中的撞击过程示意图,水星撞击坑在形成过程中,其有效溅射区间应比相同大小的月球撞击坑的小。

利用公式(6-6)—公式(6-14),溅射速度(v_e)与最终撞击坑的直径(D)和溅射物的发射位置(r)的关系式为:

$$v_e(D) = \frac{\sqrt{2}}{C_{Tg}} \frac{\mu}{\mu+1} \sqrt{g} \times r^{-\frac{1}{\mu}} \left(\frac{D \times D_0^{0.18}}{3.17} \right)^{\frac{\mu+2}{2.36\mu}} \tag{6-16}$$

因此,对于相同大小的水星和月球撞击坑(D 相同),假设水星和月球表面的物质特性 μ 相似,唯一的差别是表面重力加速度 g 不同,那么从相同位置发射的溅射碎块的速度比具有以下关系:

$$\frac{v_e(D)_M}{v_e(D)_L} = 1.49 \times (0.909)^{\frac{\mu+2}{2.36\mu}} \tag{6-17}$$

当 $\mu = 0.41-0.55$ 时(表6-3中的 μ 值),上式结果为:

$$\frac{v_e(D)_M}{v_e(D)_L} = 1.18 - 1.24 \tag{6-18}$$

上式结果表明若考虑重力为撞击挖掘过程中的唯一主控因素,水星撞击坑形成的溅射速度永远比月球上的大。将公式(6-18)的结果带入公式(6-14)中,可得到此假设中的溅射物的水平运动距离之比。

$$\frac{R_e^M}{R_e^L} = \left(\frac{v_e(D)_M}{v_g(D)_L} \right)^2 \times \frac{g_L}{g_M} = 0.60 - 0.67 \tag{6-19}$$

理论上讲,公式(6-19)的结果对相同大小的月球和水星撞击坑(D)的形成过程中,具有相同发射距离(r)的溅射物都适用。前文证明:水星撞击坑形成的溅射物的实际发射区间较小,因而,当仅考虑重力加速度是撞击挖掘阶段的主控因素时,水星撞击坑的溅射物的水平运移距离永远小于月球上的。

公式(6-19)的理论预测结果与前人的结论一致(Murray et al,1974;Gault et al,1975;Guest and O'Donnell,1977;Pike,1980;Schultz and Singer,1980;Melosh,1989)。该结论与本书图6-3中的观测结果一致。另外,阿贝丁撞击坑的二次撞击坑密度比相似大小的月球哥白尼撞击坑的大,而阿贝丁的 S_2 较小(Xiao et al,2014),这与公式(6-19)的预测结果相当。因此,本书的观测结果反映了水星表面更大的重力加速度对撞击挖掘过程的重要影响。

水星上较大的重力加速度也可以解释为何水星撞击坑比相同大小的月球撞击坑的二次撞击坑大(公式(6-5))。表面重力加速度和溅射速度在控制二次撞击坑的大小时起相反作用(Murry et al,1974)。也即,若溅射速度大小相同,表面重力越大,形成的二次撞击坑越小;在同一天体表面(重力相当),溅射速度越大,形成的二次撞击坑越大。由于月球和水星上的大部分二次撞击坑均为简单撞击坑(有些水星和月球撞击坑可形成直径达 25 km 的二次撞击坑(Strom et al 2011),其尺度方程属于强度域尺度方程(Strength-regime cratering scaling laws),利用强度域的撞击尺度方程,二次撞击坑形成过程中的瞬间撞击坑的体积(V_s)可定义为:

$$V_s = K_1 \left(\frac{m_e}{\rho_t}\right) \left(\frac{Y}{\rho_t v_e^2}\right)^{-\frac{3\mu}{2}} \tag{6-20}$$

其中,m_e 是溅射物的质量;v_e 是溅射物的溅射速度。理论上讲,假设形成水星和月球上二次撞击坑的溅射物的物质特性(也即质量 m_e、Y 和 μ)相当,那么,水星和月球上的最大二次撞击坑的大小比 $\left(\frac{d^M}{d^L}\right)$ 仅与其溅射速度比 $\left(\frac{v_e^M}{v_e^L}\right)$ 有关:

$$\frac{d^M}{d^L} = \left(\frac{v_e^M}{v_e^L}\right)^{\mu} \tag{6-21}$$

当 $\mu = 0.41-0.55$ 时,上式的结果中的 $\frac{d^M}{d^L}$ 为 ~ 1.35,位于本书观测的比值范围内(公式(6-5))。

总体而言,本书的观测结果与前人的结果一致,均反映了水星上较大的重力加速度与撞击挖掘过程的影响。但是,若考虑重力加速度是控制复杂撞击坑形成过程中挖掘阶段的唯一主控因素,公式(6-19)的理论结果不足以完整地解释本书的观测。我们观测到的相同大小的水星与月球撞击坑的连续溅射沉积物的大小比为 0.60—0.84(公式(6-3)),连续二次撞击坑相的大小比为 0.61—0.76(公式(6-4))。与公式(6-19)相比,这意味着一些水星撞击坑能形成比理论预测结果更大的连续溅射沉积物(L_1 和 L_1+L_2)。

造成这个差异的原因有两个:①重力不是控制月球与水星上复杂撞击坑形成的挖掘阶段的唯一主控因素,其他因素肯定也起到重要作用;②水星和月球撞击坑的连续溅射沉积物与连续二次撞击坑相的展布并不仅仅由溅射物的弹道轨迹决定(图6-1)。

本书观测的 L_1 和 L_1+L_2(公式(6-3)和(6-4))代表了从坑缘到溅射沉积物的外缘的径向展布,但是其大小并不等于相应的溅射物的实际溅射距离(如图6-1所示的 R_e)。在撞击挖掘阶段结束之后,形成的瞬间撞击坑由于坑缘过陡以及坑底的弹性反弹发生剧烈的坍塌。这个改造作用导致本书观测的 L_1 和 L_1+L_2 的值比相应溅射物的实际溅射距离(R_e)小。而瞬间撞击坑的坍塌改造程度主要受表面重力的控制,因而水星撞击坑比相同大小的月球撞击坑经历了更大的坑缘坍塌作用。当考虑此改造效应时,水星与月球上相同大小的撞击坑的 L_1 和 L_1+L_2 的比值应该比公式(6-19)的理论值更小,而不会出现公式(6-3)或(6-4)中的较大的比值。

另外,在撞击挖掘过程中,溅射的碎片在结束弹道轨迹而重新撞击被撞击体表面时,由于溅射物具有水平方向的分速度,因而会导致朝向落地方向的碎屑流。该作用可能导致观测到的连续溅射沉积物的范围比实际的溅射物的飞行距离长。例如,撞击坑的连续溅射毯的外部区域具有丘陵状地貌,这可能是由于早期溅射物形成的二次撞击坑紧接着被后续的溅射流掩盖形成的。考虑溅射物着地时引起的水平方向的物质流,可使得 L_1 和 L_1+L_2 的值比相应溅射物的实际溅射距离(R_e)大。同时,由于水星上的溅射物的溅射速度比月球上的大(公式(6-18)),因而水星上水平碎屑流在改造 L_1 和 L_1+L_2 的大小中更明显。

因而,对比本书的观测结果(公式(6-3)与(6-4))与理论计算结果(公式(6-19)),考虑撞击坑的坍塌与溅射物着陆时的水平碎屑流作用,本书认为:由于水星表面的重力加速度较大,水星撞击坑比相同大小的月球撞击坑产生的溅射速度大,因而在溅射物着陆时形成的水平碎屑流的作用也较大,甚至克服了水星撞击坑经历过的较大的坑缘坍塌的作用。

6.2.7 撞击速度在撞击挖掘阶段中的作用

水星上的撞击体的平均撞击速度(42.5 km/s)比月球上的大(19.4 km/s)(Le Feuvre and Wieczoreck,2008)。由于水星靠近太阳,水星上不同撞击体之间的撞击速度差别也较大,跨度约为 18—135 km/s(Minton and Malhotra,2010)。对比本书的观测结果(公式(6-20)和(6-21))和仅考虑重力加速度的预测结果(公式(6-18)),可发现水星撞击坑在其形成挖掘阶段产生了值域和平均值更大的溅射速度。这似乎与水星和月球上的撞击速度的差异吻合。

确实,撞击过程的物理模拟发现当撞击速度更大时,产生的溅射速度也更大(Hermalyn and Schultz,2010)。但是,对于相同大小的水星和月球撞击坑,由于重力加速度也不同,撞击速度与溅射速度的绝对关系则不那么明显。

根据重力域的撞击尺度方程(6-6)—(6-11),撞击速度和溅射速度的关系式为:

$$v_e(v_i) = \frac{\sqrt{2}}{C_{T_k}} \frac{\mu}{\mu+1} \sqrt{g} \times r^{-\frac{1}{\mu}} \left(4K_1 a^3 \left(\frac{\rho_i}{\rho_t}\right)^{\frac{2}{2+\mu}} \left(\frac{ga}{v_i^2}\right)^{-\frac{3\mu}{2+\mu}} \right)^{\frac{1}{3}} \quad (6-22)$$

从该式可看出,溅射速度(v_e)与撞击速度成正比(v_i)。当不计其他可变因素的影响时(如重力加速度、撞击体的大小、撞击体与被撞击体的物质特性等),较大的撞击速度形成较大的溅射速度。但此时,最终形成的撞击坑的直径则不一定不变。事实上,对相同大小的撞击坑而言,将物质特性和撞击体的大小对溅射速度的影响从撞击坑尺度方程中隔离,在经验研究中是很难的。

通过类比水星上的阿贝丁撞击坑和北斋撞击盆地,本书可以得出以下结论:相同大小的撞击坑,撞击速度越大,溅射速度越大。阿贝丁撞击坑和北斋撞击盆地均位于水星北部平原,阿贝丁的撞击溅射纹较微弱,而北斋撞击盆地的非常明显的溅射纹(图3-17)。二者的连续二次撞击坑相的大小相当(S_2),表明形成该相的溅射物的速度相当。但是,北斋撞击盆地的二次撞击坑的密度比阿贝丁撞击坑的小到 1/3—1/8(图6-8C),其原因是北斋撞击盆地的连续二次撞击坑相内形成的二次撞击坑很少(图6-8B)。

北斋撞击盆地具有初始的中央峰环,而相似大小的阿贝丁则是典型的复杂撞击坑,坑底具有典型的中央峰(图6-8)。如果撞击盆地的中央峰环是由于开挖腔内的撞击熔融坍塌形成的(Head,2010;Baker et al,2011),那么北斋撞击盆地在形成的过程中产生了更多的撞击熔融。撞击熔融形成于撞击接触和耦合阶段,其体积与撞击速度和表面物质特征有关(Cintala, 1992;Cintala and Grieve,1998)。因而,造成北斋撞击盆地内更多的撞击熔融的原因是其撞击速度较大。另外,阿贝丁和北斋的连续溅射沉积物的大小相当(S_1),而北斋撞击盆地的溅射辐射纹延伸很长,表明北斋在其连续二次撞击坑相外围沉积了更多的物质,以形成这些溅射纹。因此,由于形成北斋撞击盆地的更大撞击速度,能形成连续二次撞击坑相的溅射物相对较少,造成较低的密度。

对比月球和水星表面相同大小的撞击坑的最大二次撞击坑(d_{max})也可得到相似的结论。表面重力加速度和溅射速度在控制二次撞击坑的大小时起相反作用(Murray et al,1974)。也即,若溅射速度大小相同,表面重力越大,形成的二次撞击坑越小;在同一天体表面(重力相当),溅射速度越大,形成的二次撞击坑越大。由于月球和水星上的大部分二次撞击坑均为简单撞击坑(有些水星和月球撞击坑可形成直径达25 km的二次撞击坑(Strom et al,2011)),其尺度方程属于强度域尺度方程(Strength-regime cratering scaling laws),二次撞击坑的瞬间撞击坑(V_s)的体积公式为(Holsapple and Schmidt,1987;Holsapple,1993):

$$V_s = K_1 \left(\frac{m_g}{\rho_t}\right) \left(\frac{Y}{\rho_t v_e^2}\right)^{-\frac{3\mu}{2}} \qquad (6-23)$$

其中m_e是溅射物的质量;v_e是溅射物的速度。当仅考虑重力加速度在形成水星和月球表面的二次撞击坑中的作用,而忽略溅射物大小和物质特性的影响时,使用公式(6-18)中获取的理论溅射速度比$\left(\frac{v_e^m}{v_e^l}\right)$,可估算水星和月球上的最大二次撞击坑的直径比$\left(\frac{d^M}{d^L}\right)$为:

$$\frac{d^M}{d^L} = \left(\frac{v_e^m}{v_e^l}\right)^\mu \qquad (6-24)$$

当$\mu=0.41-0.55$时,上式的结果中的$\frac{d^M}{d^L}$为~1.35,位于本书观测的比值范围内(公式(6-5))。同时,对比结果表明有些水星撞击坑形成的溅射速度比公式(6-18)中的预测结果大,这与本节开头的假设一致:水星表面较大的平均撞击速度有助于形成更大的溅射速度,表面重力加速度不是控制撞击挖掘阶段的唯一要素。

总而言之,虽然重力域的撞击尺度方程在仅考虑重力加速度对撞击挖掘阶段的影响时,水星撞击坑形成的溅射速度比月球上的大(公式(6-18)),但水星表面更大的平均速度也造成了更大的溅射速度,这是重力域的撞击尺度方程没有预测的。另外,水星上的撞击速度差别很大,因而不同撞击坑的二次撞击坑密度差异很大(如阿贝丁撞击坑和北斋撞击盆地的对比)。这表明撞击速度在撞击挖掘过程中也具有不可忽视的重要作用。

6.2.8 撞击体的物质特性在撞击挖掘阶段中的作用

前人利用水手10号获取的影像数据注意到有些水星撞击坑的二次撞击坑不具有典型的月球二次撞击坑的形貌特征,并认为这是由于水手10号的分辨率较低造成的(平均分辨率为1 000米/像素)(Gault et al,1975)。但是,月球二次撞击坑的不规则形貌在地基望远镜数据的分辨率中可见(Oberbeck and Morrison,1973),而水星上较圆的、相对孤立分布的二次撞击坑在信使号全球影像数据（平均分辨率为 250 米/像素）中非常明显。因此，水星上较圆的二次撞击坑不是由于影像数据的分辨率的差异造成的。

在无大气的天体上，二次撞击坑的形貌取决于溅射角度和速度。有些早期研究注意到水星上的二次撞击坑比相同大小的月球二次撞击坑的形态更加明显（ehanced morphology）。对具有相同溅射距离的月球和水星二次撞击坑，水星上的溅射速度比月球上的大 50%，前人认为这是形成形态更加明显的水星二次撞击坑的原因（Schaber and Boyce，1976；Scott，1977；Schultz，1988）。该臆断忽略了水星表面较大的侵蚀速度（Cintala，1992）。更重要的是，信使号数据发现有些水星上的撞击坑的二次撞击坑具有与典型月球二次撞击坑相似的形态（图 6-6D），说明水星上较大的溅射速度不是造成较圆的二次撞击坑的原因。最可能的原因是，有些水星撞击坑在撞击挖掘阶段形成了更大的溅射角度。

当溅射速度相同时，溅射角度越大，撞击坑形态越圆（Oberbeck and Morrison，1973）。通过撞击过程的物理模拟，前人发现形成在富含挥发分的被撞击体中的撞击事件产生更大的溅射角度（Gault and Greeley，1978；Greeley et al，1980；Thomsen et al，1979，1980；Greeley et al，1982）。最近对发生在冰-岩混合物中的撞击过程的数值模拟证实：由于被撞击体内的挥发分影响，溅射角度可高达 70°（Stewart et al，2001）。另外，有些火星撞击坑比月球撞击坑上的二次撞击坑更圆，分布相对离散（Schultz and Singer，1980），该发现支持壳层内的挥发分影响撞击挖掘阶段并形成了更大的溅射角度（Schultz and Singer，1980）。早期的研究曾提及由于水星早期历史上的壳层温度较高，因而黏度较低，故发生在水星早期历史上的撞击事件可能形成更大的溅射角。但是，目前对溅射角度和被撞击体的黏度依然缺乏定性或定量的关系约束。

在信使号入轨以前，水星一直被认为缺乏壳层挥发分（Lewis，1972；Murray et al，1975；Schultz，1988）。信使号发现水星表面存在大量与壳层挥发分活动有关的地貌单元，例如白晕凹陷和暗斑（Blewett et al，2011，2012；Xiao et al，2013）。信使号上搭载的光谱仪的探测发现水星壳层内的挥发分元素含量（包括 Na、K、S 等）较水星高温形成假说（如大撞击、太阳风剥离等）中预测的高（Peplowski et al，2011，2012；Nittler et al，2011；Weider et al，2012）。但是，水星壳层内的挥发分含量依然比火星或冰卫星上的低很多。Xiao and Komastu（2013）在水星上发现了一些类似火星和冰卫星上具有层状溅射毯的撞击坑（layered craters）。经过对比分析提出这些流动的溅射物可能代表了坡面块体运动的产物，不是挥发分对撞击过程的影响形成的。

本书在水星上一些具有圆形二次撞击坑的原始撞击坑内，均发现了与原始壳层挥发分活动有关的表面地貌单元。例如，Atget 撞击坑（图 6-5D）和 Tyagaraja（图 6-5H）内具有大量的白晕凹陷和暗斑。更为普遍的是，这些撞击坑均挖掘了下伏的低反照率物质（Robinson et al，2008；Denevi et al，2009），且在连续溅射沉积物中可见。例如 Tyagaraja（Blewett et al，2011，2012），Rachmaninoff（Prockter et al，2010），Raditaladi（Prockter et al，2010）和 Mozart（Xiao et al，2013）撞击坑/盆地。这些低反照率的物质的挥发分含量比水星壳层的平均值更高（Nittler et al，2011），且分布极不均匀。但目前的光谱研究尚不足以揭示这些低反照率物质的成分和物质特性。因而，低反照率物质，或者说水星壳层内的挥发分，是否影响了撞击挖掘过程，形成了较高的溅射依然有待于进一步研究。但目前可以确定的是，水星上局部区域的独特物质特性影响了撞击挖掘过程，形成了较大的溅射角度和较圆的二次撞击坑。

在月球上，仅发现两个撞击坑/盆地具有类似的形态较圆的、分布相对离散的二次撞击坑：

东海盆地和南极艾肯盆地内的 Antoniadi 撞击坑(图 6-5I—L)。这些撞击坑是否挖掘了月幔中不同物质特性的撞击体(如黏度)依然是个未解之谜。因而,这两个例子的具体指示意义有待于进一步研究。

6.2.9 分析中的不足之处

在撞击坑的形成过程中,撞击入射角对溅射物的分布影响很大(Gault and Wedekind,1978;Pierazzo and Melosh,1999),顺着撞击方向的溅射物的运移距离更大。撞击入射角在研究单次撞击事件中非常重要,因为撞击事件中的能量分布与入射角有关(Schultz,1992;Andersen et al,2003;Schultz et al,2007)。本书视所有月球和水星撞击坑形成于垂直撞击,溅射物对称分布,因而利用等效径向距离(也即 L_1 和 L_2)代替其溅射物的覆盖范围。该过程中产生的误差尚不可完全估量。

在解释水星表面更圆的二次撞击坑的成因时,本书认为其原始撞击坑在形成过程中产生了更大的溅射角度。但是,对于相同溅射速度的溅射物,溅射角度越大,溅射物动能的垂直分量越大,因而形成的二次撞击坑也越大(Gault and Wedekind,1978;Elbeshausen et al,2007)。另外,当溅射角度大于或等于 45°时,同样的溅射速度会形成较小的连续溅射沉积物和连续二次撞击坑相(图 6-1;公式(6-12)和(6-13))。本书假设所有的溅射角度为 45°,因而水星上更大的溅射角度也会影响本书对连续溅射沉积物和连续二次撞击坑相的大小的判定。本书未考虑溅射角度(也即被撞击体的物质特征)对 d_{max}、S_1 和 S_2 的影响。

本书强调了较大的撞击速度对溅射速度的影响,因而可解释水星撞击坑的 d_{max} 比相同大小的月球撞击坑的大。与此同时,更大的撞击速度将形成更小的溅射碎片(Schultz and Mendell,1978;Schultz and Gault,1985;Melosh,1989)。该过程的定量关系尚未完全掌握,因而未在本书考虑。

本书认为水星壳层局部区域的物质特性影响了撞击挖掘过程形成的溅射角度。该物质可能是水星壳层内的低反照率物质。但是,其空间分布和具体成分有待于进一步研究。对比具有圆形二次撞击坑的水星撞击坑和低反照率物质的全球分布有助于解决该问题。

6.2.10 本节小结

天体表面的撞击事件是非常复杂的地质过程,受很多因素的影响。撞击挖掘阶段的影响因素包括表面重力加速度、撞击速度、撞击体与被撞击体的物质特性。使用水星信使号和月球 LRO 计划获取的高分辨率影像数据,本书选择一些形态学第一类撞击坑测量其外部结构的大小,对比其形态,以此研究以上因素对撞击挖掘过程的相对重要性。测量结果表明水星撞击坑的连续溅射沉积物和连续二次撞击坑相比相同大小的月球撞击坑的展布范围小。这与前人的发现一致,并证实重力加速度在挖掘阶段的重要性。与此同时,水星和月球上相同大小的撞击坑的连续溅射沉积物大小比和连续二次撞击坑相大小比均比前人的研究结果大;也比仅考虑重力加速度作用时的撞击尺度方程的理论估算结果大。另外,水星撞击坑的最大二次撞击坑一般比相同大小的月球撞击坑的大。水星上较大的表面重力和较大的平均撞击速度是以上观测结果的原因,表明撞击速度在撞击挖掘过程中也具有重要作用。

有些水星撞击坑具有比典型月球二次撞击坑更圆、分布更离散的二次撞击坑。影像数据的分辨率和水星上较大的溅射速度不是其成因。这些水星撞击坑在挖掘阶段形成了更大的溅射角度。这些撞击坑可能受水星表面局部区域的物质特性的影响(例如岩石的强度等),形成了更大的溅射角度。水星壳层内较高的挥发分含量可能是形成该物质特性的原因。

§6.3 水星柯伊伯纪与月球哥白尼纪撞击熔融内的冷凝裂隙的演化及其指示意义

6.3.1 月球与水星上的冷凝裂隙的形貌对比

撞击熔融在冷凝过程中形成的张应力的大小主要取决于以下四个要素:温度降低的幅度、热收缩系数、撞击熔融的几何形态、下伏基岩对张裂隙形成的阻碍作用(Freed et al,2012)。其中,温度降低的幅度等于撞击熔融的温度与周围环境温度之差;热收缩系数与撞击熔融的物理化学性质有关,例如,其包含的固体碎屑物的含量(Ghabezloo,2013);撞击熔融的几何形态类似于下伏基岩的地形梯度;下伏基岩对张裂隙形成过程的阻碍作用可近似于熔融物和下伏基岩的弹性强度比(Freed et al,2012)。根据水星和月球上以上四个要素的差异,本节对比月球(第4.2节)和水星(第5.5节)上的不同撞击熔融内发育的张裂隙。表6-4列举了影响水星和月球表面热辐射效率的几个环境因素。

表6-4 月球和水星表面影响热辐射效率以及张裂隙发育的几个环境因素(Xiao et al,2013)

天体	表面重力加速度 (m/s²)	最大温度 (K)	最小温度 (K)	平均温度 (K)	自转周期 (地球日)
月球	1.62	390	100	220	27.3
水星	3.70	700	100	340	58.6

总结第4.2节与第5.5节中介绍的关于月球和水星撞击熔融中的冷凝裂隙分布的形貌特征,其相似点(1—6)与不同点(7—8)可归纳为以下几点(表6-5):①在月球和水星复杂撞击坑底部的撞击熔融中,靠近撞击坑底部中央的裂隙一般无走向上的优选方位,这些裂隙在坑底局部区域可形成多边形地貌。②所有观察到的冷凝裂隙均位于相对平坦的熔融物内,这些裂隙一般不切割撞击熔融物中夹杂的块体。③在月球和水星上,坑内裂隙一般以直角或钝角相交。④在月球和水星上,不同大小的撞击坑底部的坑内裂隙的大小(长度和宽度)相差不大。⑤在同一月球撞击坑底部,坑内裂隙一般比坑底周缘的裂隙宽;坑内裂隙的长度-宽度比一般小于坑底周缘裂隙。⑥在同一个月球撞击坑底部,相邻的平行坑内裂隙的间距一般比相邻的平行坑底周缘裂隙大。⑦月球撞击坑底部的坑内裂隙和坑底周缘裂隙大部分以平行的方式出现,而水星撞击坑底部的坑底裂隙一般单条产出。⑧水星撞击坑内的坑内裂隙一般比月球上的坑内裂隙和坑底周缘裂隙宽,但是长度相当;水星撞击熔融内的坑内裂隙的长度-宽度比较月球上的小。

另外,每个月球撞击坑底部的撞击熔融内均发育坑内裂隙和坑底周缘裂隙(如图4-9),但是本书研究的水星撞击坑底部均只发现了坑内裂隙,尚未发现坑底周缘裂隙(如图5-39)。水星表面的撞击熔融在冷凝过程中形成的拉张应力足以克服岩石的抗张强度而形成裂隙,那么在撞击坑底部的周缘也应该足以形成张裂隙。水星表面的侵蚀速率比月球上的大,在靠近坑底边缘的位置由于不断接受坑壁垮塌的物质，其侵蚀速率比靠近坑内区域大。因此，可能水星撞击坑底部的熔融物在冷凝过程中也曾经形成了周缘裂隙，但后期的掩埋作用覆盖了这些裂隙。不过，第5.5节中讨论的都是非常年轻的水星柯伊伯纪撞击坑。若坑底周缘裂隙已经形成但被完全掩埋的可能性较小。

表6-5 月球和水星撞击坑内的冷凝裂隙的特征总结(Xiao et al,2013)

撞击坑		裂隙①	长度	宽度	平均长-宽比	相邻裂隙的间距②	组合样式③	产出样式
月球撞击坑	第谷	IFs	>1 km	>50 m	23	>~50 m	多边形	多条平行
		MFs	<1.5 km	<20 m	52	<~30 m	环形	多条平行
	阿里斯塔克	IFs	<1 km	<20 m	22	>~100 m	多边形	多条平行
		MFs	<200 m	<15 m	38	<~100 m	环形	多条平行
	哥白尼	IFs	0.5-3 km	>30 m	19	~100-200 m	多边形	多条平行
		MFs	<500 m	<30 m	29	<~100 m	环形	多条平行
水星撞击坑	阿贝丁	IFs	<2 km	>100 m	8	~2-3 km	多边形	单条
	窦加	IFs	<3 km	100-200 m	10	>~5 km	多边形	单条
	北斋	IFs	<2 km	70-150 m	13	>~5 km	多边形	单条

注：①IFs 是指靠近撞击坑中央的坑内裂隙(Interior fractures)；MFs 是指沿着撞击坑坑底和坑壁界线发育的边缘裂隙(Marginal fractures)。

②月球撞击坑内的 IFs 和 MFs 的相邻裂隙的间距是指平行裂隙之间的间距；水星撞击坑内的 IFs 是其所围的多边形地貌的直径。

③月球和水星撞击坑内的 IFs 大体上不具有优选方位。但并非所有的 IFs，尤其是水星撞击坑内的 IFs，都可以组合为多边形；IFs 只是在坑底局部区域形成多边形地貌

更有可能的是，MDIS NAC 的分辨率较低，尚不足以揭露水星撞击坑底部形成的周缘裂隙。由于信使号的大椭圆轨道，MDIS NAC 相机获取的分辨率一般大于 20 m/像素(Hawkins et al,2007)。如果与月球上的冷凝裂隙一样，水星撞击坑内的边缘裂隙的宽度也比其坑内裂隙的小，那么已经形成的坑缘裂隙可能不易在 NAC 图像中显现。事实上，利用目前已在 PDS 上公布的最高分辨率的 MDIS NAC 图像，我们在水星上的一些年轻的撞击坑底部发现了沿坑底周缘发育的近平行排列的 MFs，其形态特征与月球撞击坑内的 MFs 相似。图6-9是 MDIS NAC 数据(~14米/像素)发现的水星上一个未命名的撞击坑($D=66$ km；64.5°N；104.5°W)坑底东侧的 MFs。另外，如果将图4-11D中的 Kaguya TC 数据从原始~7米/像素折损至~21米/像素，哥白尼撞击坑底部的 MFs 的形态变得极其模糊；当将其折损至~35米/像素时，大部分的 MFs 变得不可辨别。因此，该对比表明可能第5.5节中介绍的水星撞击坑底部曾经形成过 MFs，只是目前的影像数据分辨率不足以揭示其存在。

6.3.2 造成月球与水星表面冷凝裂隙的形貌差异的因素

月球和水星上的撞击熔融下伏地形坡度、撞击熔融物的厚度、所含固体碎屑物的含量，以及冷凝过程中造成的垂直沉降幅度共同决定了其中发育的裂隙的分布、形态以及几何特征。

撞击熔融物的下伏地形的坡度 影响其中发育的裂隙的分布特征(也即表6-5中对比的

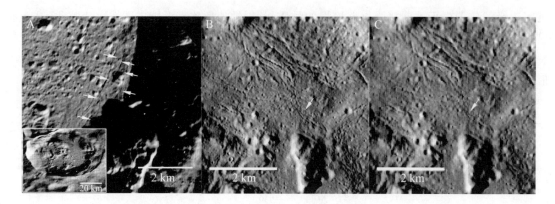

图 6-9 MDIS NAC 的影像分辨率不足以判别大部分撞击坑底部的坑底边缘裂隙(Xiao et al, 2013)。(A)目前公布的最高像素的 NAC 图像(14 米/像素)在一些水星撞击坑内发现了坑底边缘裂隙;(B)将图 4-11D 中的 Kaguya TC 数据折损至 21 米/像素时,坑底边缘裂隙的形态非常清晰;(C)将图 4-11D 中的 Kaguya TC 数据折损至 35 米/像素时,大部分坑底边缘裂隙难以辨别

同一撞击坑内的 IFs 和 MFs)。下伏地形平缓的撞击熔融体在冷凝过程中形成的拉张应力是各项同性的,而在熔融物变浅的区域,切向拉张应力占据主导(Freed et al, 2012)。水星北部平原的一些撞击坑被熔岩填充,形成掩埋撞击坑(ghost craters)。填充的熔岩在冷凝过程中,环形的冷凝裂隙形成在掩埋撞击坑的坑缘,那里覆盖的熔岩最薄;而掩埋撞击坑内部填充的熔岩较厚,这些岩浆单元形成的冷凝裂隙是随机分布的,并构成多边形块体(Freed et al, 2012; Klimczak et al, 2012)。模型计算表明,掩埋撞击坑内部填充的熔岩厚度约为 1.5 km。在厚度较小的熔融体内,环形的冷凝裂隙也形成在熔融体的周缘,那里熔融物的厚度较小;而随机分布的冷凝裂隙则在相对较厚的区域形成。图 6-10 是第谷撞击坑东部连续溅射毯上的几个熔融池。这些熔融池是撞击熔融流在局部地势较低的区域内沉积形成的。尽管这些熔融物的厚度比表 6-5 中的撞击坑底部的熔融物小,也比水星北部平原内的掩埋撞击坑内填充的熔岩厚度小,但其冷凝形成的裂隙也具有相同的分布方式:靠近熔融池内部的区域熔融物较深,冷凝形成走向各异的冷凝裂隙,构造多边形地貌;在靠近熔融池边缘的区域,熔融物厚度较小,冷凝形成与周缘平行的边缘裂隙。因此,对比月球和水星撞击坑底部的裂隙分布规律(表 6-5)表明,撞击熔融体的厚度影响了冷凝过程中形成的张裂隙的分布特征。

撞击熔融物的深度 影响所形成的冷凝裂隙的大小。在较深的撞击熔融内形成的裂隙(即本书的 IFs)比同一熔融池内较浅的区域形成的裂隙(即本书的 MFs)宽、相邻的裂隙的间距较大(表 6-5)。其原因有两点:①每条热应力作用形成的张裂隙在水平方向上释放一定应力,该应力释放的距离与裂隙的深度成正比(Lachenbruch, 1961)。假设撞击熔融内形成的裂隙仅穿透熔融物,而没有延展至下伏的基岩中,那么较深的区域内形成的裂隙的深度相对较大,因而应力释放形成的减压区较大。因此,相邻的平行裂隙的间距较大。②在同一撞击熔融内,较厚的撞击熔融在冷凝过程中形成的张应变更大(Freed et al, 2012),这些应变可能通过形成新的裂隙释放,也可能通过加宽已有的裂隙释放(Bai et al, 2000; Bai and Pollard, 2000)。

撞击熔融体中所含固体碎屑物的含量 影响其中形成的冷凝裂隙的数量。野外观察与实验室测量发现,自然岩石或类似岩石的物质中的张裂隙均沿着一定的先存缺陷形成(Weinberger, 2001)。这是因为物质中的缺陷造成应力集中,导致局部的拉张应力超过物质的抗张

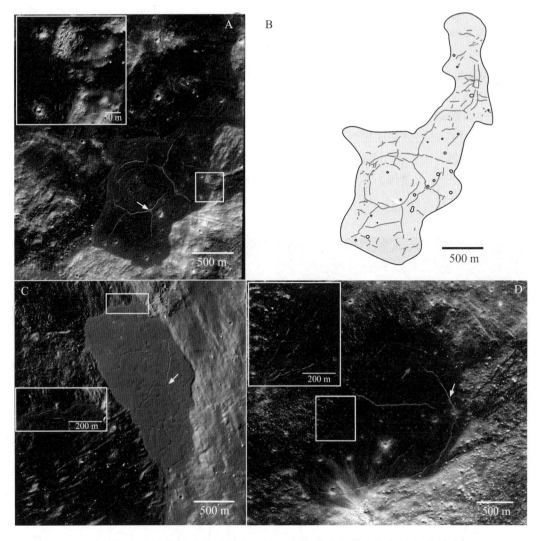

图6-10 月球第谷撞击坑东部连续溅射毯上的三个熔融池和其中发育的冷凝裂隙（Xiao et al，2013）。靠近熔融池中部的区域熔融物厚度较大，冷凝裂隙形成多边形；靠近边缘的熔融物厚度较小，形成近平行排列的环形裂隙。(B)为(A)中的裂隙分布图

强度。撞击熔融在形成过程中一般携带有一定数量的固体碎屑物，这些物质相对难熔。因此，撞击熔融中的固体碎屑物为冷凝裂隙的发育提供了先存缺陷。

固体碎屑物的含量在不同的撞击熔融中不同。在一定的体积百分比范围内，撞击熔融体内的固体碎屑物越多，冷凝过程中形成的裂隙也越多。例如，图6-10所示的撞击熔融池的流黏度很低，内部的熔融物是在冲击压力超过数百千帕时形成的超高温熔融体（Stöffler，1971；O'Keefe and Ahrens，1975）。这些撞击熔融池内所含的固体碎屑很少。事实上，在该熔融池内少见肉眼可见的固体石块。尽管IFs和MFs均形成在该熔融池内，但是其数量要比月球撞击坑底部的熔融物内发育的裂隙少得多（如第谷撞击坑；图4-9）。另外，图6-11A为布鲁诺撞击坑底部的一个撞击熔融池，其中含有大量的固体碎屑。该撞击熔融池的大小与图6-10中的熔融池大小相当，但是布鲁诺撞击坑底部的熔融池内发育更多的冷凝裂隙。同样的，对比

同样大小的月球撞击坑,水星撞击坑坑底似乎更平坦,其中的固体碎屑更少。水星撞击坑底部发育的裂隙较少,可能原因之一是其中包含的固体碎屑物更少。

但是,当撞击熔融体内所含的固体碎屑的含量超过一定的体积比之后,由于其中夹杂的熔融物过少,因而形成的冷凝裂隙不足以连续生长至影像资料中可见的规模。例如,图6-11B中的撞击熔融池也位于布鲁诺撞击坑内,但是由于其距离坑壁较近,因而大量的坑壁垮塌物质混合在该撞击熔融内(在其中央较为明显)。由于该撞击熔融体周缘的熔融物含量相对较高,大量环形的MFs环绕该撞击熔融发育。但是,在该撞击熔融体内部几乎看不到裂隙存在,主要原因是内部的石块过多而熔融物太少,因而熔融物冷凝形成的裂隙不足以连接成为较大的规模。同理,月球和水星撞击坑底部地势复杂的丘陵地带含有的固体碎屑过多,因而内部发育的冷凝裂隙相对较少(图4-9—图4-11和图5-38—图5-40)。

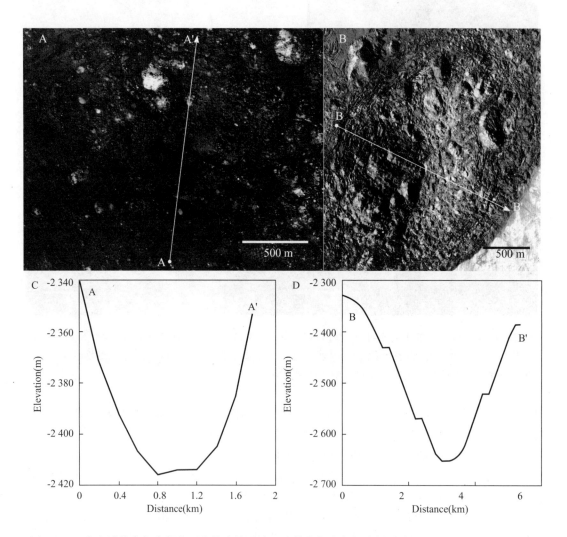

图6-11 布鲁诺撞击坑底部的两个撞击熔融池以及其内部发育的冷凝裂隙(Xiao et al,2013)。这两个熔融池内的固体碎屑物的含量不同,因而其中裂隙的数量也不相同。图中的A-A′和B-B′两条剖面取自GLD-100数字高程模型,表明这两个撞击熔融池在冷凝过程中造成了一定的沉降作用

另外,尽管图 6-11A 所示的撞击熔融池内的固体碎屑物含量比图 6-10 中的高,但是发育在其中的 IFs 均不是以平行排列的方式出现。可见撞击熔融中固体碎屑物并非是平行裂隙的主要成因。

撞击熔融体在冷凝过程的垂直沉降幅度 决定了形成的冷凝裂隙是否平行排列。撞击熔融在冷凝过程中,由于熔融体结晶造成体积减小(Wilson and Head,2011),因而冷凝之后形成一定的垂直下沉。熔融物内的冷凝裂隙不仅记录了撞击熔融冷却过程中的热收缩过程,也受到固结的壳层下沉作用的影响。在地球表面的岩浆湖的冷凝过程中,其下陷边缘发育紧邻的平行的裂隙(Peck and Minakami,1968)。目前对固定层厚的介质中发育的平行裂隙和断层的发育有较好的感性认识(Bai and Pollard,2000;Soliva and Benedicto,2005;Soliva et al.,2006),但是这些平行裂隙的形成机理依然不详。

撞击熔融体在冷凝过程的沉降作用可解释在月球撞击坑坑底周缘以及撞击熔融池周缘发育的平行的环状裂隙。近平行分布的冷凝裂隙一般都位于撞击熔融冷凝沉降的周围。例如,在撞击坑坑底的边缘区域,由于撞击熔融体的下伏地形向撞击坑中央变深,因而由于重力作用,该区域内的撞击熔融体在冷凝时偏向撞击坑的中心沉降,形成平行环状分布的 MFs。图 4-9F 和图 6-11 中的撞击熔融体在冷凝过程中均发生了 ~100 m 的垂直沉降作用;含固体碎屑较少的撞击熔融池内的平行裂隙也一般围绕沉降中心发育(图 6-12)。

图 6-12 月球上 King 撞击坑北部连续溅射毯上的撞击熔融池及其中环绕沉降中心(冷色调)发育的平行裂隙(Ashley et al.,2012)。图中的数字高程模型来自于 LRO NAC 立体相对

6.3.3 月球和水星表面热辐射作用的效率

这里讨论的月球和水星上的撞击熔融中的冷凝裂隙的张应力来源均来自于热辐射散热的冷凝作用。热辐射通过固结的撞击熔融表面和冷凝裂隙的节理面向真空中辐射散热(图 4-8)。热辐射量(q)可用公式(6-25)表示：

$$q = \xi\delta_b(T_m^4 - T_0^4) \qquad (6-25)$$

其中，ξ 为撞击熔融的热辐射率；δ_b 为斯特藩-玻尔兹曼常量(Stefan-Boltzmann constant)，为 5.67×10^{-8} W m^{-2} K^{-4}；T_m 为撞击熔融的表面温度；T_0 为环境温度(表 6-4)。这里假设月球和水星表面的撞击熔融的热辐射率(ξ)相当，与地球上的玄武岩岩浆类似，ξ 的中值为 ~0.95(Kahle et al,1988;Crisp et al,1990)。

尽管月球和水星上的昼夜温差可达 ~600 K，但其自转周期至少为 27 个地球日(表 6-4)。前人估计月球上 8 m 厚的撞击熔融的冷凝时间大约为 2—5 个地球年。而本书讨论的撞击熔融的厚度一般远远大于 8 m，尤其是在复杂撞击坑坑底。因此，在月球和水星上，昼夜温差对撞击熔融的冷凝过程的影响相对较小。本书使用月球和水星表面的平均温度作为公式(6-25)中的 T_0。

图 6-13 是月球和水星上不同温度的撞击熔融($T_m = 100 - 1973$ K)的热辐射效率的对比。$T_m = 100$ K 是月球和水星表面的最低温度。总体而言，在任何撞击熔融的温度下，月球表面的热辐射效率仅比水星上的略小，受环境温度的影响不大。相比之下，若水星和月球表面的撞击熔融的初始温度相当，月球上由于热辐射造成的热散失效率比水星上的大，故月球表面撞击熔融的冷凝速率较快。

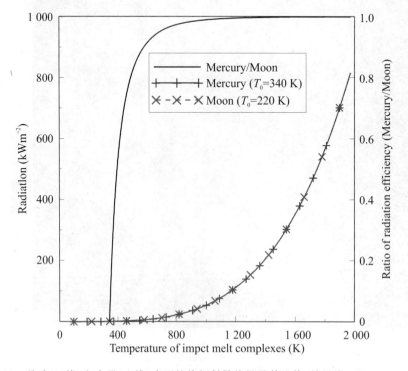

图 6-13　月球(×线)和水星(+线)表面的热辐射散热量及其比值(单黑线)(Xiao et al,2013)

岩浆和撞击熔融在冷凝过程中的拉张应力的强度(σ)与其冷凝速率成正比,也即温度梯度(∇T)越大,张应力越大(Lachenbruch,1962)。假设撞击熔融在冷凝过程中的垂直方向的主应力(σ_z)为0,平面应力(σ_l)的大小与温度梯度有关(Lachenbruch,1962),可用公式(6-26)表示:

$$\sigma_l = E\alpha_v \nabla T/3(1-v) \qquad (6-26)$$

其中,E 为撞击熔融的杨氏模量;α_v 为撞击熔融的热膨胀体积系数;v 为撞击熔融的泊松比。如果假设月球与水星上的撞击熔融的以上物理参数相当,那么冷凝过程中形成的平面应力的大小应该与温度梯度 ∇T 成正比。

相对较厚的撞击熔融,例如靠近撞击坑中央的部分,可视为无限长的冷凝平板单元,热收缩形成的平面应力应该是各项同性的,也即 $\sigma_x = \sigma_y$。当忽略冷凝沉降作用的影响时,这可以解释坑内裂隙具有不同的走向。而在靠近撞击坑边缘的区域,冷凝沉降作用导致切向的平面主应力占主导作用,故形成环状的近平行的冷凝裂隙(也即 MFs)(Freed et al,2012)。

撞击熔融在冷凝过程中产生的水平应变大小与其温度变化(ΔT)和热膨胀线性系数(α_l)有关。此关系式可用公式(6-27)表示,

$$\varepsilon = \Delta l/l_0 = \alpha_l \times \Delta T \qquad (6-27)$$

其中,Δl 是撞击熔融的长度变化,等于划过某一撞击熔融表面的直线上所有冷凝裂隙的宽度之和,不计这些裂隙的直线的长度为 l_0。假设月球和水星上撞击熔融的最初温度相当,那么月球上的撞击熔融完全冷凝时的温度差($\Delta T = T_m - T_0$)较大。因此,月球上的撞击熔融在冷凝过程中形成的热应变(公式(6-26))和热应力(公式(6-27))均较大。该理论推断与实际观察中月球撞击熔融内的冷凝裂隙的数量更多一致。

当一定量的固体碎屑存在于撞击熔融中时,其热扩张系数要比完全由熔融物组成的撞击熔融的大(Ghabezloo,2013),如图6-10与图6-11中的熔融池对比。因而,含有一定量的固体碎屑的撞击熔融在冷凝过程中,将形成较大的热应力和拉张应变。所以,其中的裂隙数量也相对更多(图6-10与图6-11)。

在月球(水星)上,较深的和较浅的撞击熔融在冷凝过程中形成的热应力和拉张应变相同(公式(6-26)和(6-27))。为释放这些应力与应变,在较深的撞击熔融内形成的 IFs 较宽,相邻的 IF 之间的间距较大;而较浅的熔融内的裂隙相隔较近,但是密度较大,有些可能已经达到了断裂饱和的状态(fracture saturation)(Bai et al,2000),形成间隔一致的 MFs。

6.3.4 月球与水星上的冷凝裂隙 vs 地球和火星上的柱状节理

柱状节理是地球火成岩(包括喷出和侵入岩)在冷凝过程中形成的三维破裂网络,在玄武质的火成岩中尤为常见(Grossenbacher and McDuffie,1995)。柱状节理在地球撞击坑内的熔融席上也有发育(Grieve,1987)。这些节理对了解岩浆冷凝过程中的热演化史具有重要的意义。柱状节理是由于冷凝收缩(Goehring and Morris,2005;Jagla and Rojo,2002)和/或组分过冷(constitutional supercooling)(Gilman,2009;Guy,2010)作用形成的。野外考察发现熔融流中的裂隙网络通过自适应过程逐步发展成为近似六面体的柱状节理(Aydin and Degraff,1988)。柱状节理通过新的裂隙插入,或者老的裂隙由直交逐渐变为120°角相交形成逐步成长(Peck and Minakami,1968;Budkewitsch and Robin,1994;Lyle,2000;Mizuguchi et al,2005)。柱状节理的成长过程与本书观察到的月球和水星上的熔融物冷凝形成的裂隙部分相

似,例如月球和水星上的熔融物冷凝形成的 IFs 以直角或钝角相交;在同一撞击熔融内可观察到不同期次的裂隙(图 4-9 和图 5-38)。

岩浆冷凝的速率和其所形成的柱状节理的直径大小成反比(Spry,1962;Ryan and Sammis,1978;Long and Wood,1986;Degraft and Aydin,1993;Müller,1998;Goehring et al,2009)。亦即,若岩浆冷凝速率越快,形成的柱状节理越小;若柱状节理直径越大,表明岩浆的冷凝速率越小。热传导和热对流在热散失中的效率较高(Budkewitsch and Tobin,1994),热辐射作用较小。由于气体存在,热对流和热传导发生在火星和地球上的撞击熔融的冷凝过程中,因而其冷凝速率比月球和水星表面的撞击熔融的冷却速率大。假如月球和水星的撞击熔融在冷凝过程中形成了柱状节理,那么其大小应该比地球和火星上的大。

在地球上,形成在冷凝的玄武岩中的柱状节理的直径从分米级到 4 m 不等(DeGraff and Aydin,1987)。火星上已观察到的柱状节理的直径从~2—5 m 不等(Milazzo et al,2009,2012;Ryan and Christensen,2012)(图 6-14)。LRO NAC 相机与火星高分辨率科学实验相机(High Resolution Imaging Science Experiment camera;HiRISE)的最高分辨率相当(McEwen et al,2007;Robinson et al,2010)。如果月球上的柱状节理的直径大于~2—5 m,那么 LRO NAC 图像应该能轻易地发现这些柱状节理。但是,虽然月球上的热辐射散热作用足以在撞击熔融的冷凝过程中形成张裂隙,无论撞击熔融的规模多大,所含碎屑物含量多少,均未在其中发现可能的柱状节理。

图 6-14 火星熔岩冷凝过程中形成的柱状节理(Milazzo et al,2012;Ryan and Christensen,2012)

火星上有些撞击坑形成于玄武岩覆盖的平原物质上,撞击挖掘作用在坑壁裸露了部分之前冷凝的熔岩流。利用 HiRISE 高分辨率影像数据,前人在一些撞击坑的坑壁上的熔岩流中发现了柱状节理,如图 6-14 所示。同样,月海上的一些撞击坑也将部分古老的月海玄武岩暴露于其坑壁上(Xiao et al,2013)。如图 6-15 所示为欧拉撞击坑($D=26$ km;23.3°N,29.2°W)北部坑壁上出露的数十层边界分明的玄武岩层,其厚度为 2—15 m,与火星上的玄武岩流类似。单层玄武岩延伸的长度超过 2 km。但是在 NAC 图像中并未发现可能的柱状节理。

前人的研究曾发现当冷凝的岩浆单元的厚度或冷凝速率小于一定值时,柱状节理不再产生或其直径太小与层厚相当(Toramaru and Matsumoto,2004;Goehring et al,2009)。该理论完美地解释了地球上溢出性火山活动和浅层侵入的火山活动形成的火成岩内发育柱状节理,

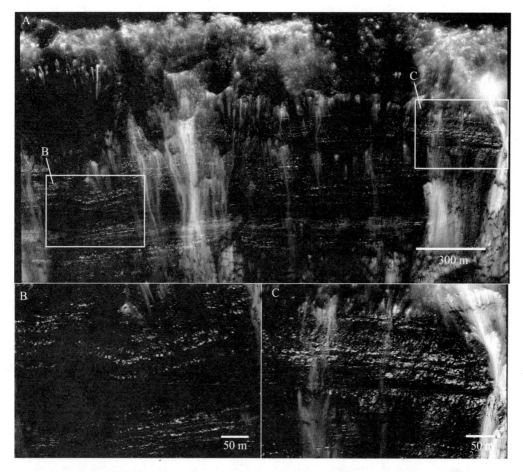

图 6-15　月球欧拉撞击坑北部坑壁上出露数十层厚达 15 m 的玄武岩层,但在其中未见柱状节理发育,底图分辨率为 0.4 米/像素(Xiao et al,2013)

而深层侵入岩的冷凝速率较低,不发育柱状节理(Toramaru and Matsumoto,2004)。同理,地球上的玄武岩流的表层中柱状节理发育完好,但是由于玄武岩流下部的冷凝速率较慢,柱状节理的边界不明显或不再形成(Lore et al,2001)。与地球和火星相比,月球(和水星)表面的撞击熔融的冷凝速率相对较小,这可能是柱状节理不在月球撞击熔融或熔岩中存在的原因。

在月球(和水星)表面尚未发现撞击熔融和岩浆冷凝形成的柱状节理,该发现引出的问题是:行星表面的所有柱状节理的形成是否一定需要挥发分？该问题等同于热传导或热对流是否是形成柱状节理的主要原因？地球上的柱状节理常被划分为层次明显的上列柱(colonnades)和下列柱(entablatures)。上列柱由形态规则、大小相当的柱状节理组成;下列柱由形态不规则的柱状节理构成(Spry,1962)。学界广泛认为下列柱是由于水参与了岩浆的冷凝过程,造成较快的冷凝速率形成的(Long and Wood,1986)。Milazzo et al(2009)在火星上发现了上列柱和下列柱,并提出火星上的下列柱证明火星上的熔岩流活动时,表面存在水流作用。另一方面,热传导和热对流的同时作用一般被认为是地球上的柱状节理的成因机制(DeGraff and Aydin,1993;Budkewitsch and Tobin,1994),而挥发分(如大气和水)存在是热传导与热对流中常见的媒介。实际上,在文献中报道的形成于各种介质中的柱状节理(包括上列柱和下列柱),如岩浆流、侵入岩、火山灰、干燥的泥巴或淀粉-水的混合物等,在形成过程中均有某种挥发分存在(Goehring et al,2009)。

因此,挥发分可能是形成行星表面柱状节理的必要因素。仅靠热辐射造成的冷凝速率过小,热传导和热对流是形成柱状节理的主要散热机制。

6.3.5 本节小结

水星和月球表面的撞击熔融在冷凝过程中形成大量的冷凝裂隙。其拉张应力的来源主要来自热辐射作用。第4.2节和第5.5节介绍了几个典型的月球哥白尼纪和水星柯伊伯纪复杂撞击坑内的冷凝裂隙的分布、形态和大小。通过分析水星和月球上撞击熔融中的冷凝裂隙的形态差异及其形成因素,本节探讨了水星和月球上的热辐射效率的差异。

本节的主要结论包括以下几点:

(1)撞击熔融体下伏地形的坡度决定了其中发育的冷凝裂隙的分布特征(多边形或环形),撞击熔融的深度决定了其中发育的冷凝裂隙的大小(宽度和间距)。在熔融物较深、下伏地形坡度较缓的区域形成的冷凝裂隙一般为多边形分布,宽度较大,相邻裂隙之间的间距较大;在熔融物较浅、下伏地形坡度较陡的区域形成的冷凝裂隙一般多为环形分布,宽度较小,相邻裂隙之间的间距较小。

(2)撞击熔融内携带的固体碎屑物为冷凝裂隙的形成提供了条件。哥白尼纪的月球撞击坑内的冷凝裂隙比柯伊伯纪的水星撞击坑内的多,可能原因是月球撞击坑底部所含的固体碎屑物较多。但是,当碎屑物含量超过一定体积比时,过多的碎屑物将阻碍裂隙发育至较大的规模。

(3)撞击熔融在冷凝过程中由于体积减小形成沉降中心,其周围发育近平行分布的冷凝裂隙。撞击熔融内携带的固体碎屑不是平行裂隙形成的主要原因。

(4)在月球上冷凝的撞击熔融和熔岩流中尚未发现柱状节理。可能原因是热辐射作用造成的冷凝速率足以形成较大的拉张应力并超过岩石的抗张强度,但是其冷凝速率不足以形成柱状节理。

(5)热传导和热对流是行星表面的柱状节理形成的主要原因,挥发分可能是柱状节理形成的必要因素。

§6.4 水星与月球表面具有中央凹陷的撞击坑及其指示意义

6.4.1 引言

具有中央凹陷的撞击坑(pit crater)在火星(Barlow and Bradley,1990;Robbins and Hynek,2012)、月球和地球(Milton et al,1972;Allen,1975;Schultz,1976a,1976b,1988)以及冰卫星,如木卫三(Ganymede)和土卫四(Callisto)(Passey and Shoemaker,1982;Croft,1983;Schenk,1993;Alzate and Barlow,2011)上均有发现。这些凹陷大多形态不规则,可具有或不具有隆起的边缘,往往位于撞击坑/盆地的坑底或中央峰上。

前人的研究大多认为当撞击过程受被撞击体中的挥发分影响时,形成的蒸气爆炸性喷出或者熔融物沿坑底裂隙流失形成了中央凹陷(Carr et al,1977;Croft,1981;Barlow and

Bradley,1990;Barlow,2010;Senft and Stewart,2011;Bray et al,2012)。另外,若被撞击体由成分截然不同的分层组成,撞击事件也可能在其中形成中央凹陷,此类撞击坑与火星上常见的"牛眼状撞击坑"(bull-eye crater)相似(Greeley et al,1982;Schenk,1993)。以往的研究认为月球与水星壳层缺乏挥发分(Lewis,1972),因而前人一般认为月球和水星上的撞击坑不可能形成中央凹陷(Barlow and Bradley,1990;Elder et al,2012)。Allen(1975)利用 LO 数据在月球正面的一些撞击坑内发现了中央凹陷,但是其成因机制至今未知(Bray et al,2012)。在水星上尚未发现类似的具有中央凹陷的撞击坑,可能原因是水手 10 号和信使号的三次水星飞掠计划获取的影像数据分辨率较低,或数据采集时的太阳入射角不利于判别撞击坑内可能的中央凹陷。

现在,信使号发现水星壳层内的挥发分含量较高(Nittler et al,2011;Wieder et al,2012)。虽然其含量不及火星中高纬度区域或冰卫星的壳层内的挥发分含量,但也比前人的估计值高很多。水星壳层的挥发分可能影响了撞击挖掘过程,形成较高的溅射角度(见第 6.2 节)。在水星上,一些形态学第一类撞击坑(有些具有溅射纹)的底部具有类似火星和冰卫星撞击坑内的中央凹陷,而较老的撞击坑内则未见明显的中央凹陷(Xiao and Komastu,2013)。在月球上一些哥白尼纪和较老的撞击坑内也发现了中央凹陷(Xiao et al,2013)。这些发现表明:挥发分不一定是形成天体表面的撞击坑内的中央凹陷的必要条件;撞击过程中可能存在一些未曾被注意到的物理过程,足以形成中央凹陷。

本书利用 LROC 和 MDIS 相机获取的影像数据,研究月球和水星表面具有中央凹陷的撞击坑。通过分析其形态、尺度、全球分布特征以及与其他天体上的撞击坑中央凹陷的相似点和不同点,本书探讨了这些中央凹陷的可能成因机制。

6.4.2 水星上具有中央凹陷的撞击坑的形态、大小与分布

截至 2013 年 3 月,在水星上共发现了 27 个具有中央凹陷的撞击坑。大部分中央凹陷的形态不规则,有些呈圆形和椭圆形(图 6-16)。在高分辨率的影像数据中,有些凹陷均位于中央峰上,其平面形态与火星撞击坑中央峰上的凹陷(summit pits)相似(Barlow,2010)。但这些凹陷是否穿透中央峰进入撞击坑底部尚不可知。有些水星撞击坑内的中央凹陷似乎形成于坑底,具有周缘隆起的复杂地块(图 6-17)。这些中央凹陷的形态与冰卫星和火星上的坑底凹陷形态类似(Bray et al,2012;Garner and Barlow,2012)。

水星撞击坑内的中央凹陷不是后续形成的小撞击坑。典型的二次撞击坑具有不规则形态(Oberbeck and Morrison,1974),受后期侵蚀严重的二次撞击坑有时也未见隆起的边缘。但是,水星上具有中央凹陷的撞击坑均为形态学第一类撞击坑,有些具有的明亮溅射纹的撞击坑内且未见明显的隆起边缘(图 6-16B)。这表明这些水星撞击坑内的中央凹陷可能不是后续撞击作用形成的。水星上一些较老的白晕凹陷没有白色物质环绕,且具有不规则的形态和无隆起的边缘(Blewett et al,2011,2013)(见第 5.3 节)。这些凹陷是由于壳层挥发分散失形成的,有时在中央峰上可见。但是,白晕凹陷一般较小且大多呈串出现(见第 5.3 节)。因此,水星撞击坑内的凹陷不代表由壳层挥发分流失形成的白晕凹陷。另外,水星上的火山口与撞击坑中央凹陷的形态极其相似,且很多水星上的火山口均位于撞击坑中央峰的顶端或位于撞击坑的底部(Kerber et al,2009,2011;Gillis-Davis et al,2009)(见第 2.2 节和第 5.1 节)。但是,形成在水星形态学第一类撞击坑内的火山口一般都伴随有周围高反照率/低反照率的火成

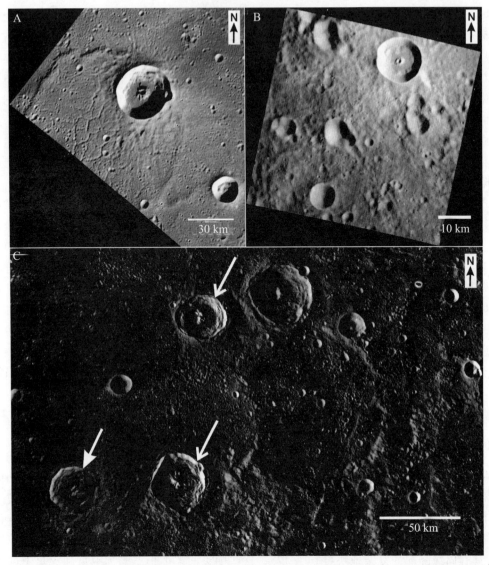

图 6-16 一些水星撞击坑内的中央凹陷位于中央峰上(Xiao and Komatsu,2013)

碎屑沉积物。而本书观察到的水星撞击坑内的中央凹陷周围未见明显的火成碎屑沉积物。因此,这些撞击坑内的中央凹陷也不是火山口。

水星上所有具有中央凹陷的撞击坑均为形态学第一类撞击坑,有些具有明显的溅射纹。这表明这些中央凹陷非常年轻(见第 3.4 节)。这些撞击坑的直径范围在 ~16-33 km。具体的撞击坑信息见表 6-6。所有这些撞击坑均位于平原物质上,其中包括坑间平原和平坦平原(也即高反照率红色平坦平原和低反照率蓝色平坦平原;见第 2.2 节和第 5.4 节)。其中 63% 的中央凹陷撞击坑位于平坦平原上,37% 的位于坑间平原。例如图 6-16A 是水星北部平原上的一个具有中央凹陷的撞击坑($D=26$ km;67.1°N,61.6°E),图 6-17A 是卡路里外平原上的一个具有中央凹陷的撞击坑($D=14$ km;21°N,166.5°E)。纵观水星上所有直径在 16-33 km 的撞击坑,仅有极少数具有中央凹陷。这表明中央凹陷并非形成于所有水星上的撞击事件中。另外,在同一区域,大小相当且保存状态相似的撞击坑可能同时存在和不存在中央凹

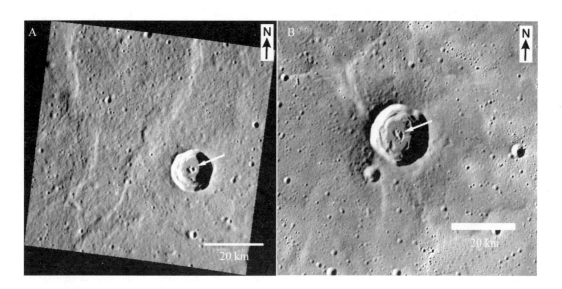

图 6-17　一些水星撞击坑内的中央凹陷似乎形成于坑底,具有周缘隆起的复杂地块(Xiao and Komatsu,2013)

陷,例如图 6-16C 中白色封闭箭头所示的撞击坑($D=29$ km;44.7°N,126.1°E)具有中央凹陷,而其东侧的白色开放箭头所示的撞击坑则没有中央凹陷。

表 6-6 列举了具有中央凹陷的水星撞击坑的面积(A_c)及其中央凹陷的面积(A_p)。假设中央凹陷为圆形,其相应的直径 D_c 和 D_p 可通过 A_c 和 A_p 计算得到(公式(6-28))。D_c 与 D_p 以及 A_c 与 A_p 的大小关系如图 6-18 所示。总体而言,撞击坑越大,其内部的中央凹陷越大。同时,这些数据点较分散,故其拟合直线的确定系数(coefficients of determination)较小(表 6-6)。这表明相同大小的撞击坑内的中央凹陷的直径差别较大,最大差可达 2 倍。A_p/A_c 的比值为~0.01—0.04;$D_c/D_p=0.1-0.2$,其平均值为 0.12。与之相比,在火星和木卫三上,中央凹陷与其所在的撞击坑的直径呈正比。可能的原因是水星上具有中央凹陷的撞击坑的数目较少,因而图 6-18 的统计意义较差。

$$D_p = 2(A_p/\pi)^{0.5} \tag{6-28}$$

假设水星撞击坑内的中央凹陷内壁直立且其阴影长度小于坑底的宽度,利用阴影-高度/深度测量法可估算这些中央凹陷的最小深度(d)。表 6-6 为估算的结果。中央凹陷的深度(d)与直径(D_p)的关系以及中央凹陷的深度与撞击坑直径(D_c)的关系见图 6-18。尽管直径越大的撞击坑内的中央凹陷越深,但是 d 与 D_p 和 d 与 D_c 并不具有绝对的比例关系。大小相同的撞击坑内的中央凹陷的深度可相差~3 倍。大小相同的中央凹陷的深度差别也很大。

水星表面具有中央凹陷的撞击坑的分布见图 6-19。这些撞击坑大部分(>96%)位于纬度大于 30°S 的区域,可能原因是 MDIS 在水星北半球获取的数据的分辨率较高。这些撞击坑在 0-80°E 的区域内的密度相对较高,~44% 的撞击坑位于该区域。卡路里内平原与北部平原均属于高反照率红色平坦平原,北部平原上有 7 个具有中央凹陷的撞击坑,但在卡路里内平原内尚未发现。相比之下,卡路里外平原上发现了 7 个具有中央凹陷的撞击坑。

表 6-6　水星表面具有中央凹陷的撞击坑的具体信息(Xiao and Komatsu,2013)

纬度(°N)	精度(°E)	A_c	A_p	$d(m)$①	MDIS 数据编号	背景地质单元②	D_c	D_p	D_p/D_c
20.0	63.6	227.1	2.7	280	EN0219350124M	IP	17.01	1.86	0.11
67.1	61.6	508.6	4.6	380	EW0219648898G	NP	25.45	2.41	0.09
57.7	33.0	333.2	5.7	300	EW0219988602G	NP	20.60	2.68	0.13
57.5	32.1	224.2	4.3	360	EW0219988602G	NP	16.90	2.34	0.14
21.0	−166.5	150.3	6.2	230	EN0212675835M	CEP	13.83	2.82	0.20
0.8	−175.5	221.5	3.0	300	EN0212935377M	CEP	16.79	1.95	0.12
0.4	−177.6	664.3	5.6	460	EN0212978685M	CEP	29.08	2.66	0.09
−77.1	−160.9	365.5	3.1	270	EN0215423321M	IP	21.57	2.00	0.09
−21.8	153.3	552.6	9.1	—	EN0215678334M	IP	26.52	3.41	0.13
−22.7	152.5	553.1	5.7	—	EN0215678334M	IP	26.54	2.69	0.10
6.3	70.8	216.0	2.8	340	EN0219051977M	SP	16.58	1.90	0.11
13.3	74.3	326.9	5.3	420	EN0219094814M	SP	20.40	2.60	0.13
17.0	26.1	850.2	16.2	490	EN0219944877M	IP	32.90	4.54	0.14
30.5	1.5	231.0	3.7	230	EN0220675584M	IP	17.15	2.16	0.13
26.9	118.7	228.0	1.7	—	EW0216068263G	SP	17.04	1.46	0.09
39.7	25.6	213.0	2.9	330	EW0220030595G	IP	16.47	1.91	0.12
−23.3	−54.4	302.1	2.5	260	EN0213418350M	IP	19.61	1.77	0.09
69.8	−90.9	334.2	4.8	270	EW0211764553G	NP	20.63	2.48	0.12
68.7	−93.2	211.4	5.5	170	EW0211764553G	NP	16.41	2.66	0.16
44.6	126.1	783.0	7.8	420	EW0216154818G	CEP	31.58	3.15	0.10
54.3	55.3	489.2	9.0	330	EW0219648668G	CEP	24.96	3.38	0.14
57.8	38.8	252.4	4.3	270	EW0219946120G	NP	17.93	2.34	0.13
51.6	31.2	329.7	7.2	330	EW0219988455G	NP	20.49	3.02	0.15
38.7	140.6	748.9	17.2	—	EW0220763820G	CEP	30.88	4.68	0.15
23.8	143.4	465.6	5.1	250	EW0220764060G	CEP	24.35	2.55	0.10
44.7	126.1	628.1	9.9	470	EW0220979754G	CEP	28.28	3.54	0.13
36.6	−83.9	752.3	6.4	530	EW0211546523G	IP	30.95	2.86	0.09

注:①中央凹陷的深度是利用阴影-高度/深度估算法测量的,所得的值仅能作为最小值。有些影像数据采集时的太阳入射角不适合于测量阴影长度

②水星上具有中央凹陷的撞击坑的背景地质单元。其分类原则引自 Denevi et al(2009,2013)。其中 IP 代表坑间平原(intercrater plains),NP 代表北部平原(northern plains)(Head et al,2011),CEP 代表卡路里外平原(Caloris exterior plains)(Strom et al,2008;Murchie et al,2008)

6.4.3 月球上具有中央凹陷的撞击坑的形态、大小与分布

月球上具有中央凹陷的撞击坑早在 20 世纪 70 年代就被发现(Allen,1975;Schultz,1976a,1976b,1988),但一直未引起广泛的关注。以往的研究使用 LO 数据描述了这些凹陷的基本形态(Allen,1975),但由于数据分辨率和覆盖率有限,未曾对其形态和大小做详细分析。

在 LROC 数据中,月球撞击坑内的中央凹陷与一般的撞击结构和火山口的差别较大。例如,中央凹陷一般具有不规则的形态、圆锥状形态或平坦的底部,这些特征与相同大小的原始撞击坑不同;中央凹陷周围未见明显的火山建造(如低反照率的火成碎屑沉积物)。当然,有些月球撞击坑内的凹陷可能是较老的二次撞击坑或火山口,也可能是由中央峰串(central peak clusters)围绕的类似凹陷的地貌。此类凹陷称为"可能的中央凹陷"(probable central pits)。

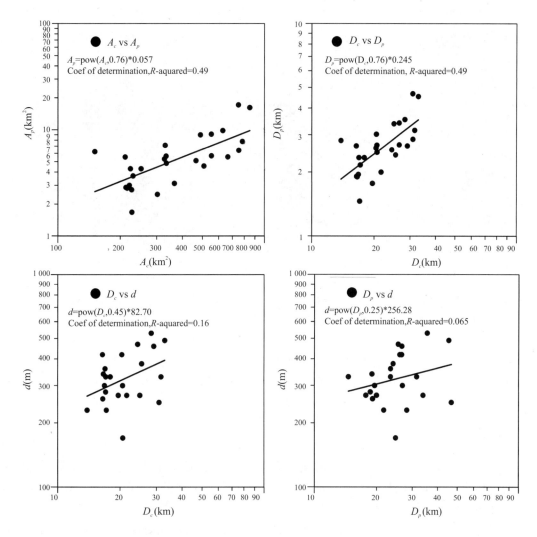

图 6-18 水星上具有中央凹陷的撞击坑的大小关系(Xiao and Komatsu,2013),其中 A_p 为中央凹陷的面积,A_c 为撞击坑的面积,D_p 为中央凹陷的直径,D_c 为撞击坑的直径,d 为中央凹陷的深度

本节专注于那些能与撞击坑或火山口分辨的中央凹陷(certain central pits)。

使用 GLD 100(水平分辨率为 100 米/像素)和 LOLA(1024 像素/度;～30 米/像素)数据,本节测量了月球撞击坑内的中央凹陷的深度。若中央凹陷向下延伸至坑底以下,那么此类凹陷被称为"坑底凹陷"(Floor pits);若中央凹陷尚未穿透中央峰,此类凹陷被称为"中央峰凹陷"(Summit pits)。该分类方法与火星撞击坑内的中央凹陷的分类方法相同(Alzate and Barlow,2011)。由于大多数月球撞击坑内的凹陷具有复杂的周围地块,因而其深度不能简单通过不同方位的剖面线获取。本书测量了中央凹陷的边缘上的所有高程值,然后测量中央凹陷内部地势最低的高程;用边缘高程的平均值与中央凹陷内最低的高程值的差代表中央凹陷的深度。测量中的误差比测量的深度值至少小一个数量级,因而可以忽略。

由于大部分月球撞击坑具有不规则的形态,不能简单通过某一方位的剖面线测量其直径。

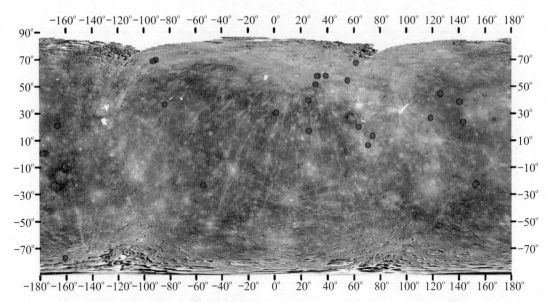

图 6-19 水星上具有中央凹陷的撞击坑分布(Xiao and Komatsu,2013)。底图为 MDIS WAC 获取的 R-G-B 为 1000-750-430 nm 的彩色镶嵌图

这里采用了计算水星撞击坑内中央凹陷的直径的方法。利用公式(6-28)测量了这些中央凹陷的面积(A_p),然后计算其等效直径(D_p)。本书也测量了中央凹陷的周长(P_p),利用公式(6-29)中定义的形态系数 Γ(Kargel,1989;Barlow,1994;Boyce et al,2010)代表其形态复杂度。$\Gamma=1$ 表明中央凹陷为圆形,Γ 越大形态越复杂。

$$\Gamma = P_p/(4\pi A_p)^{0.5} \tag{6-29}$$

本书记录了月球上具有中央凹陷的撞击坑所在的位置、地层年龄以及形态分类。其地层年龄引自月球全球撞击坑数据库(Losiak et al,2009),形态分类引用 LPL 分类(Arthur et al,1963)。同时也记录了这些中央凹陷的位置、面积、周长和形态不规则度。

月球撞击坑内的坑底凹陷和中央峰凹陷的形态极不规则,不规则度在~1.02-1.60,Γ 的平均值为 1.11。月球中央峰凹陷的形态与水星上的中央凹陷的平面形态极其类似(Xiao and Komatsu,2013),在剖面上具有 V 字形形态(图 6-20A)。月球撞击坑的中央凹陷都位于底部的中央,有些坑底凹陷貌似形成于中央峰上,但是其地形剖面表明这些凹陷已经穿透了以前的中央峰,达到坑底以下。月球坑底凹陷的周围一般具有完整的或局部的隆起单元(如图 6-20B)。因而,月球撞击坑的坑底凹陷与火星上的坑底凹陷一样,可分为具有完整隆起边缘的坑底凹陷(rimmed floor pits)和不完整隆起边缘的坑底凹陷(partly-rimmed floor pits) (Garner and Barlow,2012)。有些月球的坑底凹陷具有平坦的底部(如图 6-20C),与部分火星(Peel and Fassett,2013)和木卫三(Bray et al,2012)上的坑底凹陷相似。

在月海和月球高地上,共有 6 个直径小于简单-复杂撞击坑的过渡直径(~15-20 km) (Melosh,1989)的撞击坑具有中央凹陷。例如图 6-20D 中的 Carlini D 撞击坑。尽管在其坑壁上未见明显的坑缘阶地,其坑底凹陷周围可见大量的低缓隆起地块。这些小型的地块可能是原始中央峰坍塌之后的产物,而坍塌本身形成了这些坑底凹陷。在木卫三上也发现了一些简单撞击坑底部发育中央峰,而未见坑缘阶地,其可能原因是这些撞击坑形成在富含水冰的被撞击体表面,故造成了较大的坑底反弹(Bray et al,2008)。然而,目前对月球上的简单撞击坑的中央凹陷的成因尚无定论。另外,有些月球上的复杂撞击坑未见明显的中央峰,取而代之的是完全形成在坑底的中央凹陷,周围被小坡度的隆起包围(如图6-20C)。

目前已在LRO WAC全球影像镶嵌图中识别了56个确定的和35个可能的具有中央凹陷的撞击坑,图6-21为其分布图。确定的中央凹陷撞击坑分布在70°S—70°N的区域。在月海和月球高地上,具有坑底凹陷的撞击坑均比具有中央峰凹陷的撞击坑的数量多;月海上为17∶7,月球高地上为27∶5。这些撞击坑在某些区域较为集中,例如9个位于东海盆地周围的溅射物中(与水星卡路里外平原上的中央凹陷撞击坑特征相似;图6-19),且这些撞击坑内的凹陷均为坑底凹陷(如图6-20C);8个位于雨海盆地内,其中有7个为坑底凹陷(如图6-20D)。相比之下,只有4个撞击坑位于~120°E—200°E。火星上的中央凹陷撞击坑也与背景地质单元具有一定的相关性,表明背景地质体的物质特征影响撞击坑内的中央凹陷的形成(Garner and Barlow,2012)。另外,在月球上的一些区域,有些撞击坑内具有中央凹陷,而大小和年龄相当的相邻的撞击坑则没有中央凹陷。例如东海盆地南部溅射沉积物上的Guthnick撞击坑($D=37$ km;94°W,48°S)具有坑底凹陷,而其附近的Rydberg撞击坑($D=48$ km;96°W,46°S)则没有中央凹陷(图6-22)。

考虑到月海和月球高地的物质差异可能影响撞击坑内的中央凹陷的大小,在分析撞击坑及其中央凹陷的大小关系时,本书将撞击坑按地域进行划分,也即月海上的中央凹陷撞击坑和高地上的中央凹陷撞击坑。另外,考虑到坑底凹陷和中央峰凹陷的成因机制可能不同。因而,将撞击坑按其内部的中央凹陷的相对位置进行划分。图6-23、表6-7和表6-8列举了月球上确认的中央凹陷与其所在的撞击坑的大小关系。

表6-7 月球上不同位置的中央凹陷与其撞击坑的大小关系(Xiao et al,2013)

月球中央凹陷撞击坑	中央峰凹陷(12)	坑底凹陷(44)
D_c(km)	19.34—56.36	8.9—57.85
D_p/D_c	0.09±0.04	0.126±0.065
d/D_c	0.005±0.004	0.009±0.006
d/D_p	0.058±0.038	0.075±0.050
Γ	1.09±0.06	1.12±0.10

表6-8 月球上不同位置的撞击坑与其内部的中央凹陷的大小关系(Xiao et al,2013)

月球中央凹陷撞击坑	月海(24)		高地(32)	
	中央峰凹陷(7)	坑底凹陷(17)	中央峰凹陷(5)	坑底凹陷(27)
D_c(km)	19.34—41.31	8.9—39.43	24.56—43.18	9.57—57.85
D_p/D_c	0.09±0.03	0.11±0.05	0.09±0.04	0.135±0.064
d/D_c	0.005±0.003	0.008±0.005	0.006±0.003	0.01±0.006
d/D_p	0.053±0.033	0.066±0.039	0.066±0.027	0.081±0.040
Γ	1.09±0.06	1.08±0.06	1.09±0.06	1.14±0.07

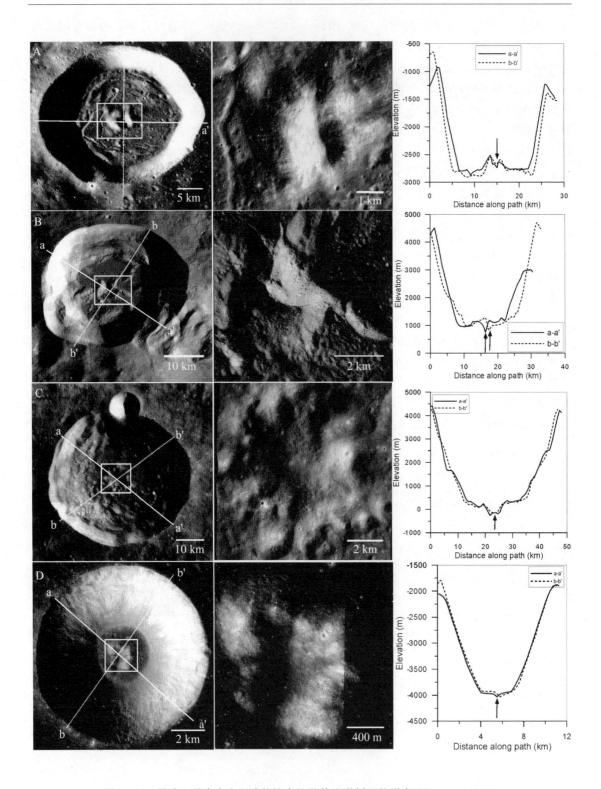

图 6-20 月球上具有中央凹陷的撞击坑及其地形剖面的形态(Xiao et al, 2013)

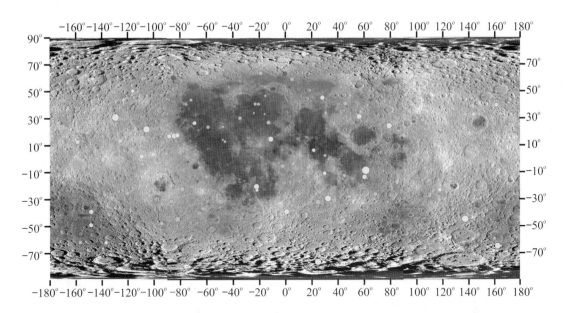

图 6-21 月球表面具有中央峰凹陷的撞击坑的全球分布图(Xiao et al,2013)。圆圈大小达标了撞击坑的相对大小

图 6-22 月球上有些撞击坑内有中央凹陷,而其附近的撞击坑则没有形成中央凹陷(Xiao et al,2013)

月球撞击坑与其内部的中央凹陷的直径比(D_c/D_p)为~0.05—0.29,平均值为~0.12;深度比(d/D_p)为~0.02—0.18,平均值为~0.072。直径越大的撞击坑内的中央凹陷越大,深度也越大(图 6-23)。在月海和月球高地区域,坑底凹陷均出现在直径小达 9 km 的简单撞击坑内,而具有中央峰凹陷的撞击坑的最小直径为~20 km(见表 6-7 和 6-8)。同时,坑底凹陷

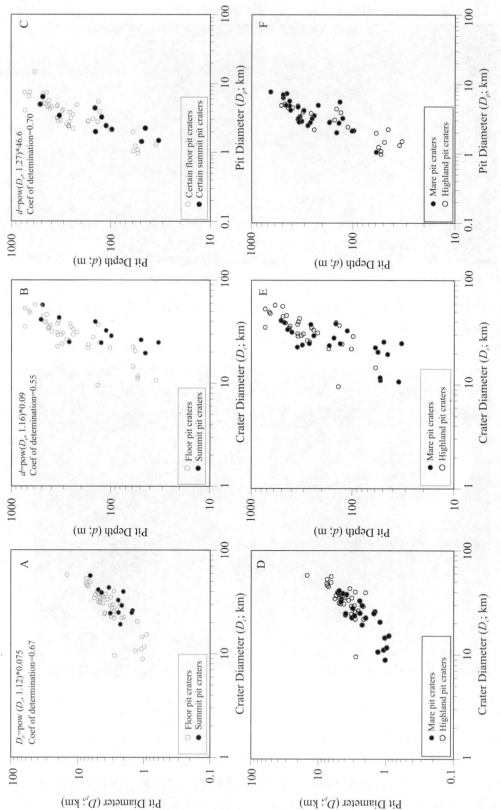

图6-23 月球上具有中央凹陷的撞击坑及其中央凹陷的大小关系(Xiao et al,2013)

和中央峰凹陷均出现在直径大于 50 km 的撞击坑内。这表明坑底凹陷在较小的撞击坑内更容易形成。尽管相同直径的撞击坑的深度差可达 10 倍(图 6-23B),但是当 $D < \sim 40$ km 时,坑底凹陷一般比中央峰凹陷深两倍。另外,坑底凹陷的 D_c/D_p 比中央峰凹陷的平均值大(表 6-7),表明具有坑底凹陷的撞击坑的原始中央峰受到的后期改造作用更强。月球高地的壳层物质的破碎度比月海壳层的高。月球高地上的撞击坑内的坑底凹陷比月海区域的深,且其形态更不规则(表 6-8)。但是,中央峰凹陷的直径、深度以及形态复杂度与其所在的撞击坑的背景地质单元关系不大。

月球上具有中央凹陷的撞击坑从形态学第一类到第五类撞击坑不等,其地层年龄从哥白尼纪到酒海纪不等。这些撞击坑中共有 38 个具有确切的地层学年龄(Losiak et al,2009):其中 6 个为哥白尼纪,18 个为厄拉多塞纪,11 个为雨海纪,3 个为酒海纪。坑底凹陷和中央峰凹陷在各个地层年龄的撞击坑内均有发现,表明在月球的大部分地质历史中,表面的撞击事件均可形成中央凹陷。可能在前酒海纪的撞击坑内也形成过中央凹陷,但是后续的坡面块体运动(见第 4.3 节)和撞击破坏将这些中央凹陷抹去了。

6.4.4 对比不同天体上具有中央凹陷的撞击坑

中央凹陷可在火星、木卫三和月球的各个地层年代的撞击坑内形成(Barlow,2010;Alzate and Barlow,2011;Bray et al,2012;Xiao et al,2013)。然而,水星上的所有具有中央凹陷的撞击坑都是形态学第一类撞击坑,有些甚至具有溅射纹,其绝对模式年龄小于 ~ 1.26 Ga(见第 3.4 节)。与火星和木卫三一样,月球和水星上的中央凹陷可分为坑底凹陷和中央峰凹陷,而土卫四上的中央凹陷全部为坑底凹陷。

在所有天体上,直径越大的撞击坑内的中央凹陷越大,深度也越大(Schenk,1993;Barlow,2010;Alzate and Barlow,2011;Bray et al,2012;Xiao and Komatsu,2013)。表 6-9 列举了文献中报道的所有天体上的撞击坑及其内部的中央凹陷的大小比。火星撞击坑的 D_c/D_p 比木卫三上的小(表 6-9),前人认为木卫三的壳层内的挥发分含量比火星上的高,故木卫三的撞击坑内的中央凹陷的直径较大。但是,月球壳层的挥发分比水星上的低,但月球撞击坑的 D_c/D_p 比水星上的大(Xiao and Komatsu,2013),且与火星的平均 D_c/D_p 相当。这表明壳层挥发分的含量差异不是形成水星和月球撞击坑内的中央凹陷的主要原因。

表 6-9 不同天体上的撞击坑及其内部的中央凹陷直径比

天体名称	撞击坑直径 (D_c,km)	中央凹陷-撞击坑直径比(D_p/D_c)	D_p/D_c 平均值
水星(Xiao and Komastu,2013)	16—33	0.09—0.20	0.12
月球(Xiao et al,2013)	~ 10—80	0.05—0.29	0.12
火星中央峰凹陷的撞击坑(Barlow,2010)	5.5—125.4	0.02—0.29	0.12
火星坑底凹陷的撞击坑(Barlow,2010)	5.0—156.9	0.02—0.48	0.16
木卫三坑底凹陷的撞击坑(Alzate and Barlow,2011)	~ 5—150	0.11—0.38	0.19
土卫四坑底凹陷的撞击坑(Schenk,1993)	43—80	0.1—0.45	0.25

6.4.5 水星与月球撞击坑内的中央凹陷的成因及其指示意义

在撞击过程中,随着能量增加,撞击坑从复杂撞击坑向中央峰环撞击坑转变(Pike,1988;Melosh,1989),坑底的中央峰逐渐从单座向一簇相邻的中央峰群转变,中央峰群中间呈现一定的负地貌。因而,有观点认为一些撞击坑内的中央凹陷(包括上节介绍的一些可能的月球中央凹陷)可能代表了中央峰形成过程中的负地貌(Passey and Shoemaker,1982;Melosh and Ivanov,1999)。但是,在水星、月球和火星上,直径相同、年龄相当的同一区域的撞击坑可能有些具有中央凹陷,而有些则没有(如图6-22)。再者,水星上的中央凹陷撞击坑的直径为16—33 km,远远小于水星上复杂撞击坑向中央峰环撞击盆地的转换直径(70 km)(Baker et al,2011)。同时,月球上有些简单撞击坑内都发育有中央凹陷。这表明本书发现的水星和月球撞击坑内的中央凹陷不是中央峰隆升过程中自然形成的凹陷地貌。

早期的研究曾认为当撞击事件发生在火星或冰卫星上时,撞击点以下由于受瞬间高温和高压作用形成气化物,在坑底反弹的过程中这些气化物爆发式的喷发形成了中央凹陷(Wood et al,1978)。但是,月球、水星、火星和冰卫星上的很多中央峰凹陷与坑底凹陷没有隆起的边缘,或者其边缘物质的容量大于凹陷的容量(Bray et al,2012),这表明气化物喷发不是造成中央凹陷的原因。另外,从撞击过程的物理阶段来看,接触与耦合阶段形成的气化物在撞击挖掘阶段刚开始就被溅射出去,不会在坑底形成高压的汇集区。

Allen(1975)认为月球撞击坑内的中央凹陷(Allen认为这些中央凹陷都是中央峰凹陷)可能是火山口。但是在LRO数据中并未发现与中央凹陷有关的火山活动的沉积物。Croft(1983)认为月球撞击坑内的中央凹陷是撞击熔融和/或碎屑物沿着坑底裂隙下渗形成的。当撞击事件发生在具有一定挥发分(如火星和冰卫星壳层内的水冰)的被撞击体中时,形成的熔融物更容易沿裂隙下渗而形成中央凹陷。最近的理论计算表明该模型能解释火星和冰卫星上的坑底凹陷的成因机制(Barlow,2010;Senft and Stewart,2011;Bray et al,2012)。同时,数值模拟发现在具有硅酸质壳层的月球和水星以及地球上,撞击形成的熔融不会大量沿裂隙下渗形成中央凹陷(Elder et al,2012)。

少数前人的研究认为月球上的中央凹陷是由于撞击过程中,当坑底反弹形成中央峰时,反弹的物质向外坍塌形成的(Croft,1981)。在该模型中,隆起的中央峰的外层的刚性相对较大,其内部包裹着相对破碎的物质,二者共同隆升形成了中央峰。在上隆过程中,相对刚性的外壳最先减速停止运动,而内部相对破碎的物质继续上涌并向外坍塌。坍塌的物质被后续的坑底撞击熔融覆盖。若向外坍塌的物质较少且未漏空中央峰,最终在坑底形成中央峰凹陷。若向外坍塌的物质过多,那么中央峰将被完全破坏,仅剩下围绕中央凹陷发育的(局部)隆起,所形成的坑底凹陷的直径和深度也比中央峰凹陷的大。当被撞击体含有一定的挥发分时,反弹的坑底物质的强度更低,因而更容易形成向外的坍塌。另外,速度较大的撞击事件可形成更多的熔融和撞击碎屑物。因此,不同的撞击速度可解释月球和水星上,同一区域内相邻的、大小相当、且年龄相近的撞击坑内可发育或不发育中央凹陷(如图6-22)。另外,形成在东海盆地溅射物上的撞击坑内的中央凹陷都是坑底凹陷,由于东海盆地溅射物的孔隙度较大,强度较低,因而,更利于中央峰在隆升时向外坍塌。但是,雨海盆地内的平原物质为强度相对较大的玄武岩,而其中形成了7个具有坑底凹陷撞击坑,因此该理论显然不能完美地解释这些撞击坑内中央凹陷的成因。

月球和水星撞击坑内的中央凹陷可能不需要壳层挥发分的参与。原因包括以下几点：

(1) 在没有持续的物源补充时,行星壳层内的挥发分的含量不断下降。若月球或水星撞击坑内的中央凹陷的形成需要挥发分,那么更老的撞击坑内应更容易形成中央凹陷。该趋势在月球上不明显(见第 6.4.4 小节的讨论)。而水星上具有中央凹陷的撞击坑均为形态学第一类撞击坑,更老的撞击坑内未见明显的中央凹陷。

(2) 在水星上,7 个具有中央凹陷的撞击坑位于北部平原上,8 个位于卡路里盆地的外平原上(表 6-6)。尽管这两个平原都是平坦平原,但卡路里外平原上的挥发分含量(硫)比北部平原高很多。挥发分若在中央凹陷的形成过程中作用明显,那么卡路里外平原上具有中央凹陷的撞击坑的数量应比北部平原上的多。另外,有些直径为~16-33 km 的水星撞击坑底部发育有大量的白晕凹陷或暗斑(见第 5.3 节和第 5.4 节),表明其原始壳层内的挥发分含量较高,但在其坑底并未发现明显的中央凹陷。

(3) 在火星上,具有中央凹陷的撞击坑一般也具有层状溅射毯(layered ejecta deposits)(Barlow,2005),但是水星和月球上具有中央凹陷的撞击坑周围未见明显的层状溅射物。

彗星的运动速度一般比小行星的大。在冰卫星上,彗星撞击在冰壳内形成一个由熔融的水冰组成的热柱(Senft and Stewart,2011)。这个热柱内的融水沿着撞击形成的裂隙下渗,进而形成坑底凹陷(Senft and Stewart,2011;Elder et al,2012)。水冰的熔融点和气化点较低,在冲击压力远小于 100 GPa 时,水冰会完全气化。月球和水星的壳层缺乏挥发分,因而撞击点以下不可能再形成由巨大的熔融物组成的热柱。另一方面,彗星撞击本身携带的挥发分在撞击过程的接触和耦合阶段快速升华,并在紧接着的撞击挖掘过程中快速脱离开挖腔。相比之下,月球和水星撞击坑内的中央凹陷形成于撞击挖掘阶段之后的坑底反弹阶段。因而,彗星撞击携带的挥发分也不是形成月球和水星撞击坑内的中央凹陷的主要原因。

6.4.6 本节小结

通过分析月球和水星撞击坑内的中央凹陷的大小、形态和分布特征,本书类比了不同天体上的撞击坑内的中央凹陷。在缺乏壳层挥发分的月球和水星上可形成中央凹陷,表明这个地质过程不需要挥发分的参与即可发生。因此,该发现挑战了前人普遍接受的观点:火星和冰卫星撞击坑内的中央凹陷是由于壳层挥发分对撞击作用的影响形成的。事实上,火星和冰卫星的壳层内富含挥发分,其撞击坑内的中央凹陷的形态与分布特征支持挥发分是形成这些中央凹陷的必要条件。

基于以上类比,可总结壳层挥发分含量与形成撞击坑内的中央凹陷之间的关系。中央凹陷可能是撞击过程中固有的但不常见的一种地质过程。该过程造成中央峰不同程度的坍塌,形成中央峰凹陷和/或坑底凹陷。根据中央峰与中央凹陷的关系,可判定中央凹陷与中央峰同时形成或者形成于中央峰之后。因此,该地质过程应在撞击挖掘阶段的晚期和改造阶段进行。

水星壳层的挥发分含量比月球高,但已发现的水星中央凹陷撞击坑的数量比月球上的少。水星表面的一些特殊物质单元(如富含挥发分的 LRM)可能影响了撞击过程挖掘阶段的溅射角度(见第 6.2 节)。但是,这些挥发分的含量不足以影响撞击过程(可能是改造阶段)而形成更多的中央凹陷撞击坑。当壳层内的挥发分比水星壳层内的更高,达到火星或冰卫星壳层内挥发分的含量时,壳层内的挥发分有助于在撞击过程中形成中央凹陷。因而,在火星和冰卫星上,具有中央凹陷的撞击坑比较常见。

第七章 结论与展望

§7.1 结 论

本书采用了各种深空探测计划获取的影像、高程、重力场和光谱数据,研究了水星和月球表面年轻的地质现象,并证实哥白尼纪的月球表面和柯伊伯纪的水星表面都存在广泛的表面地质活动。通过类比不同行星表面的同一地质过程的相似性和差异,讨论了水星和月球表面的年轻地质活动对相应地质过程基本物理规律的指示意义。

主要认识结论包括以下几点:

(1)月球表面的哥白尼纪挤压和伸展构造都是由于月球的持续冷凝作用造成的晚期收缩形成的。其中,伸展构造均位于挤压构造的主动盘上,是由于逆断层活动时产生的表面拉张应力形成的。有些哥白尼纪的伸展构造位于局部隆起上,但没有伴随的表面挤压构造,月震和隐伏的逆断层活动可能是其成因机制,浅层岩浆侵入活动不大可能是其伸展应力的来源。哥白尼纪的月球表面不太可能形成壳层岩浆侵入或表面岩浆事件。

(2)月球表面全球发育大量坠落、滑动、垮塌、碎屑流和月壤蠕移等坡面块体运动。较年轻的、坡度较大的单元上的块体运动的种类和数量更多。这些地貌单元保存状态表明块体运动时刻发生在月球表面,且依然不断地塑造月球表面的地貌。酒海纪和前酒海纪的月面地质单元代表了月球表面地貌演化的最终阶段。这些地貌单元的坡度较缓,仅有月壤蠕移在其中发生。

(3)水星表面在曼苏尔纪(~1.26 Ga)依然存在多处小范围的岩浆事件,形成年轻的小型平坦平原。在柯伊伯纪(~159 Ma),水星表面发生了数处爆发型火山喷发事件,形成了反照率独特的火成碎屑沉积物,有些柯伊伯纪的火山口和火成碎屑沉积物的反照率比水星的平均反照率低。与之相比,更古老的水星表面的火成碎屑沉积物及其中央的火山口的反照率较高。这表明有些柯伊伯纪的爆发型火山活动所含的物质成分与以往的不同,可能是水星幔部发生部分熔融的层位或物质特性在柯伊伯纪前后发生了变化。

(4)水星壳层在曼苏尔纪依然能形成长达数百千米的叶片状悬崖,其驱动力来源是全球收缩;水星表面在柯伊伯纪也可能形成了大型的叶片状悬崖,且一些小型的叶片状悬崖与撞击坑的切割关系表明其可能形成于柯伊伯纪。大部分的水星叶片状悬崖比平坦平原年轻,这表明由于全球收缩,在~1.26—3.8 Ga之间,水星表面不再发生大范围的岩浆事件。

(5)水星上的白晕凹陷和暗斑是太阳系具有硅酸质壳层的天体上独一无二的地貌单元。白晕凹陷是由白色物质围绕的、形态不规则的、较浅的凹陷。其反照率比水星上的撞击溅射纹的反照率高,代表了水星上反照率最高的物质。暗斑是围绕白晕凹陷发育的较薄的晕状物质,其反照率是水星表面最低的。除了水星表面的高反照率平坦平原物质(如卡路里内平原和水星北部平原),白晕凹陷和暗斑在水星表面的其他地质单元上均可形成,包括火山口和严重撞击区域等。这些地质单元的反照率均低于全球平均反照率。白晕凹陷与暗斑是由于壳层挥发分散失形成的,其挥发分物质可能富含硫元素。暗斑可能是通过剧烈的脱气作用形成的,喷发的速度可超过 100 m/s。在暗斑形成之后,中央凹陷缓慢的生长且周围逐渐发育白色物质。暗斑和白晕凹陷代表了水星表面最年轻的地质单元之一。根据撞击坑统计技术估算的绝对模式年龄,暗斑与白晕凹陷的年龄远小于 $\sim$159 Ma,有些很可能至今依然在形成。形成暗斑的物质在水星表面环境中极不稳定,受后续撞击挖掘或空间风化作用的影响很快失去反照率特性,其保存时间可能小于撞击溅射纹的抗侵蚀时间。

(6) 通过对比月球和水星上年轻的复杂撞击坑/盆地(形态学第一类撞击坑)形成的溅射物的形态与大小,并结合撞击挖掘过程的尺度方程的理论计算,本书发现表面重力加速度不是控制水星和月球撞击过程的挖掘阶段的唯一主控因素。撞击速度在撞击挖掘过程也具有同等重要的作用。表面物质特性可能改变撞击挖掘阶段的溅射角度,形成边缘更圆、分布相对离散的二次撞击坑。在水星上,造成该物质特性的可能因素是水星壳层内不均一分布的挥发分元素,如硫。

(7) 月球与水星上的撞击熔融最终通过热辐射方式冷却,其冷凝过程中形成的拉张应力足够大,可克服岩石的抗张强度形成冷凝裂隙。通过分析几个月球哥白尼纪撞击坑和水星柯伊伯纪撞击坑底部的撞击熔融内发育的冷凝裂隙,本书发现撞击熔融的深度、所含的固体碎屑物的含量以及撞击熔融在冷凝过程中的垂直沉降幅度共同控制了水星和月球表面冷凝裂隙的分布、大小和组合模式等特征。在月球和水星上,冷凝的撞击熔融和熔岩流内尚未发现柱状节理。可能原因是热辐射造成的冷凝速率不足以维持柱状节理的形成。热传导和热对流可能是行星表面的柱状节理形成的主要原因,挥发分可能是柱状节理形成的必要因素。

(8) 有些月球哥白尼纪的撞击坑和水星柯伊伯纪的撞击坑内发育类似火星和外太阳冰卫星上中央凹陷。通过分析不同天体上的撞击坑内的中央凹陷的大小、形态和分布特征,本书证明:形成月球和水星撞击坑内的中央凹陷不需要壳层挥发分。中央凹陷可能是撞击过程中一种固有的、但不常见的地质过程。该过程发生在撞击挖掘和改造阶段,造成中央峰不同程度的坍塌,形成中央峰凹陷和/或坑底凹陷。当壳层内的挥发分含量超过一定值时,挥发分会影响撞击过程,促进中央凹陷的形成。

通过分析和对比月球哥白尼纪和水星柯伊伯纪的表面岩浆活动、构造活动、撞击作用、壳层挥发分活动和坡面物质迁移等地质过程,可发现进入柯伊伯纪以来,水星表面比月球表面的地质活动更活跃。

§7.2 存在的问题与下一步工作计划

本书专注于月球哥白尼纪以来和水星柯伊伯纪以来的表面地质过程。从天体撞击、构造运动、岩浆活动、挥发分活动和坡面块体运动五个方面讨论了月球和水星表面年轻的、可能依然活跃的地质过程。该课题涵盖了水星和月球表面的大部分地质现象。为什么本书能研究过去 1 亿年甚至 10 亿年以来水星和月球表面的地质过程?如果没有系统地研究月球与水星的地质演化历史及其表面当前的地质活跃程度,该课题似乎过于庞大。对专注于地球地质的学者而言,如果有人尝试研究地球在过去一年内的所有地质活动,可能该课题远远超过了一本专著能处理的范围。但是,与地球、火星和金星不同,水星和月球的表面地质过程与演化历史相对简单,且近期活跃的地质现象的类型和数量较少,这是本书能合理进展的前提。

尽管如此,纵观过去60年来行星地质学的发展历程,人类对太阳系天体的认识无时无刻不在发生根本性的变化。例如,2009年以前,若提出月球表面依然存在活跃的伸展构造,在主流月球地质学研究看来是不可信的;2011年以前,无人想象过水星表面可能广布着与壳层挥发分活动有关的地质单元。这些突破性的认识得力于越来越多的深空探测计划和更精密的探测和分析仪器。所以,作者相信本书发现的水星和月球上的年轻的地质活动一定不完整,将来的分析会发现更多的例子与地质活动的类型。同时,与其他曾经广泛流传的学说一样,本书在分析过程中产生的学说有可能很快被颠覆。

就目前本书涉及的内容,基于已有的认识和成果,本节就后续可以很快开展的研究工作做进一步展望与部署。

(1)天体表面岩浆冷凝过程中的柱状节理是否一定需要挥发分?当热辐射是岩浆的唯一散热方式时,柱状节理是否一定无法形成?下一步通过数值模拟岩浆/撞击熔融的冷凝过程将进一步揭示该问题。

(2)形成水星暗斑和白晕凹陷的物质均源自于水星壳层内的低反照率物质,且这些物质均富含挥发分,可能含有较高的硫元素。为什么暗斑与白晕凹陷的反照率差异如此之大,分别为水星上最暗和最明亮的物质?其原始物质在散失之前的地下结构如何?随着信使号计划的进一步深入,以及在模拟水星高温的情况下模拟不同硫化物的光谱特征,将有助于本课题了解形成白晕凹陷和暗斑的物质成分以及地质过程。

(3)水星上的一些柯伊伯纪的爆发型火山口及其周围的火成碎屑沉积物的反照率比水星的全球平均值低。其原因为何?其物源深度与水星幔底部的Fe-S的固体圈层的关系如何?这些问题可通过对比水星上的火成碎屑沉积物和不同反照率的暗色物质寻找思路。

(4)水星和月球撞击坑内的中央凹陷的具体成因机制尚不可知,其成因机制代表了撞击过程中的尚未被注意到的地质现象。对中央峰的隆升机制的详细了解将有助于认识不同行星表面撞击坑内的中央凹陷的成因机制。

(5)虽然水星壳层内的挥发分含量比火星或冰卫星上的多很多,但水星壳层内的挥发分可能影响了撞击挖掘过程中的溅射角度。目前撞击研究学界尚未研究含量极低的、除水冰之外的其他挥发分对撞击挖掘过程的影响。通过实验室超高速气枪撞击模拟实验以及撞击过程的数值模拟,有助于进一步约束被撞击体中的挥发分含量与溅射角度的绝对关系。

(6)月球表面是否存在近期形成的浅层侵入型岩浆活动?本书尚未得到确切的答案。该问题也是GRAIL扩展任务阶段的科学目标之一。基于本书的分析结果,利用GRAIL扩展任务阶段获取的更高精度的重力场数据,将有助于了解哥白尼纪的浅层岩浆侵入的可能性。另外,GRAIL数据也有助于了解具有坑底凹陷和中央峰凹陷的复杂撞击坑的下伏物质密度,为研究撞击坑内中央凹陷的成因机制提供更多的支撑数据。

§7.3 对未来水星和月球探测计划的科学目标的建议

目前,信使号依然在围绕水星飞行,返回数据。在未来1-2年内,信使号将耗尽燃料,不断降低轨道而最后受控撞向水星,终结此次探测计划。2015年,欧空局(European Space Agency)、日本宇航局(Japan Aerospace Exploration Agency)和美国宇航局(National

Aeronautics and Space Administration)将联合发射 BepiColombo 飞船,探测水星。BepiColombo 飞船由水星轨道飞行器(Mercury Planetary Orbiter;MPO)和水星磁场飞行器(Mercury Magnetospheric Orbiter;MMO)两个单独的卫星组成。MPO 搭载了 11 个科学载荷,其中包括可见光波段的相机(宽角与窄角)、红外光谱仪、紫外光谱仪、激光高度计、X 射线光谱仪成像设备、伽马仪和中子仪等。MPO 将在不同的波段获取水星表面物质成分以及内部结构等信息。MMP 搭载了 5 个科学载荷,探测水星的磁场特征和空间环境。BepiColombo 计划在 2022 年入轨,其设计任务的期限为一年,可能有一年的拓展任务。除此之外,国际上再无其他水星探测计划。

水星上的白晕凹陷、暗斑以及一些爆发型火山口和火成碎屑沉积形成于柯伊伯纪,且可能依然在水星表面活动。若利用信使号在轨运行的 3—4 年获取的科学数据,或者对比未来 BepiColombo 获取的数据,在水星表面发现了短时间内(～50 年内)变化的地质单元,将极大地增进对水星表面地质演化的认识。鉴于水星表面的年轻地质活动对了解水星内部热演化史的重要意义,本书建议未来的水星探测任务重点探测这些年轻地质单元的可能物质成分与演化规律。

LRO 依然在围绕月球飞行,并不断地返回更多高精度影像和高程数据。为了解月球目前的热状态和表面地质活动的活跃程度,最直接的数据是在月球表面实地测量更多大范围、高精度的月震数据和月壳热流值数据。目前,仅有阿波罗计划在月球表面的几个区域建立了月震仪和热流计,测量的数据有限(见第 1.2 节),不能代表月壳整体的热状态与月震活动。虽然 NASA 目前放弃将月球作为人类驶向深空的跳板,并取消了下一步载人登月和建立月球基地的目标;但近年来越来越多的国家和地区加入到月球探测的热潮中。在未来几年,将有数次月面软着陆和月球车活动计划。例如 2013 年 12 月,中国已成功发射嫦娥 3 号着陆器前往月球。如果这些探测计划能在月球表面的不同区域,尤其是在可能的年轻构造活动或岩浆活动的区域(如哥白尼撞击坑的南东溅射毯上),安装新一代月震仪与热流计,将极大增进对月球当前的热状态的了解,改进月球热演化模型。因而,本书建议未来的月球探测计划优先考虑直接探测月球内部的热状态与壳层的热流值。

参 考 文 献

陈圣波,孟治国,崔腾飞,等.虹湾地区月球卫星遥感地质解析制图[J].中国科学:物理学、力学、天文学,2010,40(11):1370－1379.

肖龙.行星地质学[M].北京:地质出版社,2013.

肖智勇,Strom R G,曾佐勋.撞击坑统计技术在行星表面定年的应用中的误区[J].地球科学,2013,38(1):145－160.

杨捷,肖龙,黄俊,等.基于 THEMIS 图像分析的火星 Icaria Fossae 地区古老火山地貌特征与形成时间[J].地质科技情报,2010,29(4):51－55.

赵健楠,黄俊,肖龙,等.撞击坑统计定年法及对月球虹湾地区的定年结果[J].地球科学,2013,38(2):351－361.

Ahrens T J,Rubin A M. Impact-induced tensional failure in rock[J]. Journal of Geophysics Research,1993,98(E1):1185－1203.

Allen C C. Central peaks in lunar craters[J]. The Moon,1975,12:463－474.

Alzate N,Barlow N G. Central pit craters on Ganymede[J]. Icarus,2011,211:1274－1283.

Anand M. Lunar water:a brief review[J]. Earth Moon and Planets,2010,107:65－73.

Anderson J L B,Schultz P H,Heineck J T. Asymmetry of ejecta flow during oblique impacts using three-dimensional particle image velocimetry[J]. J Geophys Res,2003,108:5094,doi:10.1029/2003JE002075.

Anderson R S,Anderson S P. Geomorphology:the mechanics and chemistry of landscapes[M]. Cambridge University Press,Cambridge,2010,304－347.

Andrews-Hanna J C,Asmar S W,Head J W,et al. Ancient igneous intrusions and early expansion of the Moon revealed by GRAIL gravity gradiometry[J]. Science,2013,339(6120):675－678.

Antonenko I,Head J W,Mustard J F,et al. Criteria for the detection of lunar cryptomaria[J]. Earth,Moon and Planets,1995,69:141－172.

Arthur D W G,Agnierary A P,Howath R A,et al. The system of lunar craters[J]. Commun Lunar Planet Lab,1963,2:71－78.

Arvidson R E,Boyce J,Chapman C R,et al. Standard techniques for presentation and analysis of crater size-frequency data[J]. Icarus,1979,37:467－474,doi:10.1016/0019-1035(79)90009-5.

Arvidson R E,Grimm R E,Phillips R J,et al. On the nature and rate of resurfacing of Venus[J]. Geophysical Research Letters,1990,17(9):1385－1388.

Ashley J W,Robinson M S,Hawke B R,et al. Geology of the King crater region:new insights into impact melt dynamics on the Moon[J]. J Geophys Res,2012,117,E00H29,doi:10.1029/2011JE003990.

Bai T,Pollard D D,Hao H. Explanation for fracture spacing in layered materials[J]. Nature,2000,

403:753—756,doi:10.1038/35001550.

Bai T, Pollard D D. Fracture spacing in layered rocks: a new explanation based on the stress transition[J]. J Struct Geol, 2000, 22:43—57.

Baker D M H, Head III J W, Schon S C, et al. The transition from complex crater to peak-ring basin on Mercury: new observations from MESSENGER flyby data and constraints on basin formation models[J]. Planetary and Space Science, 2011, 15:1932—1948, doi:10.1016/j.pss.2011.05.010.

Banks M E, Watters T R, Robinson M S, et al. Morphometric analysis of small-scale lobate scarps on the Moon using data from the Lunar Reconnaissance Orbiter[J]. Journal of Geophysical Research, 2012, 117, E00H11, doi:10.1029/2011JE003907.

Barlow N G, Bradley T L. Martian impact craters: correlations of ejecta and interior morphologies with diameter, latitude, and terrain[J]. Icarus, 1990, 87:156—179, http://dx.doi.org/10.1016/0019-1035(90)90026-6.

Barlow N G. A review of Martian impact crater ejecta structures and their implications for target properties[G]. In: Kenkmann T H rz F, Deutsch A, (Eds), Large Meteorite Impacts III, Geological Society of America Special Paper 384, Geological Society of America, Boulder, 2005, 433—442.

Barlow N G. Central pit craters: observations from Mars and Ganymede and implications for formation models[J]. Geological Society of America Special Papers, 2010, 465:15—27.

Barlow N G. Impact craters in the northern hemisphere of Mars: layered ejecta and central pit characteristics[J]. Meteoritics & Planetary Science, 2006, 41:1425—1436.

Barlow N G. Sinuosity of Martian rampart ejecta deposits[J]. Journal of Geophysical Research, 1994, 99:10927—10935, http://dx.doi.org/10.1029/94JE00636

Bart G D, Nickerson R D, Lawder M T, et al. Global survey of lunar regolith depths from LROC images[J]. Icarus, 2011, 215:485—490.

Bart G D. Comparison of small lunar landslides and martian gullies[J]. Icarus, 2007, 187:417—421.

Benz W, Anic A, Horner J. The origin of Mercury[J]. Space Sci Rev, 2007, 132:189—202.

Benz W, Slattery W L, Cameron A G W. Collisional stripping of Mercury's mantle[J]. Icarus, 1988, 74:516—528.

Bierhaus E B, Chapman C R, Merline W J. Secondary craters on Europa and implications for cratered surfaces[J]. Nature, 2005, 437:1125—1127.

Binder A B, Gunga H C. Young thrust-fault scarps in the highlands: evidence for an initially totally molten Moon[J]. Icarus, 1985, 63:421—441, doi:10.1016/0019-1035(85)90055-7.

Binder A B, Oberst J. High stress shallow moonquakes-evidence for an initially totally molten moon[J]. Earth and Planetary Science Letters, 1985, 74:149—154.

Binder A B. Post-Imbrian global lunar tectonism: evidence for an initially totally molten Moon[J]. The Moon and the Planets, 1982, 26:117—133.

Blair D M, Freed A M, Byrne P K, et al. The origin of graben and ridges in Rachmaninoff, Raditladi, and Mozart basins, Mercury[J]. J Geophys Res Planets, 2013, 118:47—58, doi:10.1029/2012JE004198.

Blewett D T, Chabot N L, Denevi B W, et al. Hollows on Mercury: MESSENGER evidence for geologically recent volatile-related activity[J]. Science, 2011, 333: 1856−1859, doi: 10.1126/science.1211681.

Blewett D T, Denevi B W, Robinson M S, et al. The apparent lack of lunar-like swirls on Mercury: Implications for the formation of lunar swirls and for the agent of space weathering[J]. Icarus, 2010, 209: 239−246, doi: 10.1016/j.icarus.2010.03.008.

Blewett D T, Hawke B R, Lucey P G. Lunar pure anorthosite as a spectral analog for Mercury[J]. Meteorit Planet Sci, 2002, 37: 1245−1254.

Blewett D T, Lucey P G, Hawke B R, et al. A comparison of mercurian reflectance and spectral quantities with those of the Moon[J]. Icarus, 1997, 102: 217−231.

Blewett D T, Robinson M S, Denevi B W, et al. Multispectral images of Mercury from the first MESSENGER flyby: analysis of global and regional color trends[J]. Earth Planet Sci Lett, 2009, 285: 272−282, doi: 10.1016/j.epsl.2009.02.021.

Blewett D T, Vaughan W, Xiao Z, et al. Mercury's hollows: Constraints on formation and composition from analysis of geological setting and spectral reflectance[J]. Journal of Geophysics Research, 2013, 118: 1013−1032, doi: 10.1029/2012JE004174.

Bohn S, Pauchard L, Couder Y. Hierarchical crack pattern as formed by successive domain divisions. I. Temporal and geometrical hierarchy[J]. Phys Rev E, 2005, 71, 046214.

Bottke W F, Vokrouhlicky D, Minton D, et al. An Archean heavy bombardment from a destabilized extension of the asteroid belt[J]. Nature, 2012, 485: 78−81.

Bowin C. Depth of principal mass anomalies contributing to Earth's geoid undulations and gravity anomalies[J]. Marine Geodedy, 1983, 7(1−4): 61−100, doi: 10.1080/15210608309379476.

Boyce J M, Dial A L. Relative ages of flow units in Mare Imbrium and Sinus Iridum[M]. Merrill R B (Ed), Proceedings of the Sixth Lunar Conference, Pergamon Press, 1975, 2585−2595.

Boyce J, Barlow N, Mougins-Mar P, Stewart S. Rampart craters on Ganymede: their implications forfluidized ejecta emplacement[J]. Meteoritics & Planetary Science, 2010, 45(4): 638−661.

Boynton W V, Sprague A L, Solomon S C, et al. MESSENGER and the Chemistry of Mercury's Surface[J]. Space Science Reviews, 2007, 131(1−4): 85−104.

Brady T, Paschall S. The challenge of safe lunar landing[G]. In: IEEE Aerospace Conference, Abstract, 2010, 1117: 14.

Bray V J, Collins G S, Morgan J V, et al. The effect of target properties on crater morphology: Comparison of central peak craters on the Moon and Ganymede[J]. Meteorit Planet Sci, 2008, 43(12): 1979−1992.

Bray V J, Schenk P M, Melosh H J, et al. Ganymede crater dimensions-implications for central peak and central pit formation and development[J]. Icarus, 2012, 217: 115−129.

Bray V J, Tomabene L L, Keszthelyi L P, et al. New insight into lunar impact melt mobility from the LRO camera[J]. Geophys Res Lett, 2010, 37, L21202, doi: 10.1029/2010GL044666.

Brett R. Thicknesses of some lunar mare basalt flows and ejecta blankets based on chemical kinetic data[J]. Geochim Cosmochim Acta, 1975, 39: 1135−1143.

Bruno B C, Lucey P G, Hawke B R, et al. High-resolution UV-visible spectroscopy of lunar red spots[G]. In:Ryder G (Ed),Lunar and Planetary Science Conference Proceedings,1991,405—415.

Buckingham E. On physically similar systems:Illustrations of the use of dimensional equations[J]. Phys Rev,1914,4(4):345—376.

Budkewitsch P,Robin P. Modelling the evolution of columnar joints[J]. J Volcanol Geotherm Res, 1994,59:219—239.

Burbine T H,McCoy T J,Nittler L R,et al. Spectra of extremely reduced assemblages:implications for Mercury[J]. Meteorit Planet Sci,2002,37:1233—1244

Byrne P K,Klimczak C,Williams D A,et al. An assemblage of lava flow features on Mercury[J]. Journal of Geophysical Research,2013,118:1303—1322,doi:10.1002/jgre.20052.

Byrne P K,Watters T R,Murchie S L,et al. A tectonic survey of the Caloris basin,Mercury[J]. Lunar Planet Sci,2012,43,abstract 1722.

Byrne S,Ingersoll A P. A sublimation model for martian south polar ice features[J]. Science,2003, 299:1051—1053.

Canup R M,Esposito L W. Accretion of the Moon from an impactgenerated disk[J]. Icarus,1996, 119:427—446.

Canup R M. Forming a Moon with an Earth–like composition via a giant impact[J]. Science,2012, 338(6110):1052—1055.

Canup R M. Simulations of a late lunar–forming impact[J]. Icarus,2004,168:433—456.

Carr M H,Crumpler L S,Cutts J A,et al. Martian impact craters and the emplacement of ejecta by surface flow[J]. Journal of Geophysical Research,1977,82:4055—4065.

Carr M H. The surface of Mars[M]. UK:Cambridge University Press. 2006.

Cavanaugh J F,Smith J C,Sun X,et al. The Mercury Laser Altimeter instrument for the MESSENGER mission[J]. Space Sci Rev,2007,131:451—479,doi:10.1007/s11214-007-9273-4.

Chabot N L,Ernst C M,Denevi B W,et al. Areas of permanent shadow in Mercury's South Polar Region ascertained by MESSENGER orbital imaging[J]. Geophysical Research Letters,2012, doi:10.1029/2012GL051526.

Chabot N L,Ernst C M,Harmon J K,et al. Craters hosting radar–bright deposits in Mercury's north polar region:Areas of persistent shadow determined from MESSENGER images[J]. Journal of Geophysical Research,2013,118,26—36,doi:10.1029/2012JE004172.

Chapman C R,Haefner R R. A critique of methods for analysis of diameter–frequency relation for craters with special application to the Moon[J]. Journal of Geophysics Research,1967,72:549—557.

Chapman C R,McKinnon W B. Cratering of planetary satellites[G]. In:Burns J A,Matthews M S (Eds),Satellites,1986,492—580.

Chapman C R. Assessment of evidence for two populations of impactors in the inner Solar System: Implications for terrestrial planetary body history[C]. In:Microsymposium 53:Early History of the Terrestrial Planets:New Insights from the Moon and Mercury,March 17—18, 2012, Houston,TX.

Charlier B,Grove T L,Zuber M T. Phase equilibria of ultramafic compositions on Mercury and the origin of the compositional dichotomy[J]. Earth and Planetary Science Letters,2013,363:50—60.

Chin G,Brylow S,Foote M,et al. Lunar Reconnaissance Orbiter Overview:the instrument suite and mission[J]. Space Science Review,2007,129:391—419.

Chyba C F. Terrestrial mantle siderophiles and the lunar impact record[J]. Icarus,1991,92:217—233.

Cintala M J,Grieve R A F. Scaling impact - melt and crater dimensions:Implications for the lunar cratering record[J]. Meteorit Planet Sci,1998,33:889—912,doi:10.1111/j.1945—5100.1998.tb01695.x.

Cintala M J,Head J W,Mutch T A. Characteristic of martian craters as a function of diameter:comparison with the Moon and Mercury[J]. Geophys Res Lett,1976,3:117—120.

Cintala M J,Wood C A,Head J W. The effects of target characteristics on fresh impact crater morphologic features:preliminary results for the Moon and Mercury[J]. Proc Lunar Sci Conf,1977,8:3409—3425.

Cintala M J. Impact - induced thermal effects in the lunar and mercurian regoliths[J]. J Geophys Res,1992,97(E1):947—973,doi:10.1029/91JE02207.

Clark R N. Detection of adsorbed water and hydroxyl on the Moon[J]. Science,2009,326:562—564.

Cohen B A,Swindle T D,Kring D A. Support for the lunar cataclysm hypothesis from lunar meteorite impact melt ages[J]. Science,2000,290:1754—1756.

Colaprete A,Schultz P,Heldmann J,et al. Detection of water in the LCROSS ejecta plume[J]. Science,2010,330:463—468.

Coombs C R,Hawke B R,Lucey P G,et al. The Alphonsus region:A geologic and remote - sensing perspective[C]. Proc Lunar and Plan Sci Conf,1990,20:161—174.

Craddock R A,Howard A D. Simulated degradation of lunar impact craters and a new method for age dating farside mare deposits[J]. Journal of Geophysics Research,2000,105(8):20387—20401.

Crisp J,Kahle A B,Abbott E A. Thermal infrared spectral character of Hawaiian basaltic glasses[J]. J Geophys Res,1990,95(21):657—669.

Croft S K. Scaling laws of complex craters:proceedings of the 15th Lunar and Planetary Science Conference[J]. J Geophys Res,1985,90:C828—C842.

Croft S M. A proposed origin for palimpsests and anomalous pit craters on Ganymede and Callisto[J]. In:Proceedings of the Lunar Science Conference,vol.14:Journal of Geophysical Research,1983,88:B71—B89.

Croft S M. On the origin of pit craters[C]. Lunar and Planetary Science XII,1981,196—198.

Cruden D M,Varnes D J. Landslide types and processes[R]. In:Turner A K,Schuster R L(Eds),Landslides,Investigation and Mitigation,Special Report 247. Transportation Research Board,Washington DC,1996,36—75

DeGraff J M,Aydin A. Effect of thermal regime on growth increment and spacing of contraction joints in basaltic lava[J]. J Geophys Res,1993,98(B4):6411—6430,doi:10.1029/92JB01709.

DeGraff J,Aydin A. Surface morphology of columnar joints and its significance to mechanics and direction of joint growth[J]. Geol Soc Am Bull,1987,99:605—617,doi:10.1130/0016—7606

(1987)99<605:SMOCJA>2.0.CO;2.

Denevi B W, Ernst C M, Meyer H M, et al. The distribution and origin of smooth plains on Mercury [J]. Journal of Geophysical Research, 2013, 118, doi:10.1002/jgre.20075.

Denevi B W, et al. Physical constraints on impact melt properties from Lunar Reconnaissance Orbiter Camera images[J]. Icarus, 2012, 219:665—675.

Denevi B W, Robinson M S, Solomon S C, et al. The evolution of Mercury's crust: a global perspective from MESSENGER[J]. Science, 2009, 324:613—618.

Denevi B W, Robinson M S. Mercury's albedo from Mariner 10: Implications for the presence of ferrous iron[J]. Icarus, 2008, 197:239—246.

Dickey J O, Bender P L, Faller J E, et al. Lunar laser ranging: a continuing legacy of the Apollo Program[J]. Science, 1994, 265:482—490.

Dombard A J, Gillis J J. Testing the viability of topographic relaxation as a mechanism for the formation of lunar floor - fractured craters[J]. Journal of Geophysical Research, 2001, 106(E11):27901—27909.

Domingue D L, Murchie S L, Denevi B W, et al. Photometric correction of Mercury's global color mosaic[J]. Planet Space Sci, 2011, 59:1873—1887.

Dones L, Chapman C R, McKinnon W B, et al. Icy satellites of Saturn: impact cratering and age determination, in Saturn from Cassini - Huygens[J]. Springer Science+Business Media, 2009.

Dragoni M. A dynamical model of lava flows cooling by radiation[J]. Bull Volcanol, 1989, 51:88—95.

Dundas C M, McEwen A S. Rays and secondary craters of Tycho[J]. Icarus, 2007, 186:31—40.

Dunne W M, Ferrill D A. Blind thrust systems[J]. Geology, 1988, 16:33—36.

Dzurisin D. Mercurian bright patches: evidence for physio - chemical alteration of surface material? [J]. Geophys Res Lett, 1977, 4:383—386, doi:10.1029/GL004i010p00383.

Dzurisin D. The tectonic and volcanic history of mercury as inferred from studies of scarps, ridges, troughs, and other lineaments[J]. Journal of Geophysical Research, 1978, 83(B10):4883—4906, doi:10.1029/JB083iB10p04883.

Elbeshausen D, Wünnemann K, Collins G S. Three - dimensional numerical modeling of oblique impact processes: scaling of cratering efficiency[C]. Lunar Planet Sci, 2007, 38th, abstract 1952.

Elder C M, Bray V J, Melosh H J. The theoretical plausibility of central pit crater formation via melt drainage[J]. Icarus, 2012, 221:831—843.

Elkins-Tanton L T. Magma oceans in the inner Solar System[J]. Review of Earth and Planetary Sciences, 2012, 40:113—139.

Epstein S, Taylor Jr H P. The concentration and isotopic composition of hydrogen, carbon and silicon in Apollo 11 lunar rocks and minerals[J]. Geochimica et Cosmochimica Acta Suppl. 1970, 1:1085—1096.

Epstein S, Taylor Jr. H P, Trombka J I, et al. O^{18}/O^{16}, Si^{30}/Si^{28}, C^{13}/C^{12} and D/H studies of Apollo 14 and 15 samples[G]. In: Metzger A E(Ed), Lunar and Planetary Science Conference Proceedings, 1972, 1429—1430.

Epstein S, Taylor Jr. H P. O^{18}/O^{16}, Si^{30}/Si^{28}, D/H and C^{13}/C^{12} ratios in lunar samples[C]. Lunar and

Planetary Science Conference Procee-dings,1971,1421—1422.

Evans L G,Peplowski P N,Rhodes E A,et al. Major-element abundances on the surface of Mercury:Results from the MESSENGER Gamma-Ray Spectrometer[J]. J Geophys Res,2012,117, E00L07,doi:10.1029/2012JE004178,in press.

Fassett C I,Head J W,Blewett D T,et al. Caloris impact basin:Exterior geomorphology,stratigraphy,morphometry,radial sculpture,and smooth plains deposits[J]. Earth and Planetary Science Letters,2009,285:297—308.

Fassett C I,Head J W,Kadish S J,et al. Lunar impact basins:Stratigraphy,sequence and ages from superposed impact crater populations measured from Lunar Orbiter Laser Altimeter(LOLA) data[J]. Journal of Geophysics Research,2012,117,E00H06,doi:10.1029/2011JE003951.

Featherstone W E,Hirt J,Kuhn M. Band-limited Bouguer gravity identifies new basins on the Moon [J]. Journal of Geophysical Research,2013,118,doi:10.1002/jgre.20101.

Feldman W C,Lawrence D J,Elphic R C,et al. Polar hydrogen deposits on the Moon[J]. Journal of Geophysical Research,2000,105:4175—4196.

Feldman W C, Maurice S, Binder A B et al. Fluxes of fast and epithermal neutrons from lunar prospector:evidence for water ice at the lunar poles[J]. Science,1998,281:1496—1500.

Fischer E M,Pieters C M. Remote determination of exposure degree and iron concentration of lunar soil using VIS-NIR spectroscopic methods[J]. Icarus,1994,111:475—488.

Freed A M,Blair D M,Watters T R,et al. On the origin of graben and ridges at buried basins in Mercury's northern plains[J]. J Geophys Res,2012,115,E00L06,doi:10.1029/2012JE004119.

Freed A M,Solomon S C,Watters T R,et al. Could Pantheon Fossae be the result of the Apollodorus crater-forming impact within the Caloris basin,Mercury? [J]. Earth and Planetary Science Letters,2009,285:320—327,doi:10.1016/j.epsl.2009.02.038.

Frey H V,Meyer H M,Romine G C. Improving the inventory of large lunar basins:using LOLA data to test previous candidates and search for new ones[C]. Lunar and Planetary Science Conference Abstracts,2012,1848—1849.

Frey H V,Romine G C. New Candidate large lunar basins from LOLA data[C]. Lunar and Planetary Science Conference Abstracts,2011,1190—1191.

Friedman I,Gleason J D,Hardcastle K. Water,hydrogen,deuterium,carbon and ^{13}C content of selected lunar material[J]. Geochimica et Cosmochimica Acta Supplement,1970,1,1103—1109.

Frohlich C,Nakamura Y. Possible extra-Solar-System cause for certain lunar seismic events[J]. Icarus,2006,185:21—28.

Gaddis L R,Pieters C M,Hawke B R. Remote sensing of lunar pyroclastic mantling deposits[J]. Icarus,1985,61:461—489.

Garner K M L,Barlow N G. Distribution of rimmed,partially rimmed,and non-rimmed central floor pits on Mars[C]. 43rd Lunar and Plan Sci Conf,Abstract 1256.2012.

Garry W B,Robinson M S,Zimbelman J R,et al. The origin of Ina:evidence for inflated lavaflows on the Moon[J]. J Geophys Res,2012,117,E00H31,doi:10.1029/2011JE003981.

Gault D E,Greeley R. Exploratory experiments of impact craters formed in viscous-liquid targets: analogs for martian rampart craters? [J]. Icarus,1978,34:486—495,doi:10.1016/0019-1035

(78)90040-4.

Gault D E, Gust J E, Murry J B, et al. Some comparisons of impact craters on Mercury and the Moon [J]. Geophys Res Lett, 1975, 80(17): 2444-2460.

Gault D E, Quaide W L, Oberbeck V R. Impact cratering mechanics and structure[M]. In: Shock Metamorphism of Natural Materials(Eds), French B M and Short N M, Baltimore, Mono Book Corporation, 1968, 87-99.

Gault D E, Wedekind J A. Experimental studies of oblique impact[C]. Lunar Planet Sci, 1978, 9: 374-376.

Gault D E. Saturation and equilibrium conditions for impact cratering on the lunar surface[J]. Criteria and implications. Radio Science, 1970, 5(2): 273-291.

Ghabezloo S. Effect of porosity on the thermal expansion coefficient of porous materials, poromechanics V[C]. In: Proceedings of the Fifth Biot Conference on Poromechanics, 2013, 1857-1866, doi: 10.1061/9780784412992.220.

Gifford A W, El-Baz F. Thickness of mare flow fronts[C]. Lunar Planet Sci IX, 382-384, Lunar and Planetary Institute. 1978.

Giguere T A, Hawke B R, Blewett D T, et al. Remote sensing studies of the Lomonosov-Fleming region of the Moon[J]. Journal of Geophysics Research, 2003, doi 10.1029/2003JE002069.

Gillis-Davis J J, Blewett D T, Gaskell R W, et al. Pit-floor craters on Mercury: Evidence of near-surface igneous activity[J]. Earth and Planetary Science Letters, 2009, 285: 243-250, doi: 10.1016/j.epsl.2009.05.023.

Gilman J. Basalt columns: large scale constitutional supercooling? [J]. J Volcanol Geotherm Res, 2009, 184: 347-350.

Goehring L, Mahadevan L, Morris S W. Nonequilibrium scale selection mechanism for columnar jointing[J]. Proc Natl Acad Sci, USA, 2009, 106(2): 387-392.

Goehring L, Morris S W. Order and disorder in columnar joints[J]. Europhys Lett, 2005, 69: 739-745.

Golombek M P. Structural analysis of lunar grabens and the shallow crustal structure of the Moon[J]. Journal of Geophysical Research, 1979, 84 (B9): 4657-4666, doi: 10.1029/JB084iB09p04657.

Goudge T A, Head J W, Kerber L, et al. Global inventory and characterization of pyroclastic deposits on Mercury: New insights into pyroclastic activity from MESSENGER orbital data[J]. Lunar Planet Sci, 2012, 43, abstract 1325.

Greeley R, Fink J, Gault D E, et al. Experimental simulation of impact cratering on icy satellites[M]. In: Satellites of Jupiter. Ed. Morrison D, Tucson: Univ of Arizona Press, 1982, 340-378.

Greeley R, Fink J, Gault D E, et al. Impact cratering in viscous targets: laboratory experiments[J]. Proc Lunar Planet Sci Conf, 1980, 11: 2075-2097.

Greeley R, Lee S W, Crown D A, et al. Observations of industrial sulfurflows: implications for Io[J]. Icarus, 1990, 84: 374-402.

Grieve R A F, Cintala M J. An analysis of differential impact melt-crater scaling and implications for the terrestrial cratering record[J]. Meteoritics, 1992, 27: 526-538.

Grieve R A F. Terrestrial impact structures[J]. Ann Rev Earth Planet Sci,1987,15:245—270.

Griffiths R W,Fink J H. The morphology of lava flows in planetary environments:predictions from analog experiments [J]. J Geophys Res, 1992, 97 (B13): 19739 — 19748, doi: 10. 1029/92JB01953.

Grossenbacher K,McDuffie S. Conductive cooling of lava:Columnar joint diameter and stria width as functions of cooling rate and thermal gradient[J]. J Volcanol Geotherm Res,1995,69:95—103, doi:10. 1016/0377 - 0273(95)00032 - 1.

Guest J E,O'Donnell W P. Surface history of Mercury:a review[J]. Vistas in Astronomy,1977,20: 273—300.

Guy B. Discussion:Comments on "Basalt columns:Large scale constitutional supercooling? [J]. by John Gilman(JVGR,2009) and presentation of some new data(J Volcanol Geotherm Res. 184 (2009),347—350),J Volcanol Geotherm Res,2010,194:69—73.

Hapke B. Interpretations of optical observations of Mercury and the Moon[J]. Phys Earth Planet Inter,1977,15:264—274.

Hapke B. Space weathering from Mercury to the asteroid belt[J]. J Geophys Res,2001,106:10039—10073.

Hapke B. Theory of Reflectance and Emittance Spectroscopy[M]. 2nd ed,Cambridge University Press,New York,2012.

Harmon J K,Slade M A,Butler B,et al. Mercury:Radar images of the equatorial and midlatitude zones[J]. Icarus,2007,187(2):374—405.

Hartmann W K,Davis D R. Satellite-sized planetesimals and lunar origin[J]. Icarus,1975,24:504—514.

Hartmann W K,Gaskell R W. Planetary cratering 2:Studies of saturation equilibrium[J]. Meteorit Planet Sci,1997,32:109—121.

Hartmann W K,Neukum G. Cratering chronology and the evolution of Mars[J]. Space Sci Rev, 2001,96:165—194.

Hartmann W K,Wood C A. Moon:origin and evolution of multi-ring basins[J]. Moon,1971,3—78.

Hartmann W K. Martian cratering. 8:isochron refinement and the history of martian geologic activity [J]. Icarus,2005,174:294—320.

Hartmann W K. Martian cratering. 9:toward resolution of the controversy about small craters[J]. Icarus,2007,189:274—278.

Hartmann W K. On the distribution of lunar crater diameters[R]. Comm. LPL,1964,2:197—203.

Hartmann W. K. Does crater "saturation equilibrium" occur in the Solar System? [J]. Icarus,1984, 60:56—74.

Haskin L A,Korotev R L,Rockow K M,et al. The case for an Imbrium origin of the Apollo Th - rich impact - melt breccias[J]. Meteorite and Planetary Science,1998,33:959—975.

Haskin L A,Moss B E,McKinnon W B. On estimating contributions of basin ejecta to regolith deposits at lunar sites[J]. Meteorite and Planetary Science,2003,38(Nr 1):13—33.

Hauck S A,Dombard A J,Phillips R J,et al. Internal and tectonic evolution of Mercury[J]. Earth and Planetary Science Letters,2004,222:713—728.

Hawke B R, Gillis J J, Giguere T A, et al. Remote sensing and geologic studies of the Balmer - Kapteyn region of the Moon[J]. Journal of Geophysics Research, 2005, 110, doi 10. 1029/2004JE002383.

Hawkins S E, Boldt J D, Darlington E H, et al. The Mercury Dual Imaging System on the MESSENGER spacecraft[J]. Space Sci Rev, 2007, 131: 247—338, doi: 10. 1007/s11214 - 007 - 9266 - 3.

Head III J W, Fassett C I, Kadish S J, et al. Global distribution of large lunar craters: Implications for resurfacing and impactor populations[J]. Science, 2010, 329, 5998, 1504—1507.

Head III J W, Wilson L. Lunar mare volcanism - stratigraphy, eruption conditions, and the evolution of secondary crusts[J]. Geochimica et Cosmochimica Acta, 1992, 56: 2155—2175.

Head III J W. Lunar volcanism in space and time[J]. Review of Geophysics Space Science 14, 1976, 265—300.

Head III J W. The significance of substrate characteristics in determining morphology and morphometry of lunar craters[J]. Proc Lunar Sci Conf, 1976, 7: 2913—2929.

Head J W, Chapman C R, Domingue D L, et al. The geology of Mercury: the view prior to the MESSENGER Mission[J]. Space Science Review, 2007, 131: 41—84.

Head J W, Chapman C R, Strom R G, et al. Flood volcanism in the northern high latitudes of Mercury revealed by MESSENGER[J]. Science, 2011, 333: 1853—1856.

Head J W, Murchie S L, Prockter L M, et al. Volcanism on Mercury: evidence from the first MESSENGER flyby[J]. Science, 2008, 321: 69—72, doi: 10. 1126/science. 1159256.

Head J W, Wilson L. Alphonsus-type dark-halo craters: Morphology, morphometry and eruption conditions[C]. Proc Lunar Planet Sci Conf, 1979, 10: 2861—2897.

Head J W, Wilson L. Lunar mare volcanism: Stratigraphy, eruption conditions, and the evolution of secondary crusts[J]. Geochim Cosmochim Acta, 1992, 56: 2155—2175.

Head J W, Wilson L. Volcanic processes and landforms on Venus: theory, predictions, and observations[J]. J Geophys Res, 1986, 91: 9407—9446.

Head J W. Lunar volcanism in space and time[J]. Rev Geophys Space Phys, 1976, 14: 265—300.

Heiken G, Vaniman D, French B M. Lunar source book: a user's guide to the Moon[M]. UK: Cambridge University Press, 1991.

Helbert J, Maturilli A, D'Amore M, et al. Spectral reflectance measurements of sulfides at the Planetary Emissivity Laboratory - Analogs for hollow - forming material on Mercury? [C]. Lunar Planet Sci, 2012, 43, abstract 1381.

Helbert J, Maturilli A, D'Amore M. Visible and near - infrared reflectance spectra of thermally processed synthetic sulfides as a potential analog for the hollow forming materials on Mercury [J]. Earth Planet Sci Lett, 2013, 369—370, 233—238.

Hermalyn B, Schultz P H. Early - stage ejecta velocity distribution for vertical hypervelocity impacts into sand[J]. Icarus, 2010, 209: 866—870.

Hiesinger H, Bogert C H, Robinson M S, et al. New crater size - frequency distribution measurements for Tycho crater based on lunar reconnaissance orbiter camera images[C]. Lunar Planet Sci XXXXI, Abstract 2287. 2010.

Hiesinger H, Head J W, Wolf U, et al. Ages and stratigraphy of lunar mare basalts in Mare Frigoris and other nearside maria based on crater size – frequency distribution measurements[J]. J Geophys Res(Planets),2010,115(E3):03003. doi:10.1029/2009JE003380.

Hiesinger H,Head J W,Wolf U,et al. Ages and stratigraphy of mare basalts in Oceanus Procellarum,Mare Nubium,Mare Cognitum,and Mare Insularum[J]. Journal of Geophysical Research,2003,108,E5065.

Hiesinger H,Head J,Wolf U,et al. Ages and stratigraphy of lunar mare basalts:a synthesis[J]. The Geological Society of America Special Paper,2011,477:1−51.

Hiesinger H,Head J. New views of lunar geoscience:an introduction and overview[J]. Reviews in Mineralogy and Geochemistry,2006,60:1−81.

Hiesinger H,Jaumann R,Neukum G,et al. Ages of mare basalts on the lunar nearside[J]. Journal of Geophysical Research,2000,105:29239−29276.

Highland L M,Bobrowsky P. The landslide handbook:a guide to understanding landslides[R]. US Geological Survey Circular 1325,2008,3−25.

Holsapple K A,Schmidt R M. Point source solutions and coupling parameters in cratering mechanics [J]. J Geophys Res,1987,92:6350−6376.

Holsapple K A. The scaling of impact processes in planetary sciences[J]. Annu Rev Earth Planet Sci,1993,21:333−373.

Housen K R,Schmidt R M,Holsapple K A. Crater ejecta scaling laws:fundamental forms based on dimensional analysis[J]. Journal of Geophysics Research,1983,88(B3):2485−2499,doi:10.1029/JB088iB03p02485.

Howard K A,Head J W,Swann G A. Geology of hadley rille[J]. Proc Lunar Sci Conf,1973,3:1−14.

Huang J,Xiao L,He X X,et al. Geological characteristics and model ages of Marius Hills on the Moon[J]. Journal of Earth Science,2011,22(5):601−609. doi:10.1007/s12583-011-0211-8.

Hurwitz D M,Head J W,Byrne P K,et al. Investigating the origin of candidate lava channels on Mercury with MESSENGER data:Theory and observations [J]. Journal of Geophysical Research,2013,doi:10.1029/2012JE004103.

Hurwitz D M,Head J W,Wilson L,et al. Origin of lunar sinuous rilles:modeling effects of gravity,surface slope,and lava composition on erosion rates during the formation of Rima Prinz[J]. Journal of Geophysical Research,2012,117,E00H14.

Hörz F,Grieve R A F,Heiken G H,et al. Lunar surface processes[M]. In:Heiken G H,Vaniman D T,French B M(Eds),Lunar Sourcebook – A User Guide to the Moon. Cambridge Univ. Press,Cambridge,UK,1991,61−120.

Ivanov B A. Earth/Moon impact rate comparison:searching constraints for lunar secondary/primary cratering proportion[J]. Icarus,2006,183(2):504−507.

Ivanov B A. Mars/Moon cratering rate ratio estimates[J]. Space Sci Rev,2001,96:87−104.

Jagla E A,Rojo A G. Sequential fragmentation:the origin of columnar quasi-hexagonal patterns[J]. Phys Rev E,2002,65:026203.

Jaumann R,Hiesinger H,Anand M,et al. Geology,geochemistry,and geophysics of the Moon:status of current understanding[J]. Planetary and Space Science,2012,74(1):15—41. http://dx. doi. org/10. 1016/j. pss. 2012. 08. 019.

Jolliff B L,Gillis J J,Haskin L A,et al. Major lunar crustal terranes surface expressions and crust-mantle origins[J]. Journal of Geophysical Research,2000,105:4197—4216.

Jozwiak L M,Head J W,Zuber M T,et al. Lunar floor-fractured craters:classification,distribution, origin and implications for magmatism and shallow crustal structure[J]. Journal of Geophysical Research,2012,117,E11005,doi:10. 1029/2012JE004134.

Kahle A B,Gillespie A R,Abbott E A,et al. Relative dating of Hawaiian lava flows using multispectral thermal infrared images:A new tool for geologic mapping of young volcanic terranes[J]. J Geophys Res,1988,93(15):239—251.

Kargel J S. First and second-order equatorial symmetry of Martian rampart crater ejecta morphologies[G]. In: Proceedings of Fourth International Conference on Mars, Tucson, University of Arizona,1989,132—133.

Kato M,Sasaki S,Tanaka K,et al. The Japanese lunar mission SELENE:Science goals and present status[J]. Adv Space Res,2008,42:294—300.

Keller M R,Ernst C M,Denevi B W,et al. Time-dependent calibration of MESSENGER's wide-angle camera following a contamination event[C]. Lunar Planet Sci,2013,44,abstract 2489.

Kerber L,Head J W,Blewett D T,et al. The global distribution of pyroclastic deposits on Mercury: The view from MESSENGER flybys 1-3[J]. Planetary and Space Science,2011,59:1895—1909,doi:10. 1016/j. pss. 2011. 03. 020.

Kerber L,Head J W,Solomon S C,et al. Explosive volcanic eruptions on Mercury:Eruption conditions,magma volatile content,and implications for interior volatile abundances[J]. Earth and Planetary Science Letters,2009,285:263—271,doi:10. 1016/j. epsl. 2009. 04. 037.

Keszthelyi L,Denlinger R. The initial cooling of pahoehoe flow lobes[J]. Bull Volcanol,1996,58,5—18.

Kieffer H H,Christensen P R,Titus T N. CO_2 jets formed by sublimation beneath translucent slab ice in Mars' seasonal south polar ice cap[J]. Nature, 2006, 442: 793 — 796, doi: 10. 1038/nature04945.

Killen R M. Depletion of sulfur on the surface of the asteroid Eros and the Moon[J]. Meteorit Planet Sci,2003,38:383—388.

Klimczak C,Watters T R,Ernst C M,et al. Deformation associated with ghost craters and basins in volcanic smooth plains on Mercury:Strain analysis and implications for plains evolution[J]. Journal of Geophysics Research,2012,117,E00L03,doi:10. 1029/2012JE004100.

Konopliv A S,Park R S,Yuan D,et al. The JPL lunar gravity field to spherical harmonic degree 660 from the GRAIL Primary Mission[J]. Journal of Geophysical Research Planets,2013,118:1415—1434,doi:10. 1002/jgre. 20097.

Kracher A,Sears D W G. Space weathering and the low sulfur abundance of Eros[J]. Icarus,2005, 174:36—45,doi:10. 1016/j. icarus. 2004. 10. 010.

Lachenbruch A H. Depth and spacing of tension cracks[J]. J Geophys Res,1961,66:4273—4292.

Lachenbruch A H. Mechanics of thermal contraction cracks and ice-wedge polygons in permafrost

[J]. Spec Pap Geol Soc Am,1962,70:69.

Lammlein D R, Latham G V, Dorman J, et al. Lunar seismicity, structure and tectonics[J]. Rev Geophys Space Phys,1974,12:1—21.

Laneuville M, Wieczorek M A, Breuer D, et al. Asymmetric thermal evolution of the Moon[J]. Journal of Geophysical Research,2013,118:1435—1452.

Langseth Jr M G, Clark Jr S P, Chute Jr J L, et al. The Apollo 15 lunar heat-flow measurement [J]. Moon,1972,4:390—410.

Langseth M G, Keihm S J, Peters K. Revised lunar heat-flow values[R]. In:Kinsler D C(Ed), Lunar and Planetary Science Conference Proceedings,1976,3143—3171.

Lawn B R, Wilshaw T R. Fracture of Brittle Solids[M]. Cambridge University Press, New York, 1975,204.

Le Feuvre M, Wieczorek M A. Nonuniform cratering of the Moon and a revised crater chronology of the inner Solar System[J]. Icarus,2011,214:1—20,doi:10.1016/j.icarus.2011.03.010.

Le Feuvre M, Wieczorek M A. Nonuniform cratering of the terrestrial planets[J]. Icarus,2008,197: 291—306.

Lettis W, Wells D, Baldwin J. Empirical observations regarding reverse earthquakes, blind thrust faults, and quaternary deformation:are blind thrusts truly blind? [J]. Bulletin of the Seismological Society of America,1997,87:1171—1198.

Lewis J S, Metal/silicate fractionation in the solar system[J]. Earth Planet Sci Lett,1972,15:286—290.

Li Z, Bruhn R L, Pavlis T L, et al. Origin of sackung uphillfacing scarps in the Saint Elias orogen, Alaska:LIDAR data visualization and stress modeling[J]. Geol Soc Am Bull,2010,122(9—10): 1585—1589.

Lindsay J. Energy at the lunar surfaces[G]. In:Kopal Z, Cameron A G W(Eds), Lunar Stratigraphy and Sedimentology. In:Developments in Solar System and Space Science,1976, vol. 3. Elsevier, pp. 45—55.

Long P E, Wood B J. Structures, textures, and cooling histories of Columbia River basalt flows[J]. Geol Soc Am Bull,1986,97:1144—1155.

Longhi J. Lunar crust, Achondrites[J]. Geotimes,1980,25:19—20.

Lore J, Aydin A, Goodson K. A deterministic methodology for prediction of fracture distribution in basaltic multiflows[J]. J Geophys Res,2001,106(B4):6447—6459.

Losiak A, Wilhelms D E, Byrne C J, et al. A new lunar impact crater database[C]. In:40th Lunar and Plan Sci Conf, Abstract 1532. 2009.

Lucchitta B K. Mare ridges and related highland scarps:results of vertical tectonism? [J]. Proceedings Lunar Science Conference,1976,7:2761—2782.

Lucey P G, Blewett D T, Hawke B R. Mapping the FeO and TiO_2 content of the lunar surface with multispectral imaging[J]. J Geophys Res,1998,103:3679—3699.

Lucey P G, Noble S K. Experimental test of a radiative transfer model of the optical effects of space weathering[J]. Icarus,2008,197:348—353.

Lucey P G, Riner M A. The optical effects of small iron particles that darken but do not redden:

参考文献

Evidence of intense space weathering on Mercury[J]. Icarus,2011,212:451−462.

Lyle P. The eruption environment of multi-tiered columnar basalt lava flows[J]. J Geological Soci, 2000,157:715−722.

Malin M C,Caplinger M A,Davis S D. Observational evidence for an active surface reservoir of solid carbon dioxide on Mars[J]. Science,2001,294:2146−2148,doi:10.1126/science.1066416.

Malin M C,Dzurisin D. Modification of fresh crater landforms:evidence from the Moon and Mercury [J]. J Geophys Res,1978,83:233−243.

Malin M C,Edgett K S. Evidence for recent groundwater seepage and surface runoff on Mars[J]. Science,2000,288:2330−2335.

Mangold N,Adeli S,Conway S,et al. A chronology of early Mars climatic evolution from impact crater degradation[J]. Journal of Geophysics Research, 2012, 117, E04003, doi: 10. 1029/ 2011JE004005.

Marchi S,Bottke W F,Kring D A,et al. The onset of the lunar cataclysm as recorded in its ancient crater populations[J]. Earth and Planetary Science Letters,2012,325:27−38.

Marchi S,Chapman C R,Fassett C I,et al. Global resurfacing of Mercury 4.0−4.1 billion years ago by heavy bombardment and volcanism[J]. Nature,2013,499,59−61.

Marchi S,Massironi M,Cremonese G,et al. The effects of the target material properties and layering on the crater chronology:the case of Raditladi and Rachmaninoff basins on Mercury[J]. Planetary and Space Science,2011,59(15):1968−1980.

Marchi S,McSween H Y,O'Brien D P,et al. The violent collisional history of asteroid 4 Vesta[J]. Science,2012b,336:690−694.

Marchi S,Mottola S,Cremonese G,et al. A new chronology for the Moon and Mercury[J]. Astronomical Journal,2009,137:4936−4948.

Maxwell D E. Simple Z model for cratering, ejection, and the overturned flap[G]. In: Impact and explosion cratering:planetary and terrestrial implications. Roddy D J,Pepin R O,Merrill R B (Eds). New York,Pergamon,1977,1003−1008.

Maxwell D,Seifert K. Modeling of cratering, close-in displacements, and ejecta[R]. Report DNA 3628F,Defense Nuclear Agency,Washington,DC. 1974.

McClintock W E,Izenberg N R,Holsclaw G M,et al. Spectroscopic observations of Mercury's surface reflectance during MESSENGER's first Mercury flyby[J]. Science,2008,321:62−65, doi:10.1126/science.1159933.

McCord T B,Clark R N. The Mercury soil:Presence of Fe^{2+} [J]. J Geophys Res,1979,84:7664− 7668.

McEwen A S,Bierhaus E B. The importance of secondary cratering to age constraints on planetary surfaces[J]. Annu Rev Earth Planet Sci,2006,34:540−567.

McEwen A S,Eliason E M,Bergstrom J W,et al. Mars Reconnaissance Orbiter's High Resolution Imaging Science Experiment(HiRISE)[J]. J Geophys Res(Planets),2007,112,doi:E05S02, doi:10.1029/2005JE002605.

McEwen A S,Preblich B S,Turtle E P,et al. The rayed crater Zunil and interpretations of small impact craters on Mars[J]. Icarus,2005,176:351−381.

McEwen A S. Mobility of large rock avalanches: evidence from Valles Marineris[J]. Mars Geology, 1989,17:1111—1114.

McGetchin T R, Settle M, Head J W. Radial thickness variation in impact crater ejecta: Implications for lunar basin deposits[J]. Earth Planetary Science Letters,1973,20:226—236.

McGill G E. Attitude of fractures bounding straight and arcuate lunar rilles[J]. Icarus,1971,14:53—58.

McKay D S, Morris R V, Jurewicz A J. Experimental reduction of simulated lunar glass by carbon and hydrogen and implications for lunar base oxygen production[J]. Lunar and Planetary Science Conference Abstracts,1991,22:49—52.

McKinnon W B, Chapman C R, Housen K R. Cratering of the Uranian satellites[M]. In: Uranus, University of Arizona Press,1991,629—692.

Melosh H J, McKinnon W B. The tectonics of Mercury[M]. In: Mercury. Edited by Vilas F, Chapman C R, Matthews M S, University of Arizona Press, Tucson, Ariz,1988,374—400.

Melosh H J. Impact cratering: a geological process[M]. Oxford University Press. 1989.

Melosh H J. Planetary Surface Processes[M]. Cambridge University Press, Cambridge, UK. 2010.

Michael G G, Neukum G. Planetary surface dating from crater size-frequency distribution measurements: Partial resurfacing events and statistical age uncertainty[J]. Earth Planet Sci Lett,2010,294:223—229.

Milazzo M P, Keszthelyi L P, Jaeger W L, et al. Discovery of columnar jointing on Mars[J]. Geology, 2009,37:171—174.

Milazzo M P, Weiss D K, Jackson B, et al. Columnar kointing on Mars: Earth analog studies[C]. 43rd Lunar Planet Sci Conf, Abstract 2726,2012.

Milton D J, Barlow B C, Brett R, et al. Gosses bluff impact structure, Australia[J]. Science,1972,175 (4027):1199—1207.

Minton D A, Malhotra R. Dynamical erosion of the asteroid belt and implications for large impacts in the inner solar system[J]. Icarus,2010,207:744—757,doi:10. 1016/j. icarus. 2009. 12. 008.

Mizuguchi T A, Nishimoto S, Kitsunezaki Y, et al. Directional crack propagation of granular water systems[J]. Phys Rev E,2005,71:056122.

Morota T, Furumoto M. Asymmetrical distribution of rayed craters on the Moon[J]. Earth Planet Sci Lett,2003,206:315—323,doi:10. 1016/S0012-821X(02)01111-1.

Morota T, Haruyama J, Ohtake M, et al. Timing and duration of mare volcanism in the central region of the northern farside of the Moon[J]. Earth, Planets, and Space,2011,63:5—13.

Morris A R, Head J W, Margot J, et al. Impact melt distribution and emplacement on Tycho: A new look at an old question[C]. 39th Lunar Planet Sci Conf, Abstract 1828,2009.

Moses J I, Nash D B. Phase transformation and spectral reflectance of solid sulfur: Can metastable allotropes exist on Io? [J]. Icarus,1991,89:277—304.

Murchie S L Watters T R, Robinson M S, et al. Geology of the Caloris basin, Mercury: a new view from MESSENGER[J]. Science,2008,321:73—76.

Murray B C, Belton M J, Danielson G E, et al. Mercury's surface: preliminary description and interpretation from Mariner 10 pictures[J]. Science,1974,185:73—76.

Murray B C, Strom R G, Trask N J, et al. Surface history of Mercury: implications for terrestrial planets[J]. Journal of Geophysical Research, 1975, 80: 2508—2514.

Murray B C. The Mariner 10 pictures of Mercury: An overview[J]. Journal of Geophysical Research, 1975, 80(17): 2342—2344, doi: 10.1029/JB080i017p02342.

Müller G. Starch columns: analog model for basalt columns[J]. J Geophys Res, 1998, 103: 15239—15253.

Nahm A L, Velasco A A. Seismic energy release from moonquakes on small lunar lobate scarps[C]. 44th Lunar and Planetary Science Conference. abstract #1422, 2013.

Nakamura Y, Latham G V, Dorman H J, et al. Shallow moonquakes: depth, distribution and implications as to the present state of the lunar interior[G]. In: Hinners N W(Ed), Lunar and Planetary Science Conference Proceedings, 1979, 2299—2309.

Nakamura Y, Latham G, Lammlein D, et al. Deep lunar interior inferred from recent seismic data[J]. Geophysical Research Letters, 1974, 1: 137—140.

Nakamura Y. Farside deep moonquakes and deep interior of the Moon[J]. Journal of Geophysical Research, 2005, 110, E01001.

Nakamura Y. HFT events – shallow moonquakes[J]. Physics of the Earth and Planetary Interiors, 1977, 14: 217—223.

Namiki N, Honda C. Testing hypotheses for the origin of steep slope of lunar size–frequency distribution for small craters[J]. Earth Planets Space, 2003, 55: 39—51.

Nash D B. Sulfur in vacuum: Sublimation effects on frozen melts, and applications to Io's surface and torus[J]. Icarus, 1987, 72: 1—34.

Neal C R, Taylor L A, Schmitt H H, et al. Using Apollo 17 High–Ti Mare Basalts as windows to the lunar mantle[G]. In: Ryder G(Ed), Geology of the Apollo 17 Landing Site, 1992, 40—41.

Nelson D M, Watters T R, Banks M E, et al. Mapping lobate scarps on the Moon[C]. 44th Lunar and Planetary Science Conference. abstract #2736. 2013.

Neukum G, Ivanov B A, Hartmann W K. Cratering records in the inner Solar System in relation to the lunar reference system[J]. Space Sci Rev, 2001a, 96: 55—86.

Neukum G, Ivanov B A, Matthews M S, et al. Crater size distributions and impact probabilities on earth from lunar, terrestrial–planet, and asteroid cratering data[M]. In: Gehrels T(Ed), Hazards Due to Comets and Asteroids, 1994, 359—360.

Neukum G, Ivanov B A. Crater size distributions and impact probabilities on Earth from lunar, terrestrial–planet, and asteroid cratering data[M]. In: Hazard Due to Comets and Asteroids. Gehrels T(ed) Univ of Ariz Press, 1994, 359—416.

Neukum G, Konig B, Arkani–Hamed J. A study of lunar impact crater size–distributions[J]. Moon, 1975, 12: 201—229.

Neukum G, Oberst J, Hoffmann H, et al. Geologic evolution and cratering history of Mercury[J]. Planetary and Space Sci, 2001b, 49(14-15): 1507—1521.

Neukum G, Wagner R J, Wolf U, et al. The cratering record and cratering chronologies of the saturnian satellites and the origin of impactors: Results from Cassini ISS Data[C]. Euro Planet Sci Conf, 2006, 2006–A–00610.

Nittler L R, Starr R D, Weider S Z, et al. The major-element composition of Mercury's surface from MESSENGER X-ray spectrometry[J]. Science, 2011, 333: 1847—1850.

Noble S K, Pieters C M, Keller L M. An experimental approach to understanding the optical effects of space weathering[J]. Icarus, 2007, 192: 629—642.

Noble S K, Pieters C M. Space weathering on Mercury: implications for remote sensing(in Russian)[J]. Astron Vestnik, 2003, 37: 34—39(Engl transl, Sol Syst Res, 37, 31—35.)

Novara M. The BepiColombo Mercury surface element[J]. Planetary and Space Science, 2001, 49: 1421—1435.

Nozette S, Lichtenberg C L, Spudis P, et al. The Clementine bistatic radar experiment[J]. Science, 1996, 274: 1495—1498.

Nozette S, Shoemaker E M, Spudis P, et al. The possibility of ice on the Moon[J]. Science, 1997, 278: 144—145.

Oberbeck V R, Morrison R A. The lunar herringbone pattern[J]. NASA Spec Publ, 1973, 330, section 32, 1973: 15—29.

Oberbeck V R, Morrison R H. Laboratory simulation of the herringbone pattern associated with lunar secondary crater chains[J]. Moon, 1974, 9: 415—455, http://dx.doi.org/10.1007/BF00562581.

Oberbeck V R, Quaide W L, Arvidson R E, et al. Comparative studies of lunar, Martian, and Mercurian craters and plains[J]. Journal of Geophysical Research, 1977, 82(11): 1681—1698, doi: 10.1029/JB082i011p01681.

Oberst J. Unusually high stress drops associated with shallow moonquakes[J]. Journal of Geophysical Research, 1987, 92: 1397—1405.

Ostrach L R, Robinson M S, Denevi B W. Distribution of impact melt on Mercury and the Moon[C]. Lunar Planet Sci Conf, 2012, 43rd, Abstract 1113.

Ostrach L R, Robinson M S, Denevi BW, et al. Effects of incidence angle on crater counting observations[C]. Lunar Planet Sci Conf XXXXII, Abstract 1202. 2011.

O'Keefe J D, Ahrens T J. Shock effects from a large impact on the Moon[C]. Lunar Planet Sci Conf, 1975, 6: 2831—2844.

Papike J J, Ryder G, Shearer C K. Lunar samples[G]. In: Papike J J(Ed), Planetary Materials. Min Soc of Am, Washington, D C, USA, 1998, 1—234.

Passey Q R, Shoemaker E M. Craters and basins on Ganymede and Callisto: morphological indicators of crustal evolution[M]. In: Morrison D(Ed), Satellites of Jupiter. University of Arizona Press, Tucson, 1982, 379—434.

Peck D L, Minakami T. The formation of columnar joints in the upper part of Kilauean lava lakes, Hawaii[J]. Geol Soc Am Bull, 1968, 79: 1151—1166.

Peel S E, Fassett C I. Valleys in pit craters on Mars: characteristics, distribution, and formation mechanisms[J]. Icarus, 2013, 225: 272—282.

Peplowski P N, Evans L G, Hauck S A, et al. Radioactive elements on Mercury's surface from MESSENGER: Implications for the planet's formation and evolution[J]. Science, 2011, 333: 1850—1852, doi: 10.1126/science.1211576

Peplowski P N, Lawrence D J, Rhodes E, et al. Variations in the abundances of potassium and thorium on the surface of Mercury: results from the MESSENGER Gamma – Ray Spectrometer [J]. Journal of Geophysical Research, 2012, 117, E00L04, doi: 10. 1029/2012JE004141.

Pierazzo Z, Melosh H J. Hydrocode modeling of Chicxulub as an oblique impact event[J]. Earth Planet Sci Lett, 1999, 165(2): 163 – 176.

Pieters C M, Goswami J N, Clark R N, et al. Character and spatial distribution of OH/H_2O on the surface of the Moon seen by M3 on Chandrayaan-1[J]. Science, 2009, 326: 568 – 572.

Pieters C M, Head J W, Whitford – Stark J L, et al. Late high-titanium basalts of the western maria – geology of the Flamsteed region of Oceanus Procellarum[J]. Journal of Geophysical Research, 1980, 85: 3913 – 3938.

Pike R J. Control of crater morphology by gravity and target type: Mars, Earth, Moon[J]. Proc Lunar Planet Sci Conf, 1980, 11: 2159 – 2189.

Pike R J. Geometric interpretation of lunar craters[R]. US Geol Survey Prof Paper, 1046-C. 1980.

Pike R J. Geomorphology of impact craters on Mercury[M]. In: Mercury Eds, Vilas F, Chapman C R, Matthews M S, University of Arizona Press, Tucson, Arizona, 1988, 165 – 273.

Pike R J. Size – dependence in the shape of fresh impact craters on the Moon[C]. In: Impact and explosion cratering: planetary and terrestrial implications. Proceedings of the Symposium on Planetary Cratering Mechanics, Flagstaff, Arizona, 1977, 489 – 509.

Pike R J. Some preliminary interpretations of lunar mass – wasting process from Apollo 10 photography[G]. In: Analysis of Apollo 10 Photography and Visual Observations. NASA SP – 232, Washington, DC, 1971, 14 – 20.

Pollack H N, Hurter S J, Johnson J R. Heat flow from the earth's interior – analysis of the global data set[J]. Review of Geophysics, 1993, 31: 267 – 280.

Potter A E, Morgan T H. Discovery of sodium in the atmosphere of Mercury[J]. Science, 1985, 229: 651 – 653, doi: 10. 1126/science. 229. 4714. 651.

Prockter L M, Ernst C M, Denevi B W, et al. Evidence for young volcanism on Mercury from the third MESSENGER flyby[J]. Science, 2010, 329: 668 – 671.

Raitala J. Composite graben tectonics of Alba Patera on Mars[J]. Earth Moon and Planets, 1988, 42(3): 277 – 291.

Rava B, Hapke B. An analysis of the Mariner 10 color ratio map of Mercury[J]. Icarus, 1987, 71: 397 – 429, doi: 10. 1016/j. bbr. 2011. 03. 031.

Richardson J E, Melosh H J, Lisse C M, et al. A ballistics analysis of the Deep Impact ejecta plume: determining Comet Tempel 1's gravity, mass, and density[J]. Icarus, 2007, 190: 357 – 390, doi: 10. 1016/j. icarus. 2007. 08. 033.

Richardson J E. Cratering saturation and equilibrium: A new model looks at an old problem[J]. Icarus, 2009, 204: 697 – 715.

Riner M A, Lucey P G, Desch S J, et al. Nature of opaque components on Mercury: insights into a mercurian magma ocean[J]. Geophys Res Lett, 2009, 36, L02201, doi: 10. 1029/2008GL036128.

Riner M A, Lucey P G. Spectral effects of space weathering on Mercury: The role of composition and environment[J]. Geophys Res Lett, 2012, 39, L12201, doi: 10. 1029/2012GL052065.

Riner M A, McCubbin F M, Lucey P G, et al. Mercury surface composition: integrating petrologic modeling and remote sensing data to place constraints on FeO abundance[J]. Icarus, 2010, 209: 301—313.

Ritter D F, Kochel C R, Miller J R. Process Geomorphology, fourth edition[J]. Waveland Press, Long Grove, 2006, 79—133.

Robbins S J, Hynek B M. A new global database of Mars impact craters ≥ 1 km: 2. Global crater properties and regional variations of the simple to-complex transition diameter[J]. Journal of Geophysical Research, 2012, 117, E06001, http://dx.doi.org/10.1029/2011JE003967.

Robbins S J, Hynek B M. Distant secondary craters from Lyot crater, Mars, and implications for surface ages of planetary bodies [J]. Geophys Res Lett, 2011, 38, L05201, doi: 10.1029/2010GL046450.

Robinson M S, Brylow S M, Tschimmel M, et al. Lunar reconnaissance orbiter camera (LROC) instrument overview[J]. Space Sci Rev, 2010, 150(1-4): 81—124.

Robinson M S, Lucey P G. Recalibrated Mariner 10 color mosaics: implications for Mercurian volcanism[J]. Science, 1997, 275: 197—200.

Robinson M S, Murchie S L, Blewett D T, et al. Reflectance and color variations on Mercury: Regolith processes and compositional heterogeneity[J]. Science, 2008, 321: 66—69.

Roering J J, Cooke M L, Pollard D D. Why blind thrust faults do not propagate to the Earth's surface: numerical modeling of coseismic deformation associated with thrust-related anticlines [J]. Journal of Geophysics Research, 1997, 102(B6): 11901—11912, doi: 10.1029/97JB00680.

Ryan A J, Christensen P R. Coils and polygonal crust in the Athabasca Valles region, Mars, as evidence for a volcanic history[J]. Science, 2012, 336(449): 449—452, doi: 10.1126/science.1219437.

Ryan M P, Sammis C G. Cyclic fracture mechanism in cooling basalt[J]. Geol Soc Am Bull, 1978, 89: 1295—1308.

Sarantos M, Killen R M, Kim D. Predicting the long-term solar wind ion-sputtering source at Mercury[J]. Planet Space Sci, 2007, 55: 1584—1595.

Schaber G G, Boyce J M, Moon-Mercury: basins, secondary craters and early flux history[J]. Conf. on: Comparisons of Mercury and the Moon LSI Contrib, 1976, 262: 28.

Schaber G G, Boyce J M, Moore H J. The scarcity of mapable flow lobes on the lunar maria: unique morphology of the Imbrium flows[C]. Proc Lunar Sci Conf, 1976, 7: 2783—2800.

Schaber G G. Lava flows in Mare Imbrium: geologic evaluation from Apollo orbital photography[C]. Proc Lunar Planet Sci Conf, 1973, 4: 73—92.

Schenk P M, Bulmer M K. Origin of mountains on Io by thrust faulting and large-scale mass movements[J]. Science, 1998, 279, 1514—1517.

Schenk P M. Central pit and dome craters: exposing the interiors of Ganymede and Callisto[J]. Journal of Geophysical Research, 1993, 98: 7475—7498.

Schmedemann N, Kneissl T, Michael G, et al. Crater size-frequency distribution(CSFD) and chronology of Vesta-Crater counts matching HED Ages[C]. Lunar Planet Sci XXXXIII, Abstract 2554, 2012.

Scholten F,Oberst J,Matz K D,et al. GLD100:The near-global lunar 100 m raster DTM from LROC WAC stereo image data[J]. Journal of Geophysical Research,2012117,E00H17,doi:10.1029/2011JE003926.

Schon S C,Head J W,Baker D M H,et al. Eminescu impact structure:insight into the transition from complex crater to peak-ring basin on Mercury[J]. Planet Space Sci,2011,59:1949—1959

Schubert G,Lingenfelter R E,Peale S J. The morphology,distribution,and origin of lunar sinuous rilles[J]. Review of Geophysics Space Science,1970,8:199—224.

Schultz P H,Eberhardy C A,Ernst C M,et al. The Deep Impact oblique impact cratering experiment [J]. Icarus,2007,190:295—333,doi:10.1016/j.icarus.2007.06.006

Schultz P H,Gault D E. Clustered impacts:experiments and implications[J]. J Geophys Res,1985,90:3701—3732.

Schultz P H,Mendell W. Orbital infrared observations of lunar craters and possible implications for impact ejecta emplacement[J]. Proc Lunar Sci Conf,1978,9:2857—2883.

Schultz P H,Singer J. A comparison of secondary craters on the Moon,Mercury and Mars[C]. Proc Lunar Planet Sci Conf. 1980,11:2243—2259.

Schultz P H,Spudis P D. Beginning and end of lunar mare volcanism[J]. Nature,1983,302:233—236.

Schultz P H,Staid M I,Pieters C M. Lunar activity from recent gas release[J]. Nature,2006,444:184—186.

Schultz P H. Atmospheric effects on ejecta emplacement and crater formation on Venus from Magellan[J]. J Geophys Res,1992,97:16183—16248.

Schultz P H. Cratering on Mercury:a relook[M]. In:Mercury. Edited by Vilas F,Chapman C R,Matthews M S,University Arizona Press,Tucson,Arizona,1988,274—335.

Schultz P H. Endogenic modification of impact craters on Mercury[J]. Phys Earth Planet Inter,1977,15:202—912,doi:10.1016/j.bbr.2011.03.031.

Schultz P H. Floor-fractured lunar craters[J]. Moon,1976,15:241—273.

Schultz P H. Moon Morphology[M]. University of Texas Press,Austin,Texas,1976,1—604.

Schultz R A. Localization of bedding plane slip and back thrust faults above blind thrust faults:keys to wrinkle ridge structure[J]. Journal of Geophysics Research,2000,105(E5):12035—12052.

Scott D H. Moon-Mercury:relative preservation states of secondary craters[J]. Phys Earth Planet Int,1977,15:173—178.

Senft L E,Stewart S T. Modeling the morphological diversity of impact craters on icy satellites[J]. Icarus,2011,214:67—81.

Settle M J,Head J W. The role of rim slumping in the modification stage of lunar impact crater formation[J]. J Geophys Res,1977,84(B6):3081—3096.

Shearer C K,Hess P C,Wieczorek M,et al. Thermal and magmatic evolution of the Moon[G]. In:Jolliff B,Wieczorek M,Shearer C K,Neal C(Eds),New Views of the Moon. Min Soc of Am,2006,365—518.

Shearer C K,Newsom H E. W-Hf isotope abundances and the early origin and evolution of the Earth-Moon system[J]. Geochimica et Cosmochimica Acta,2000,64:3599—3613.

Shirley J H. Shallow moonquakes and large shallow earthquakes: a temporal correlation[J]. Earth and Planetary Science Letters,1985,76:241—253.

Shoemaker E M, Batson R M, Holt H E, et al. Television observations from Surveyor[G]. In: Surveyor Program Results, U S National. Aeronautics Space Admin Spec Publ,1969,SP-184: 19—128.

Slavin J A, Anderson A B, Baker D N, et al. MESSENGER observations of extreme loading and unloading of Mercury's magnetic tail[J]. Science,2010,329:665—668.

Sleep N H. Deep-seated downslope slip during strong seismic shaking[J]. Geochemistry Geophysics Geosystems,2011,12,Q12001,doi:10.1029/2011GC003838.

Smith D E, Zuber M T, Neumann G A, et al. Initial observations from the lunar orbiter laser altimeter(LOLA)[J]. Geophysical Research Letters, 2010, 37(18), L18204, doi: 10.1029/2010GL043751.

Smith D E, Zuber M T, Phillips R J, et al. Gravity field and internal structure of Mercury from MESSENGER[J]. Science,2012,336:214—217,doi:10.1126/science.1218809.

Smith E I, Hartnell J A. Crater size-shape profiles for the Moon and Mercury: terrace effects and interplanetary comparisons[J]. Moon and Planets,1978,19:479—511.

Soliva R, Benedicto A, Maerten L. Spacing and linkage of confined normal faults: Importance of mechanical thickness[J]. J Geophys Res,2006,111,B01402,doi:10.1029/2004JB003507.

Soliva R, Benedicto A. Geometry, scaling relations and spacing of vertically restricted normal faults [J]. J Struct Geol,2005,27:317—325,doi:10.1016/j.jsg.2004.08.010.

Solomon S C, Chaiken J. Thermal expansion and thermal stress in the Moon and terrestrial planets: Clues to early thermal history[J]. Proceedings in Lunar and Planetary Science Conference, 1976,7:3229—3243.

Solomon S C, Head J W. Lunar mascon basins: Lava filling, tectonics, and evolution of the lithosphere [J]. Rev Geophys Space Phys,1980,18:107—141.

Solomon S C, Head J W. Vertical movement in mare basins: relation to mare emplacement, basin tectonics,and lunar thermal history[J]. Journal of Geophysics Research,1979,84:1667—1682.

Solomon S C, Longhi J. Magma oceanography. I-Thermal evolution[G]. In: Merril R B(Ed), Lunar and Planetary Science Conference Proceedings,1977,583—599.

Solomon S C, McNutt Jr R L, Watters T R, et al. Return to Mercury: a global perspective on MESSENGER's first Mercury flyby[J]. Science, 2008, 132: 59—62, doi: 10.1126/science.1159706.

Solomon S C, McNutt R L, Gold R E,et al. The MESSENGER mission to Mercury: scientific objectives and implementation[J]. Planetary and Space Science,2007,49(14):1445—1465.

Solomon S C. The relationship between crustal tectonics and internal evolution in the Moon and Mercury[J]. Phys Earth Planet Inter,1977,15:135—145.

Spohn T, Konrad W, Breuer D,et al. The longevity of lunar volcanism: implications of thermal evolution calculations with 2D and 3D mantle convection models[J]. Icarus,2001,149:54—65.

Spray J G, Thompson L M. Friction melt distribution in a muti-ring impact basin[J]. Nature,1995, 373:130—132.

Spry A H. The origin of columnar jointing, particularly in basalt flows[J]. J Geol Soc Aust, 1962, 8: 191-216.

Spudis P D, Guest J E. Stratigraphy and geologic history of Mercury[M]. In: Mercury, edited by Vilas F, Chapman C R, Matthews M S. 118-164, University of Arizona Press, Tucson, Ariz. 1988.

Spudis P D. The geology of multi-ring impact basins[M]. Cambridge Planet Sci Ser Cambridge Univ Press, 1993, 8: 263.

Staid M, Isaacson P, Petro N, et al. The spectral properties of Ina: new observations from the Moon Mineralogy Mapper[C]. Lunar Planet Sci, 2011, 42, abstract 2499.

Stern S A. The lunar atmosphere: history, status, current problems, and context[J]. Review of Geophysics, 1999, 37: 453-492.

Stewart S T, O'Keefe J D, Ahrens T J. The relationship between rampart crater morphologies and the amount of subsurface ice[C]. Lunar Planet Sci Conf XXXII, Abstract 2092, 2001.

Stockstill-Cahill K R, McCoy T J, Nittler L R, et al. Magnesium - rich crustal compositions on Mercury: implications for magmatism from petrologic modeling[J]. Journal of Geophysical Research, 2012, 117, E00L15, doi: 10.1029/2012JE004140.

Stooke P J. Lunar meniscus hollows[C]. Lunar Planet Sci, 2012, 43, abstract 1011.

Strom R G, Banks M E, Chapman C R, et al. Mercury crater statistics from MESSENGER flybys: Implications for stratigraphy and resurfacing history[J]. Planetary and Space Science, 2011, 59: 1960-1967.

Strom R G, Chapman C R, Merline W J, et al. Mercury cratering record viewed from MESSENGER's first flyby[J]. Science, 2008, 321: 79-81.

Strom R G, Croft S K, Boyce J M. The impact cratering record on Triton[J]. Science, 1990, 250: 437-439.

Strom R G, Malhotra R, Ito T, et al. The origin of planetary impactors in the inner solar system[J]. Science, 2005, 309: 1847-1850.

Strom R G, Malhotra R, Xiao Z, et al. The inner solar system cratering record and the evolution of impactor populations[J]. Research in Astronomy and Astrophysics, submitted, 2013.

Strom R G, Schaber G G, Dawson D D. The global resurfacing of Venus[J]. Journal of Geophysics Research, 1994, 99(E5): 10899-10926.

Strom R G, Sprague A L. Exploring Mercury[J]. Praxis, 2003, 216.

Strom R G, Trask N J, Guest J E. Tectonism and volcanism on Mercury[J]. Journal of Geophysical Research, 1975, 80: 2478-2507.

Strom R G, Woronow A, Gurnis M. Crater Populations on Ganymede and Callisto[J]. J Geophys Res, 1981, 86(A10): 8659-8674, doi: 10.1029/JA086iA10p08659.

Strom R G. Mercury: a post Mariner-10 assessment[J]. Space Sci Rev, 1979, 24: 3-70.

Strom R G. Origin and relative age of lunar and Mercurian intercrater plains[C]. Lunar and Planetary Science Conference 1977, 8: 914-916.

Strom R G. Origin and relative age of lunar and mercurian intercrater plains[J]. Phys Earth Planet. Inter, 1977, 15: 156-172.

Stöffler D, Knoell H D, Marvin U B, et al. Recommended classification and nomenclature of lunar highland rocks - A committee report[G]. In: Merrill R B(Ed), Lunar Highlands Crust, 1980, 51-70.

Stöffler D, Ryder G, Ivanov, B A, et al. Cratering history and lunar chronology[G]. In: Jolliff B L, Shearer M A W, Neal C K(Eds), New Views of the Moon Min Soc of Am, 2006, 519-596.

Stöffler D, Ryder G. Stratigraphy and isotope ages of lunar geologic units: chronological standard for the inner solar system[J]. Space Science Reviews, 2001, 96: 9-54.

Stöffler D. Progressive metamorphism and classification of shocked and brecciated crystalline rocks at impact craters[J]. J Geophys Res, 1971, 76: 5541-5551.

Sunshine J M, Farnham T L, Feaga L M, et al. Temporal and spatial variability of lunar hydration as observed by the deep impact spacecraft[J]. Science, 2009, 326: 565-568.

Taylor L A, Longi J. Workshop on mare volcanism and basalt petrogenesis: astounding fundamental concepts(AFC) developed over the last fifteen years[G]. In: Taylor L A(Ed), Mare Volcanism and Basalt Petrogenesis: Astounding Fundamental Concepts. 1991.

Taylor S R. Lunar and terrestrial crusts - a contrast in origin and evolution[J]. Physics of the Earth and Planetary Interiors, 1982, 29: 233-241.

Tera F, Papanastassiou D A, Wasserburg G J. Isotopic evidence for a terminal lunar cataclysm[J]. Earth and Planetary Science Letters, 1974, 22: 1-21.

Terada K, Anand M, Sokol A K, et al. Cryptomare magmatism 4.35 Gyr ago recorded in lunar meteorite Kalahari 009[J]. Nature, 2007, 450: 849-852.

Thomas N, Hansen C J, Portyankina G, et al. HiRISE observations of gas sublimation - driven activity in Mars' southern polar regions: II. Surficial deposits and their origins[J]. Icarus, 2010, 205: 296-310.

Thomas P G, Masson P, Fleitout L. Tectonic history of mercury. In: Mercury. Edited by Vilas F, Chapman C R, Matthews M S, University of Arizona Press, Tucson, Ariz, 1988, 401-428.

Thomsen J M, Austin M G, Ruhl S F, et al. Calculational investigation of impact cratering dynamics: early time material motions[J]. Proc Lunar Planet Sci Conf, 1979, 10: 2741-2756.

Thomsen J M, Austin M G, Schultz P H. The development of the ejecta plume in a laboratory - scale impact cratering events[C]. Lunar Planet Sci Conf, 1980, 11th, Abstract 1148.

Toramaru A, Matsumoto T. Columnar joint morphology and cooling rate: A starch - water mixture experiment[J]. J Geophys Res, 2004, 109, B02205, doi: 10.1029/2003JB002686.

Trask N J, Guest J E. Preliminary geologic terrain map of Mercury[J]. Journal of Geophysical Research, 1975, 80: 2461-2477.

Trask N J. Geologic comparison of mare materials in the equatorial belt/ including Apollo 11 and 12 landing sites[R]. In: Geological Survey Research 1971, 138-144. US Geol Surv Prof Pap. 750-D. 1971.

Trombka J I, Squyres S W, Brückner J, et al. The elemental composition of asteroid 433 Eros: Results of the NEAR - Shoemaker X - ray spectrometer[J]. Science, 2000, 289: 2101-2105, doi: 10.1126/science.289.5487.2101.

Varnes D J. Landslides: analysis and control. TRB Special Report[R]. Transportation Research

Board, National Research Council, Washington, DC. 1978.

Vaughan W M, Helbert J, Blewett D T, et al. Hollow forming layers in impact craters on Mercury: Massive sulfide deposits formed by impact melt differentiation? [C]. Lunar Planet Sci, 43, abstract 1187, 2012.

Veverka J, Helfenstein P, Hapke B, et al. Photometry and polarimetry of Mercury[M]. In: Mercury. Edited by Vilas F, Chapman C R, Matthews M S, Univ of Arizona Press, Tucson, Ariz, 1988, 37−58.

Vilas F. Surface composition of Mercury from reflectance spectrophotometry[M]. In: Mercury. Edited by Vilas F, Chapman C R, Matthews M S, University of Arizona Press, Tucson, Ariz, 1988, 59−76.

Wagner R, Head J W, Wolf U, et al. Lunar red spots: stratigraphic sequence and ages of domes and plains in the Hansteen and Helmet regions on the lunar nearside[J]. Journal of Geophysical Research, 2010, 115, E06015.

Wagner R, Head J W, Wolf U, et al. Stratigraphic sequence and ages of volcanic units in the Gruithuisen region of the Moon[J]. Journal of Geophysical Research, 2002, 107, E5104.

Waltham D, Pickering K T, Bray V J. Particulate gravity currents on Venus[J]. J Geophys Res, 2008, 113, E02012, http://dx.doi.org/10.1029/2007JE002913

Warell J, Blewett D T. Properties of the hermean regolith V: New optical reflectance spectra, comparison with lunar anorthosites, and mineralogical modeling[J]. Icarus, 2004, 168: 257−276.

Warell J, Sprague A L, Emery J P, et al. The 0.7−5.3mm IR spectra of Mercury and the Moon: Evidence for high−Ca clinopyroxene on Mercury[J]. Icarus, 2006, 180: 281−291.

Warell J, Sprague A, Kozlowski R, et al. Constraints on Mercury's surface composition from MESSENGER and ground−based spectroscopy[J]. Icarus, 2010, 209: 138−163.

Warell J, Valegård P G. Albedo−color distribution on Mercury: a photometric study of the poorly known hemisphere[J]. Astron Astrophys, 2006, 460: 625−633.

Warell J. Properties of the hermean regolith III: disk resolved vis−NIR reflectance spectra and implications for the abundance of iron[J]. Icarus, 2003, 161: 1992−222.

Warell J. Properties of the Hermean regolith: IV. Photometric parameters of Mercury and the Moon contrasted with Hapke modeling[J]. Icarus, 2004, 167: 271−286.

Warren P H, Rasmussen K L. Megaregolith insulation, internal temperatures, and bulk uranium content of the Moon[J]. Journal of Geophysical Research, 1987, 92: 3453−3465.

Warren P H, Wasson J T. The origin of KREEP[J]. Reviews of Geophysics and Space Science, 1979, 17: 73−88.

Watters T R, Johnson C L. Lunar tectonics[M]. In: Watters T R, Schultz R A (Eds), Planetary Tectonics. Cambridge University Press, New York, 2010, 121−182.

Watters T R, Maxwell T A. Cross-cutting relations and relative ages of ridges and faults in the Tharsis region of Mars[J]. Icarus, 1983, 56: 278−298.

Watters T R, Nimmo F, Robinson M S. Extensional troughs in the Caloris basin of Mercury: evidence of lateral crustal flow[J]. Geology, 2005, 33: 669−672.

Watters T R, Robinson M S, Banks M E, et al. Recent extensional tectonics on the Moon revealed by the Lunar Reconnaissance Orbiter Camera[J]. Nature Geoscience,2012,5:181—185.

Watters T R,Robinson M S,Beyer R A,et al. Evidence of recent thrust faulting on the moon revealed by the lunar reconnaissance orbiter camera[J]. Science,2010,329:936—940.

Watters T R,Robinson M S,Bina C R,et al. Thrust faults and the global contraction of Mercury[J]. Geophysical Research Letters,2004,31,L04071,doi:10.1029/2003GL019171.

Watters T R,Solomon S C,Klimczak C,et al. Extension and contraction within volcanically buried impact craters and basins on Mercury[J]. Geology,2012,40(12):1123—1126.

Watters T R,Solomon S C,Robinson M S,et al. The tectonics of Mercury:the view after MESSENGER's first flyby[J]. Earth and Planetary Science Letters,2009,285:283—296,doi:10.1016/j.epsl.2009.01.025.

Weber R C,Lin P-Y,Garnero E J,et al. Seismic detection of the lunar core[J]. Science,2011,331:309—312.

Weider S Z,Nittler L A,Starr R D,et al. Chemical heterogeneity on Mercury's surface revealed by the MESSENGER X-Ray Spectrometer[J]. Journal of Geophysical Research,2012,117,E00L05,doi:10.1029/2012JE004153.

Weinberger R. Evolution of polygonal patterns in stratified mud during desiccation:The role of flaw distribution and layer boundaries[J]. Geol Soc Am Bull,2001,113(1):20—31.

Weitz C M,Head J W,Pieters C M. Lunar regional dark mantle deposits:geologic,multispectral,and modeling studies[J]. J Geophys Res,1998,103:22725—22760.

Werner S C,Ivanov B A,Neukum G. Theoretical analysis of secondary cratering on Mars and an image-based study on the Cerberus Plains[J]. Icarus,2009,200:406—417.

Wichman R W,Schultz P H. Floor-fractured craters in Mare Smythii and west of Oceanus Procellarum:implications of crater modification by viscous relaxation and igneous intrusion models[J]. Journal of Geophysical Research,1995,100:21 209—21 218.

Wieczorek M A,Neumann G A,Nimmo F,et al. The crust of the Moon as seen by GRAIL[J]. Science,2013,339(6120):671—675.

Wieczorek M A,Zuber M T,Phillips R J. The role of magma buoyancy on the eruption of lunar basalts[J]. Earth and Planetary Science Letters,2001,185:71—83.

Wieczorek M,Jolliff B,Khan A,et al. The constitution and structure of the lunar interior[J]. Reviews on Mineralogy and Geochemistry,2006,60:221—364.

Wilcox B B,Robinson M S,Thomas P C,et al. Constraints on 829 the depth and variability of the lunar regolith. Meteorit[J]. Planet Sci,2005,40(695—710),830. http://dx.doi.org/10.1111/j.1945-5100.2005.tb00974.x.

Wilhelms D E,McCauley J F,Trask N J. The geologic history of the Moon[R]. US Geol Survey Prof Paper 1348,1987.

Wilhelms D E. Mercurian volcanism questioned[J]. Icarus,1976,28:551—558.

Williams J G,Boggs D H,Yoder C F,et al. Lunar rotational dissipation in solid body and molten core [J]. Journal of Geophysical Research,2001,106:27933—27968

Williams N R,Bell Ⅲ J F,Watters T R,et al. Small graben and recent tectonic deformation in Mare Frigoris[C]. 44th Lunar and Planetary Science Conference,abstract 2949,2013.

Wilson L, Head J W. Impact melt sheets in lunar basins: Estimating thickness from cooling behavior [C]. 42nd Lunar Planet Sci Conf, Abstract 1345. 2012.

Wilson L, Head J W. Mars: review and analysis of volcanic eruption theory and relationships to observed landforms[J]. Rev Geophys, 1994, 32, 221−263.

Wolfe E W, Bailey N G, Lucchitta B K, et al. The geologic investigation of the Taurus - Littrow Valley: Apollo 17 landing site [R]. U S Geological Survey Professional Paper, 1981, 1080, 280pp.

Wood C A, Anderson L. New morphometric data for fresh lunar craters[C]. Proc Lunar Planet Sci Conf, 1978, 9: 3669.

Wood C A, Cintala M J, Head J W. Morphological characteristics of fresh craters: Mercury, Moon and Mars[C]. Abstracts of Papers Presented to the Conference on Conference on Comparisons of Mercury and the Moon. 1976, 1976LPICo. 262. 38W.

Wood C A, Head J W, Cintala M J. Interior morphology of fresh Martian craters: the effects of target characteristics[G]. In: Merrill R B(Ed), Proceedings of the 9th Lunar and Planetary Science Conference, Houston, New York, Pergamon Press, 1978, 3691−3709.

Woronow A. A general cratering - history model and its implications for the lunar highlands[J]. Icarus, 1978, 34: 76−88.

Woronow A. Crater saturation and equilibrium - a Monte Carlo simulation[J]. J Geophys Res, 1977, 82: 2447−2456.

Xiao L, Huang J, Christensen P, et al. Ancient volcanism and its implication for thermal evolution of Mars[J]. Earth and Planetary Science Letters, 2012, 323: 9−18, doi: 10.1016/j.epsl.2012.01.027.

Xiao Z Y, Strom R G. Problems determining relative and absolute ages using the small crater population[J]. Icarus, 2012, 220: 254−267.

Xiao Z, Komatsu G. Impact craters with ejecta flows and central pits on Mercury[J]. Planetary and Space Science, 2013, 82: 62−78, http://dx.doi.org/10.1016/j.pss.2013.03.015.

Xiao Z, Strom R G, Blewett D T, et al. Dark spots on Mercury: a distinctive low-reflectance material and its relation to hollows[J]. Journal of Geophysics Research, 2013, 118, doi: 10.1002/jgre.20115.

Xiao Z, Strom R G, Blewett D T. The youngest geologic terrains on Mercury[C]. Lunar Planet Sci, 2012, 43, abstract 2143.

Xiao Z, Strom R G, Chapman C R, et al. Controlling factors in impact excavation processes: Insights from comparisons of fresh impact craters on Mercury and the Moon[J]. Icarus, 2014, 228: 260−275.

Xiao Z, Zeng Z, Ding N, Molaro J. Mass wasting on the Moon: How active is the lunar surface? [J]. Earth and Planetary Science Letters, 2013, 376: 1−11, http://dx.doi.org/10.1016/j.epsl.2013.06.015.

Xiao Z, Zeng Z, Huang Q, et al. Small graben in the southeastern ejecta blanket of the lunar Copernicus crater: implications for recent shallow igneous intrusion on the Moon[J]. Meteoritics & Planetary Science, under review, 2014.

Xiao Z, Zeng Z, Komatsu G. A global inventory of central pit craters on the Moon: Distribution, morphology, and geometry[J]. Icarus, 2014, 227: 195—201.

Xiao Z, Zeng Z, Li Z, et al. Cooling fractures in impact melt deposits on the Moon and Mercury: Indications of cooling solely by thermal radiation[J]. Journal of Geophysics Research, preparing, 2013.

Xiao Z, Zeng Z, Xiao L, et al. Origin of pit chains in the floor of lunar Copernican craters[J]. Sci China Phys Mech, 2010, 53(12): 2145—2159, doi: 10.1007/s11433-010-4174-z.

Yamakawa H, Ogawa H, Kasaba Y, et al. Current status of the BepiColombo/MMO spacecraft design[J]. Advances in Space Research, 2004, 33(12): 2133—2141.

Yoder C F. The free librations of a dissipative moon[J]. Royal Society of London Philosophical Transactions Series A, 1981, 303: 327—338.

Zanetti M, Hiesinger H, Jolliff B L. Mapping aristarchus crater: geology, geomorphology, and pre-impact stratigraphy[C]. 43rd Lunar Planet Sci Conf, Abstract 3114, 2013.

Zuber M T, Aharonson O, Aurnou J M, et al. The geophysics of Mercury: current status and anticipated insights from the MESSENGER mission[J]. Space Science Reviews, 2001, 131(1-4), 105—132.

Zuber M T, Smith D E, Asmar S W, et al. Gravity recovery and interior laboratory (GRAIL): extended mission and endgame status[C]. 44th Lunar and Planetary Science Conference, 2013c, abstract 1719.

Zuber M T, Smith D E, Lehman D H, et al. Gravity recovery and interior laboratory (GRAIL): mapping the lunar interior from crust to core[J]. Space Science Reviews, 2013a, 174, doi: 10.1007/s11214-012-9952-7.

Zuber M T, Smith D E, Watkins M M, et al. Gravity Field of the Moon from the gravity recovery and interior laboratory(GRAIL) mission[J]. Science, 2013b, 339(6120): 668—671.

ABSTRACT

The Moon and Mercury are the two similar-sized bodies in the inner Solar System that resemble each other in the appearance. The two bodies share many common physical similarities, for examples both of them have silicate crust and airless surfaces, so that previous studies usually compare similar geological activity on the Moon and Mercury to better understand the basic mechanical rules of the geological activity.

The lunar stratigraphic ages are well-constrained with the help of returned samples. The most recent geological epoch on the Moon is the Copernican age that started ~ 800 Ma represented by the Copernicus impact. All lunar rayed craters (i. e., craters with impact rays) formed during the Copernican age. On the contrary, the stratigraphic ages of Mercury were referred from those of the Moon and their absolute ages were not well established due to the lack of samples. The Kuiperian age is regarded as the youngest stratigraphic age on Mercury which was named after the Kuiper crater. The Kuiperian age corresponds to the Copernican age on the Moon and previous studies assigned an age of ~800 Ma for the Kuiperian age. All rayed craters on Mercury formed during the Kuiperian age. It is generally accepted that after ~800 Ma, endogenic geological activity has ceased on both the Moon and Mercury, and meteor impacts have been the dominant surface geological activity.

Recently, the success insertion of the Lunar Reconnaissance Orbiter (LRO) to the orbit about the Moon and the MErcury Surface, Space ENviroment, GEochemistry, and Ranging (MESSENGER) spacecraft to the orbit about Mercury has obtained a huge amount of valuable scientific data, which have greatly promoted our understanding of the surface geological evolution of these two bodies. More importantly, analog studies of geologic activity on the Moon and Mercury provide new windows for understanding surface geological evolution across Solar System bodies. Using imagery, topography, gravity and reflectance spectral data returned from various spacecrafts (especially from LRO and MESSENGER), it is found that some very recent geological activity has been occurring on both the Moon and Mercury. Among these discoveries, some have changed previous understandings about the thermal evolution and surface geological evolution of both the Moon and Mercury, such the Kuiperian explosive volcanism, activity of crustal volatile on Mercury, and widely-occurred Copernican-aged mass wasting features. Some others have improved our understanding of the basic mechanical rules for each geological activity, for example, analog studies for cooling fractures developed in Copernican-aged impact melt on the Moon and Kuiperian-aged impact melt on Mercury shed light on the development of columnar joints on different planetary bodies.

In general, this book targets the Copernican-aged and Kuiperian-aged geological activity on the Moon and Mercury, and also their indications. The abstracts for the discovered recent geological activity are the following:

(1) The absolute age scales for mercurian straitigraphies younger than Calorian are updated. Global rayed craters and morphological Class 1 craters in the mid-low latitude regions on Mercury are collected. After testing the completeness of the database, the absolute model ages for these crater populations are calculated using updated crater counting technique and avoiding potential problems. The results suggest that the Class 1 crater population on Mercury has an average model age of ~1.26 Ga and the rayed crater population has an average model age of 159 Ma. Mercurian craters that have sharp rays yield a model age of 40—60 Ma.

(2) A complex graben system that is composed of dozens of small graben is found in the southeastern continuous ejecta deposits of the Copernicus crater on the Moon. These graben verify that Copernican-aged extensional structures could form on the Moon although its global stress state has been compressional due to continuous global contraction. The graben system is located on a local high-relief area and no adjacent compressional features are visible associated with the graben. This area is located within a free-air and Bouguer gravity anomaly. After analyzing the morphology, geometry, and assemblage pattern of the graben system, the possible sources for the extensional stresses that formed the graben are discussed, especially about the reliability of the recently proposed shallow igneous intrusion model. Model calculation of the igneous intrusion hypothesis suggests that the gravity anomaly is not likely to be associated with the graben, and shallow igneous intrusion is not likely, or necessary in explaining the origin for the graben. The graben are most likely to form by a combined effect of activity of blind thrust faults and moonquakes, which is consistent with late-stage global contraction of the Moon.

(3) Global-wide mass wasting movements have been happening on the Moon as seen in high-resolution images returned from the LRO mission. Although no surface water or atmosphere exists on the Moon, the mass wasting features highly resemble those on the Earth and some exhibit characteristics of low viscosity. Based on over 300 examples of various lunar mass wasting features, the morphology, geometry, slope angles, and ages of these features are included in a database. It is found find that mass wasting is an important surface geological process in shaping regional geomorphology on the Moon. Mass wasting tends to decrease slope gradients over time. Nectarine and Pre-Nectarine terrains represent the final stage of surface topographic evolution on the Moon, where only regolith creeps occur. Mass wasting and impact cratering is the most important geological process in determining the thickness of regolith at regional scales, and mass wasting also affects the density of impact craters on slopes.

(4) Several Mansurian-aged small-scale smooth plains that have formed from extrusive volcanic activity are found on Mercury. The plain material covers ejecta from adjacent morphological Class 1 craters, suggesting that extrusive volcanism occurred on Mercury after ~1.26 Ga. Moreover, some Kuiperian-aged volcanoes and pyroclastic deposits that have formed from explosive volcanism are found on Mercury. The pyroclastic deposits cover impact rays from adjacent craters indicating that melted material caused by partial melting of Mercury's interior retains a high content of volatiles during Kuiperian, and the crustal thickness and thermal state of Mercury are still suitable to form surface volcanism. These findings are dramatically different from previous believes. Moreover, normal volcanoes and pyroclastic deposits on Mercury have both a higher reflectance and a larger spectral slope at the UV-VIR wavelengths compared with the global average of the planet. On the contrary, some Kuiperian-aged volcanoes and pyroclastic deposits have reflectances lower than the global average and smaller spectral slopes than the older ones. This suggests that the Kuiperian-aged pyroclastic deposits have different compositions and/or physical properties, which is meaningful to understand the thermal evolutionary history of the interior of Mercury.

(5) Previous studies believed that after the end of late heavy bombardment of the inner Solar System(~3.8 Ga), compressional tectonic features no longer formed in the crust of Mercury. However, here some giant lobate scarps on Mercury that are dozens of kilometers long are found to have transected both morphological Class 1 craters and even potentially rayed craters. Some lobate scarps crosscut small Kuiperian-aged craters on Mercury, indicating that compressional features caused by late-stage global contraction of Mercury occurred at Kuiperian. Comparing the relative age between vast areas of smooth plains and giant lobate scarps, it could be certain that due to continuous cooling and global contraction, the thickening of Mercury's crust have prohibited the extrusion of enormous amounts of melted material from the mantle during 1.26—3.8 Ga, and vast areas of extrusive volcanism has ceased during that time.

(6) Numerous hollows and dark spots that are caused by loss of crustal volatiles are found on Mercury. Their morphology, geometry, global distributions, reflectance spectral, stratigraphic ages, potential compositions, and possible formation mechanisms are discussed. Both hollows and dark spots occur on various terrains on Mercury, except for high-reflectance smooth plains material. Bright haloed hollows are irregular-shaped rimless shallow depressions that are sometimes surrounded by high-reflectance material. The surrounding material has the highest reflectance on Mercury, and high-resolution images reveal that the high-reflectance surroundings are actually composed of numerous small pits that would grow larger to join the parent hollow. Hollows that have both bright interiors and exteriors may be still active and those without high reflectances might have ceased growing. Dark spots are thin surficial dark material that occurs around hollows.

The dark spot material has the lowest reflectance yet identified on the planet. However, not every hollow on Mercury has a surrounding dark spot. Dark spots may have formed from intense outgassing events that feature outgassing velocity exceeds ~100 m/s. Simultaneously, an embryonic hollow forms with the outgassing event that would steadily grow slowly to form bright haloed hollows. The dark spot material is very unstable on the surface of Mercury and its life time is smaller than that of impact rays on the planet. Therefore, all visible dark spots on Mercury must have formed at late Kuiperian. Materials forming dark spots and hollows are rich in volatiles that might have a high concentration of sulfur. The reason for the dramatically different reflectances between hollows and dark spots might be their different compositions and/or physical properties.

(7) Impact melt vastly occur on floors and ejecta blankets of Copernican-aged lunar impact craters and Kuiperian-aged mercurian impact craters. Impact melt deposits on the Moon and Mercury mainly cool by thermal emission and the cooling process can form large enough thermal stresses creating extensional fractures. The morphology, geometry, and assemblage pattern of cooling fractures in impact melt deposits on the Moon and Mercury are studied and compared. The results suggest that the combined effect of depths of impact melt deposits, amounts of entrained solid debris in impact melt, and degree of vertical subsidence formed during the cooling process controls the development of cooling fractures. By comparing the cooling efficiency of impact melt and lava between the Moon and Mercury, it could be ascertain cooling rate caused solely by thermal radiation is not large enough to form columnar joints, and thermal convection and/or conduction is more important. Volatiles may be a necessary element in forming columnar joints on planetary bodies.

(8) The median impact velocity of projectiles and surface gravity on the Moon and Mercury are different. The morphology and geometry of crater exterior structures for similar-sized fresh complex craters on the Moon and Mercury(including continuous ejecta deposits and continuous secondaries facies) are studied, the controlling factors during the impact excavation stage is analyzed using impact cratering scaling laws and comparative studies. A previous finding that gravity is a dominant controlling factor during the impact excavation stage of forming complex craters is now confirmed. It is also found that impact velocity plays an equivalent role. Some craters on Mercury have more circular and isolated secondaries on the continuous secondaries facies than typical lunar secondaries. The most possible reason is that at some layers and positions on Mercury, the crustal material has special properties that have affected the impact excavation stage causing larger ejection angles and more circular secondaries. These target properties might be associated with low-reflectance material that may be caused by a higher content of volatiles compared with the average of the planet.

(9) Central pits in impact craters on planetary bodies are supposed to be caused by

ABSTRACT

the effect of target volatiles on cratering processes. Previous studies suggested that central pits would not form in impact craters on the Moon and Mercury due to the assumed low concentration of crustal volatiles. Here some impact craters on the Moon and Mercury are found to have both floor pits and summit pits(occur on central peaks) that are morphologically similar with those on Mars and icy satellites. Based on the database for the morphology, geometry, global distributions, and age of the central pit craters on the Moon and Mercury, central pit craters on different planetary bodies are compared. It is suggested that the central pits in impact craters on the Moon and Mercury do not need crustal volatiles to form, and forming central pits are related to an unknown mechanical process related to the cratering event.

Keywords: Lunar geology, Mercurian geology, Impact cratering, Volcanism, Tectonism

后 记

自从 2006 年以来，华中构造力学研究中心陆续开展行星地质学的研究。该方向的团队成员已经在国内外发表有关月球、水星、火星、金星地质构造研究方面的学术成果。本书反映的主要是中美联合培养博士研究生取得的部分研究成果。这些研究是在国家留学基金委建设高水平大学公派研究生项目（No. 2010641041）和美国宇航局 MErcury Surface, Space ENviroment, GEochemistry, and Ranging (MESSENGER; 信使号)项目的资助下完成的。

本书涵盖了我中心在月球和水星上的部分最新的研究进展，是本课题组在月球和水星地质学研究方面的一个阶段性总结，期望对于感兴趣的地质工作者有所裨益，或对我国的深空探测计划有所帮助。下一步的研究工作将重点从构造运动学和动力学方面着手，以定量分析和数值模拟为特色，深入研究水星和月球表面的年轻地质过程。为了改进工作，作者期望得到读者们的批评指正。

最后，对于一直积极支持本书工作的华中构造力学研究中心和行星科学研究所的所有同事和学生们表示衷心感谢！第一作者特别要感谢行星科学研究所的肖龙教授以及黄倩博士，还要感谢法文哲博士、Sean C. Solomon 博士、Clark R. Chapman 博士、Goro Komatsu 博士、David T. Blewett 博士、James W. Head 博士等国内外的合作伙伴们。无数次的邮件和电话会议，无数次的讨论和争辩，让我们的学术观念从雏形到成熟，在国际上流传。感谢国家留学基金委、美国宇航局的信使号项目组和亚利桑那大学月球与行星实验室(Lunar and Planetary Laboratory, the University of Arizona)对于本项研究的资助。

作 者
2013 年 12 月